淘宝美工店铺装修实战宝典

Photoshop+Dreamweaver

方国平 编著

電子工業出版社
Publishing House of Electronics Industry
北京•BEIJING

内容简介

本书由经验丰富的设计师编写，采用循序渐进的讲解方式，详细介绍了淘宝美工店铺装修的实战方法和技巧，带领读者快速掌握淘宝店铺装修的精髓。

本书结构清晰，讲解简洁流畅，实例丰富精美。全书共16章，第1～3章讲解了Photoshop的运用等重点知识，包括软件的常用技巧、图片的美化，第4章讲解了Dreamweaver的运用，制作网页的方法技巧，第5～15章讲解了淘宝店铺装修的实战方法及技巧，第16章讲解了手机店铺装修。

本书配有同步多媒体教学视频，以及书中的实例源文件及相关素材，读者可以更好、更快地学习淘宝店铺装修。

本书适用于淘宝、天猫、京东和当当等电商平台美工设计师学习和参考，也可以作为相关院校的电子商务、设计专业等专业培训的教材使用。

图书在版编目（CIP）数据

淘宝美工店铺装修实战宝典：Photoshop+Dreamweaver / 方国平编著. -- 2版. -- 北京：电子工业出版社，2017.10

ISBN 978-7-121-32719-3

Ⅰ.①淘… Ⅱ.①方… Ⅲ.①网页制作工具 Ⅳ.①TP393.092.2

中国版本图书馆CIP数据核字（2017）第228631号

策划编辑：孔祥飞
责任编辑：徐津平
印　　刷：北京画中画印刷有限公司
装　　订：北京画中画印刷有限公司
出版发行：电子工业出版社
　　　　　北京市海淀区万寿路173信箱　　邮编：100036
开　　本：787×980　1/16　　印张：18.25　　字数：376千字
版　　次：2015年9月第1版
　　　　　2017年10月第2版
印　　次：2018年2月第2次印刷
定　　价：89.00元

凡所购买电子工业出版社图书有缺损问题，请向购买书店调换。若书店售缺，请与本社发行部联系，联系及邮购电话：（010）88254888，88258888。

质量投诉请发邮件至zlts@phei.com.cn，盗版侵权举报请发邮件至dbqq@phei.com.cn。

本书咨询联系方式：010-51260888-819，faq@phei.com.cn。

前 言

本书适用于初学者快速自学淘宝美工实战技能，汇集作者多年在教学和实践中汲取的宝贵经验，全书从实战角度出发，全面、系统地讲解了淘宝美工的实战运用，以Photoshop CC和Dreamweaver CC中文版为操作平台，采用商业案例与设计理念相结合的方式进行编写，在介绍软件功能的同时，还安排了具有针对性的实例，并配以精美的步骤讲解详图，层层深入地讲解案例制作，帮助读者轻松掌握软件的使用技巧和具体应用，做到学用结合。本书还配有同步教学视频，生动演示案例制作过程，并起到抛砖引玉的作用。愿本书能为广大淘宝美工开启一扇通往成功的胜利之门。

本书特点

1. 零起点、入门快

本书以初学者为主要读者对象，通过对基础知识的介绍，辅以步骤详图，结合案例对淘宝首页装修、店招设计、Logo设计、客服模块、页尾设计、展示模块设计、全屏海报、产品修图、详情页制作和手机店铺装修等做了详细讲解，同时给出了技巧提示，确保读者零起点、轻松快速入门。

2. 内容细致全面

本书涵盖了淘宝店铺装修各个方面的内容，可以说是网店美工入门者的必备教程。

3. 实例精美、实用

本书的实例经过精心挑选，确保案例在实用的基础上精美、漂亮，一方面熏陶读者朋友的审美感觉，一方面让读者在学习中体会到美的享受。

4. 编写思路符合学习规律

本书在讲解过程中采用了知识点和综合案例相结合，符合广大初学者“轻松易学”的学习要求。

5. 附带高价值教学视频

本书附带一套教学视频，包括50多个案例的全程制作细节与注意事项的视频讲解，将重点知识与商业案例完美结合，并提供全书所有案例的配套素材与源文件。读者可以方便地看视频、使用素材，对照书中的步骤进行操作，循序渐进，点滴积累，快速进步。

读者按照本书的章节顺序进行学习，并加以练习，很快就能学会淘宝店铺首页设计与详情页制作、图片美化和促销广告设计等技能，并能够独立完成整个店铺装修的流程，从而胜任网店美工的工作。

本书同样适用于天猫、京东和当当等电商平台美工设计师学习和参考。

本书服务

1. 交流答疑QQ群

为了方便读者提问和交流，我们特意建立了如下QQ群，淘宝美工交流群：156950648（如果群满，我们将会创建其他群，请留意加群时的提示）。

2. 淘宝教育直播教学

为了方便读者学习，大家可以关注我们的淘宝教育“苏漫网校”直播教学，店铺网址：http://cgfang.taobao.com（淘宝网搜索“苏漫网校”或者“776598”）。

3. 留言和关注最新动态

为了方便与读者沟通、交流，我们会及时发布与本书有关的信息，包括读者答疑、勘误信息等。读者朋友们可以关注微信号“苏漫网校”与我们交流。

读者服务

轻松注册成为博文视点社区用户（www.broadview.com.cn），扫码直达本书页面。

- **下载资源**：本书教学视频及资源文件，均可在下载资源处下载。
- **提交勘误**：您对书中内容的修改意见可在提交勘误处提交，若被采纳，将获赠博文视点社区积分（在您购买电子书时，积分可用来抵扣相应金额）。
- **交流互动**：在页面下方读者评论处留下您的疑问或观点，与我们和其他读者一同学习交流。

页面入口：http://www.broadview.com.cn/32719

致 谢

笔者在编写这本书的时候得到了很多人的帮助，在此表示感谢。感谢海兰对图书编写的悉心指导，感谢淘宝教育对苏漫网校课程的支持，感谢苏漫网校全体成员的支持，感谢阿宝、柳华、老蒋的帮助，感谢电子工业出版社孔祥飞等编辑的大力支持，感谢我的爱人和儿子的理解支持。衷心感谢所有支持和帮助我的人。

由于水平有限，书中难免存在错误和不妥之处，希望广大读者批评、指正，如果在学习过程中发现问题或有更好的建议，欢迎通过微信公众号“苏漫网校”或邮箱sumanwangxiao@qq.com与我们联系。

编　者

2017年8月16日于南京

目录

1

第1章

了解网店装修知识

本章指导

一家新开的淘宝店，只是相当于毛坯房，和实体店一样需要装修。

店铺装修不容忽视，这是卖家迎接顾客的第一扇门，装修好的店铺才能够呈现出大气场，增加买家的停留时间，提高咨询量和转化率。

1.1　店铺装修的基础知识

在装修前，我们需要了解店铺装修的基础知识，对店铺有更好的了解才能做得更好。

1.1.1　为什么要装修

店铺装修非常重要，就和商场一样，如果你的店铺没有一点让人心动的感觉，消费者凭什么买单呢？

想成为淘宝卖家或者准备从事淘宝美工的朋友，我们在创建店铺后首先要做的一件事就是装修店铺。装修店铺前有很多工作需要准备，我们需要根据店铺销售的产品来确定店铺的风格、色彩搭配。

我们需要根据店铺名称绘制店铺的Logo，制作店招、店铺海报、导航、宝贝推荐和页尾等模块。我们需要装修的基础页面有哪些？如果遇到大型的节日活动，我们如何制作活动承接页来营造活动的氛围呢？这些页面的设计需要通过Photoshop和Dreamweaver两大软件来实现。

下面我们来比较没有装修过的店铺和装修过的店铺。一家是没有装修过的店铺，商品上架进行销售，店铺的名称没有体现，店铺的视觉效果杂乱，没有主题，如图1-1所示。而另外一家是装修过的店铺，我们可以从中知道店铺名称、最近的促销活动，商品销售的导航和画面的视觉冲击力引导着我们下单的欲望，如图1-2所示。

图1-1　没有装修的店铺

图1-2　装修过的店铺

从上文可以看出，我们的淘宝店铺必须要进行装修。包装我们的店铺能更好地促进消费者下单，提高转化率。

1.1.2　认识旺铺的种类

旺铺是一套专业的淘宝店铺系统，能管理和装修展示店铺和产品。它可以让店铺显得更加专业，提供最佳的用户体验和更多的店铺功能，从而打造最佳的虚拟商店，随时随地满足一切开店所需。

目前淘宝旺铺分为三种，分别为旺铺基础版、旺铺专业版和旺铺智能版，旺铺基础版和旺铺智能版装修对比，如图1-3所示。

图1-3　旺铺基础版与旺铺智能版

旺铺基础版：所有用户永久免费使用。

旺铺专业版：1钻以下免费，1钻以上订购50元每月。

旺铺智能版：订购99元每月。

旺铺专业版具有设置首页布局通栏、页头背景、页面背景、页尾自定义装修模块，支持装修分析、模块管理、JS模板、旺铺CSS和二级域名等功能，而旺铺基础版不具备这些模块功能。

旺铺智能版在专业版的基础上新增16大新功能，包括一键智能装修、美颜切图、1920宽屏装修、倒计时模块、智能单双列宝贝、新客热销、潜力新品、视频导购、PC悬浮导航、自定义多端同步、标签图模块、页面优化对比、智能海报、千人千面个性化首页、智能卖家推荐和智能加购凑单，这16大功能从转化、效率和营销层面，全面提升你的店铺。

因此，新卖家创建好店铺后可以从卖家中心后台的店铺装修中将店铺从基础版升级至专业版，接着开始装修。当店铺达到1钻的时候可以选择订购专业版或者智能版，如果没有订购旺铺专业版或智能版，系统会将店铺降级到旺铺基础版。

1.1.3 如何给店铺取个好记的二级域名

您的店铺域名是否是一堆无规律的数字，如http://shop72989383.taobao.com？您能否直接背出域名？您的买家能否记得您的域名？淘宝旺铺提供了免费的二级域名，其表现形式是：xxx.taobao.com。xxx部分称为二级域名，卖家可以自行设置。

使用旺铺专业版即可免费使用二级域名。进入店铺后台卖家中心页面，选择左侧导航“店铺管理”下的“域名设置”，申请免费的个性域名。域名查询如图1-4所示。

图1-4 域名查询

1. 域名不能低于4个字符，不能超过32个字符，只能含有“字母”、“数字”和“-”。
2. 二级域名只能修改3次。
3. 请勿注册和淘宝官方相关、商标品名相关、知名网站及其产品相关、知名人物相关等和域名规则相冲突的域名。
4. 若订购的旺铺过期，域名将被冻结，若旺铺超过90天未续费，域名将被释放，届时此域名可以被别的用户申请。

1.1.4 旺铺的四大页面

旺铺的页面由首页、列表页、详情页和自定义页面组成。

首页：店铺的门面，包括店铺招牌、导航、图片轮播、宝贝推荐、店内促销活动等模块，首页的作用是向买家传递店铺的整体风格和产品定位，让买家能够更好地记住，如图1-5所示。

列表页：列表页是全店所有宝贝列表的汇总页面，买家可以清晰地看到全店所有宝贝的分类，便于快速查找宝贝，如图1-6所示。

详情页：买家在每个宝贝的详情页可以下单购买该宝贝，如图1-7所示。

自定义页面：打破原有旺铺的布局，是让卖家可以自由装修的页面，卖家可以根据自己的需要装修页面，通过新建页面自定义店铺的承接页，进行营销推广、促销活动、品牌故事宣传、老客户营销等。一般的大促活动，通过自定义页面制作活动承接页，来营造活动的氛围，如图1-8所示。

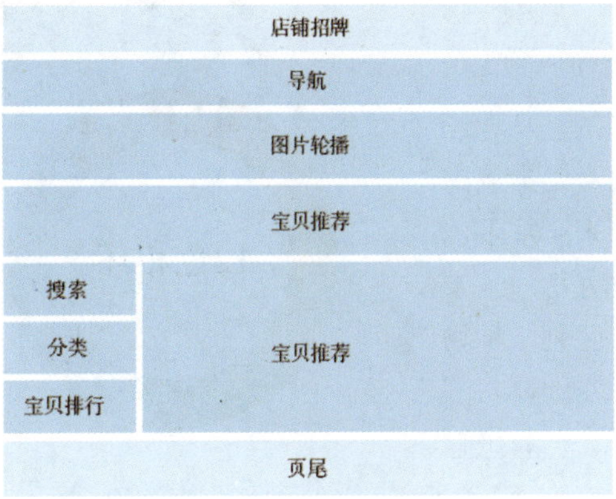

图1-5　首页

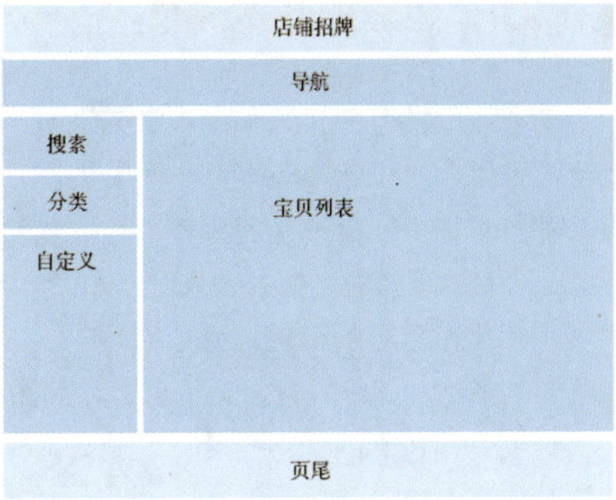

图1-6　列表页

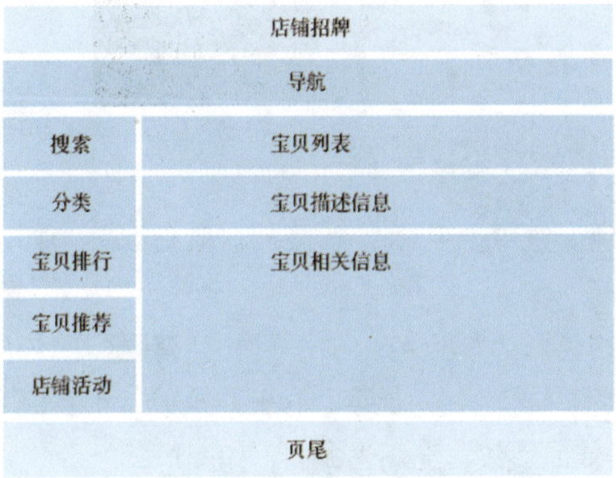

图1-7　详情页

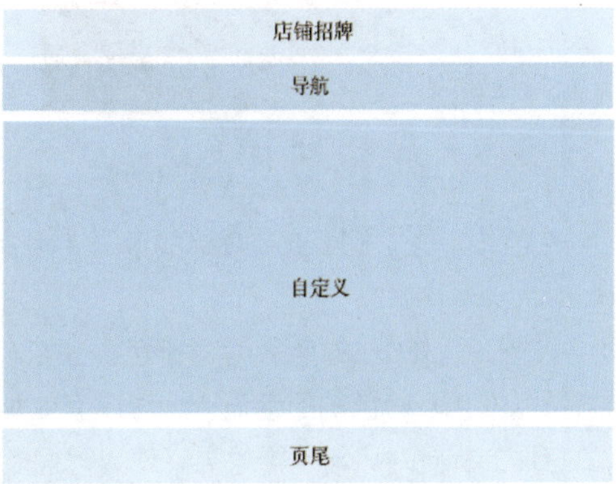

图1-8　自定义页面

1.2　店铺的色彩搭配

色彩是店铺的生命力，色彩具有很强的情感导向，不同的色彩搭配带给人的情感信号是千差万别的，每个淘宝卖家都想做好色彩搭配。想要搭配好色彩，需要找到最适合我们品牌和产品的色彩。除此以外，还需要掌握色彩的基本特性，以及如何搭配来吸引用户的眼球。

1.2.1 色彩的基本属性

对于不同的色彩，人们的视觉感受是不同的，从理论上色彩可以分为无色彩与有色彩两大类。无色彩是指黑白灰，有色彩是指红橙黄绿蓝紫等色彩。我们先来了解下色彩的三个基本要素：色相、纯度（饱和度）和明度。

色相是指色彩的相貌，色彩的倾向，它是区别一种物质色彩的名称，如红、黄、蓝等色彩，如图1-9所示。

纯度是指色彩的鲜艳程度、浓度或饱和度，色彩越强则纯度越高，如图1-10所示。

明度是指色彩本身的明暗度，如图1-11所示。

图1-9 色相

图1-10 纯度（饱和度）

图1-11 明度

在色相环上，呈180° 对称的色彩为互补色。红绿互补，黄紫互补，蓝橙互补，如图1-12所示。

另外，呈120° 的色彩为对比色，呈45° 的色彩为邻近色。由于互补色有强烈的分离性，所以使用互补色的配色设计，可以有效加强整体配色的对比度，拉开距离感，而且能表现出特殊的视觉对比与平衡效果，使用得好能使作品活泼、充满生命力，如图1-13所示。

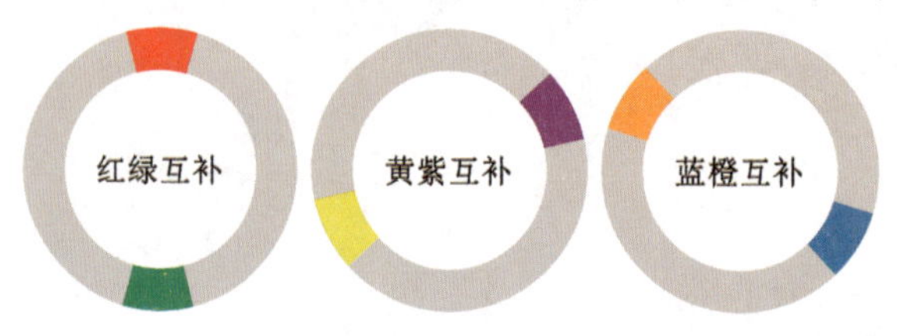

图1-12 互补色

图1-13 广告配色

在首页装修中需要注意产品和店铺主体的风格，然后根据主风格选择辅助色的搭配。在店铺中色彩所占比例70%为底色，25%为主色调，5%为强调对比，如图1-14所示。

图1-14　色彩比例

因此，色彩对网店的装修十分重要。另外季节或时间的不同，尤其是节日，像“双11”这样的大活动，都会选择大红的色彩，表示喜庆。如果两家店铺销售的产品相同，那么我们更需要把店铺装修得有特色、个性化、小而美。

色彩在视觉上给人的感觉有冷暖之分。红、红紫、橙和黄橙等会给人一种温暖的感觉，属于暖色系，这些色彩可以使用在店庆、节日等活动承接页面。蓝色等则是冷色系，这些色彩可以使用在眼镜、3C等相关产品上。

1.2.2　色彩搭配及视觉营销

大家在装修店铺的时候要注意色彩的运用及搭配，合理搭配色彩，可以提高网店的美观度，更能突出宝贝产品。

通过收集大量数据，根据网店所面对的消费人群和商品特点来决定采用哪种色彩搭配。

1. 红色

红色是充满活力、热情、奔放、幸福和喜庆的色彩，用于营造产品氛围，比如大型的促销活动，如“双11”购物节和新年等。适用于销售家电、食品、化妆品、服装、鞋包的店铺，如图1-15所示。

2. 橙色

橙色给人活泼、兴奋、甜蜜、快乐、积极的感觉，适用于销售食品、创意家居、图书的店铺，如图1-16所示。

图1-15 红色

图1-16 橙色

3. 黄色

黄色给人年轻、明朗、愉快、高贵的感觉，起强调突出作用。常用于店铺装修中的特价标志、优惠券等，适用于销售家居、母婴产品的店铺，如图1-17所示。

4. 绿色

绿色给人新鲜、健康、安全和青春的感觉，和金黄、淡白搭配，能产生优雅、舒适的气氛。不过，绿色要非常谨慎地使用。适用于销售食品、保健品、环保产品、化妆品、家纺产品的店铺，如图1-18所示。

图1-17 黄色

图1-18 绿色

5. 蓝色

蓝色给人平静、理智、理想的感觉，常用于销售高档饰品、男装、女装和家电产品的店铺，如图1-19所示。但要谨慎使用橙色和蓝色，因为这两种色彩搭配会给人不稳定感。

6. 紫色

紫色给人神秘高贵的感觉，是一种神秘的色彩，通常代表女性，很多女孩子喜欢这种色彩，适用于销售女装、保健品、首饰和鞋包产品的店铺，如图1-20所示。

图1-19　蓝色

图1-20　紫色

7. 白色

白色有洁白、明快、纯真和洁净的特性，适用于销售卫生用品、女性用品和电子产品的店铺。在设计中，白色作为一种“无色”背景是最通用的。

8. 黑色

黑色给人强大、沉稳的感觉，黑白是最基本和最简单的搭配，白字黑底，黑底白字都非常清晰明了。灰色是万能色，可以和任何色彩搭配，也可以帮助两种对立的色彩和谐过渡。适用于销售男性或者高端品牌产品的店铺。

因此，充分了解色彩的这些特性，不仅可以使我们的网店能够更好地了解消费者心理，还可以提升店铺的商品品位，对我们实现更专业化的视觉营销有着很大的帮助。

提示

首页装修要考虑以下几点：

1. 主营产品的风格。
2. Logo的统一协调。
3. 主色和协调色多为邻近色，文案选择对比色。
4. 首页排版设计统一。
5. 如何强调店内活动和主推爆款。
6. 主要客户群的喜好和感知。

1.3 首页风格定位

在店铺装修中，色彩风格的定位很重要，这是做好店铺视觉营销的基础。很多卖家在装修店铺的时候，喜欢把一些很酷很炫的色块堆砌在店铺里，让整个页面的色彩感觉杂乱无比，其实优秀的页面，在视觉上一定要有自己的主色调，再辅助搭配一些其他适当的色彩，这样整体效果才会更好。

1.3.1 模板管理

旺铺专业版提供了3套装修模板，旺铺基础版提供了1套模板，下面我们来学习装修模板的选择。

（1）登录淘宝网，进入卖家中心页面，选择“店铺管理”下的“店铺装修”链接，如图1-21所示。

图1-21 店铺装修

（2）进入装修页面，单击导航“模板管理”按钮，如图1-22所示。

（3）在页面上将会看到可用模板里有3套系统模板，当前使用的是第1套模板，如图1-23所示。

（4）用鼠标左键单击最右边一套模板的“马上使用”按钮，系统模板直接应用到店铺装修的首页，如图1-24所示。

（5）如果对装修的页面进行备份和还原，我们单击店铺装修下的“模板管理”进入模板管理页面，如图1-25所示。

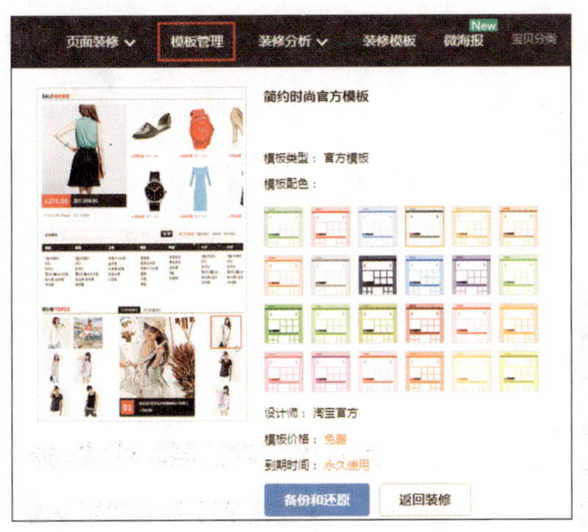

图1-22　模板管理

图1-23　系统模板

图1-24　模板应用效果

图1-25　模板管理

（6）单击“备份与还原”按钮，跳转到“备份与还原”界面，输入备份名和备注，如图1-26所示。

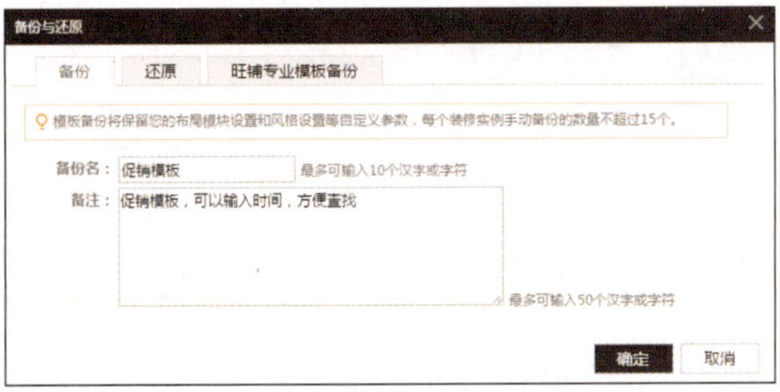

图1-26　店铺预览效果

同样，我们也可以对装修好的模板进行还原，大家在装修页面工作的时候要记得做好页面的备份。

1.3.2 配色方案

专业版提供了3套模板，每套模板有对应的配色方法。淘宝的旺铺在第1套系统模板中提供了24种可供选择的配色。

（1）在店铺装修页面，单击导航“页面编辑”按钮，如图1-27所示。

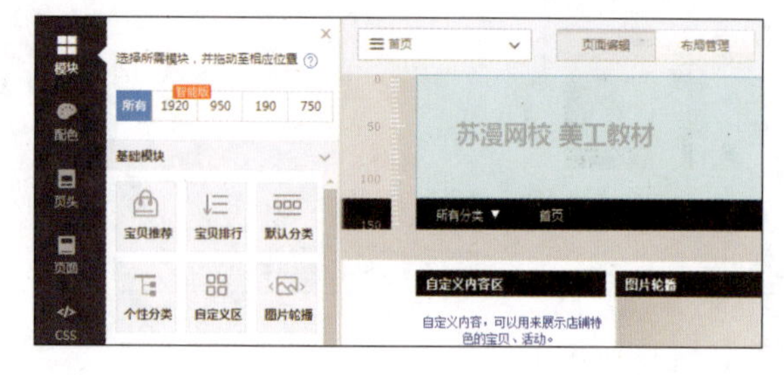

图1-27　页面装修

（2）在左侧单击“配色”按钮，可以看到第1套模板下面有24种配色方案，如图1-28所示。

（3）选择“粉红色”配色，单击“保存”按钮，即可将样式应用到页面上去，效果如图1-29所示。

图1-28　配色方案

图1-29　应用效果

网店整体色彩搭配对于吸引客户是很关键的一步，不同的色彩搭配会产生不同的效果，首页的色彩要整体协调，只要局部有一些色彩对比即可。

1.4 布局管理

网店的布局就好像实体店一样，要有招牌。商场里会贴上明星产品的海报，淘宝店铺的页面同样需要店招、海报、促销商品展示、主推商品展示、客服和页尾等模块。当然，我们还需要知道每个模块的尺寸，方便我们作图。淘宝页面的通栏尺寸是950像素，双栏的是190像素和750像素；天猫店铺的尺寸是990像素，双栏的是190像素和790像素。下面我们就来制作页面的布局。

图1-30　页面编辑

（1）进入旺铺装修页面，单击“页面编辑”按钮进入装修页面，如图1-30所示。

（2）选择顶部的“布局管理”，打开布局管理页面，顶部为“店铺页头”，包括店铺招牌和导航等，底部为店铺页尾，可以添加自定义区。如图1-31所示。

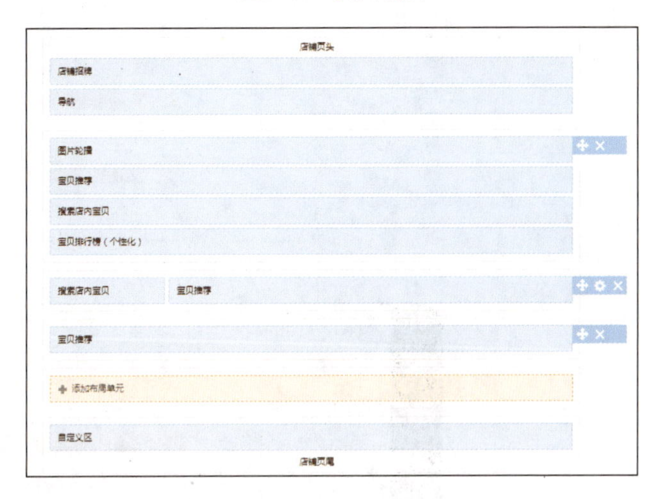

图1-31　布局管理页面

（3）在模块下，有三个尺寸的模块，通栏的尺寸是950像素，双栏的是190像素和750像素。单击950尺寸，下方将显示950尺寸的基础模块，单击“自定义内容区”并拖曳到中间布局管理，这样就可以将自定义内容添加到布局中，如图1-32所示。

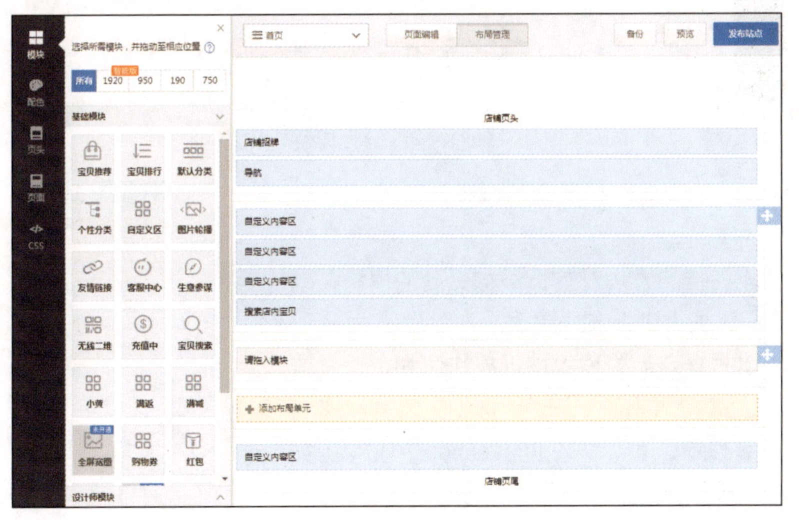

图1-32　添加模块

（4）单击“页面编辑”，回到页面装修页面，如图1-33所示。

（5）在编辑页面也可以将模块拖曳到页面中，用同样的方法添加其他模块，如图1-34所示。

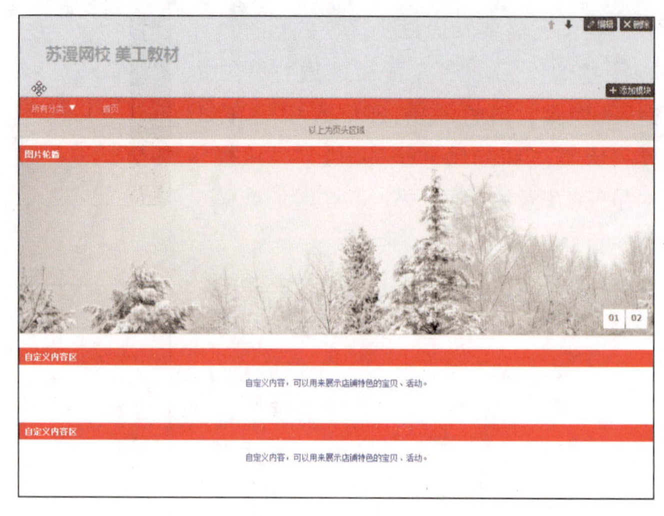

图1-33　页面布局

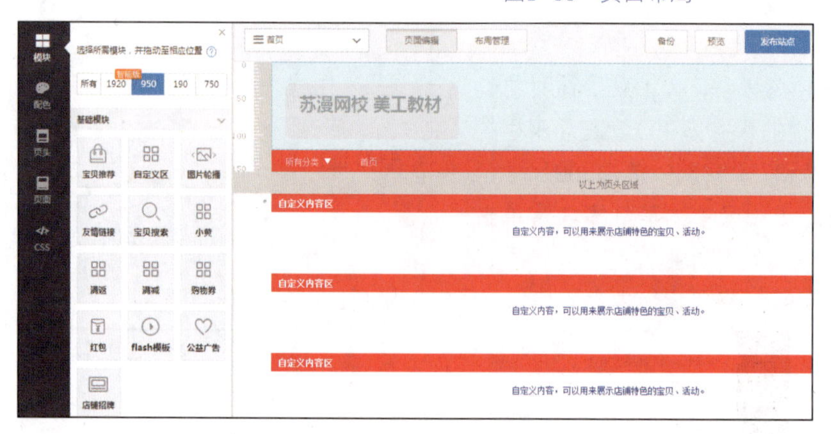

图1-34　添加模块

（6）单击布局页面左下角的“发布”按钮，即可完成首页的布局。

可以使用同样的方法对首页添加更多的模块，或者对列表页和详情页进行布局更改。

布局可以根据商品的种类进行模块添加，优化首页布局。优化后的效果如图1-35所示。

在店铺装修前，可以先在Photoshop中绘制店铺的布局图，了解店铺的整体布局，做到心中有数。

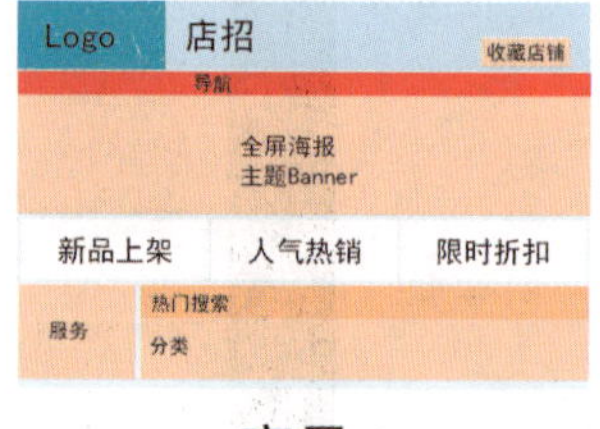

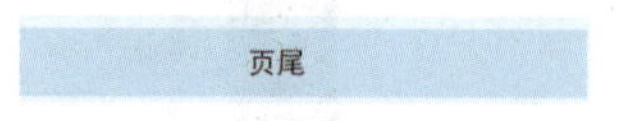

图1-35　店铺首页布局

2

第2章

Photoshop快速入门

本章指导

Photoshop简称为PS，是由Adobe开发的图像处理软件，Photoshop主要处理由像素构成的数字图像，使用其编辑和绘图工具，可以有效地进行图片编辑工作。PS有很多功能，在图像、图形、文字、视频、出版等各方面都有涉及。

2014年6月，Adobe公司推出了最新版本的Photoshop CC，Photoshop软件支持Windows操作系统、Mac OS系统。Windows XP系统只能安装Photoshop CS6及Photoshop CS6之前的版本，Windows 7、Windows 8、Windows 10系统则可以安装Photoshop CS系列和Photoshop CC系列版本软件。

2.1 认识工作界面

Photoshop CC的工作界面由菜单栏、工具箱、文档窗口、状态栏和面板等部分组成，如图2-1所示。

菜单栏：菜单栏中包括可以执行的各种命令，单击菜单名称即可打开相应的菜单。

文档标题：显示了文档名称、文件格式、窗口缩放比列、颜色模式和当前选择的图层名称。

工具箱：包含执行各种操作的工具，如创建选区、移动图像、绘画、路径、缩放等。

工具选项栏：用于设置当前选择的工具的属性，它随着所选工具的不同而改变。

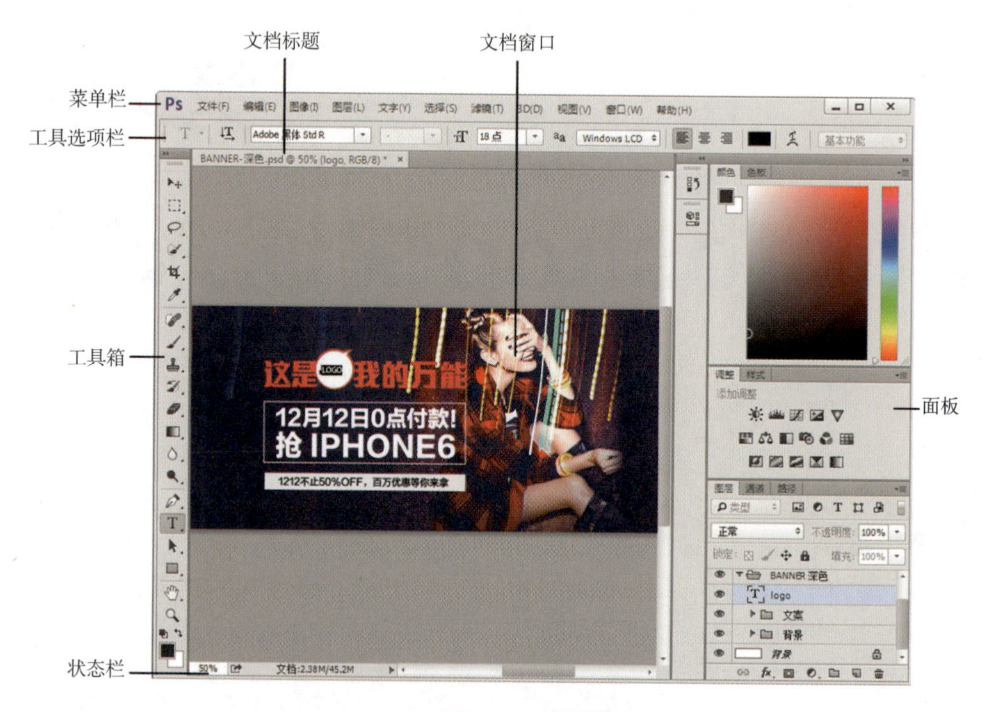

图2-1 工作界面

面板：可以用来管理图像，编辑图像，或者用来选择色彩属性等。

状态栏：可以显示文档大小、文档尺寸、当前窗口的缩放比例等信息。

文档窗口：用于显示当前编辑的图像区域。

下面我们来学习Photoshop软件界面的色彩模式修改。

（1）打开PS软件，执行“编辑”>“首选项”>“界面”命令，弹出“首选项”对话框，如图2-2所示。

（2）在颜色方案中有4个色彩选项，由深灰到浅灰，当前的界面方案是浅灰。可以将界面颜色更改为深灰，选择深灰并单击“确定”按钮，关闭Photoshop软件，再重新打开Photoshop软件，颜色方案即可生效。

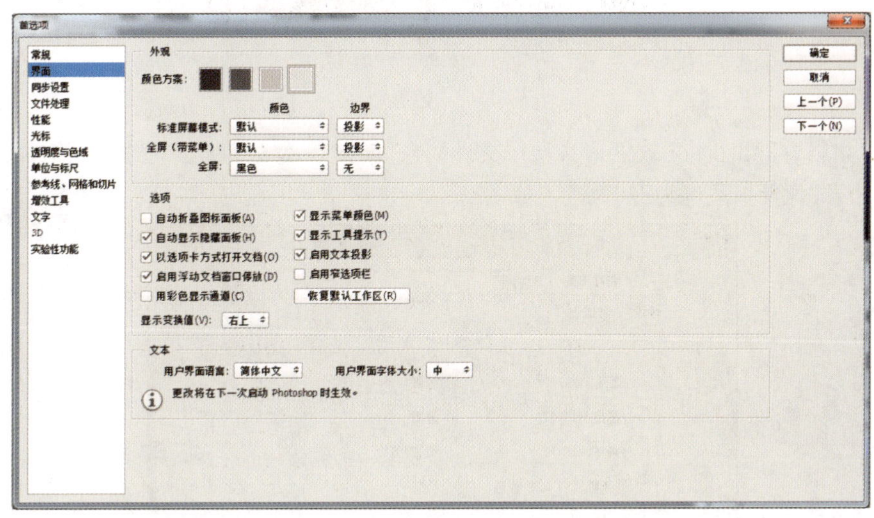

图2-2 首选项

2.2 了解工具箱

初次打开Photoshop来编辑对象，工具箱会以单列的形式出现在软件界面的左侧，单击工具箱的双箭头图标，可以将工具箱切换为双列的形式。选择窗口菜单中的工具命令，则可以显示或者隐藏工具栏，如图2-3所示。

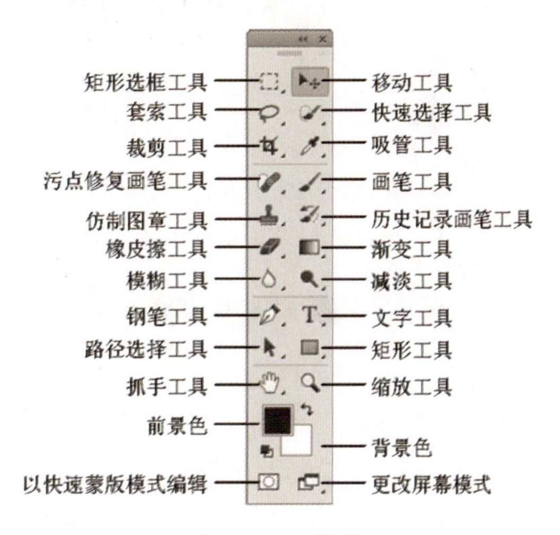

图2-3 工具箱

将鼠标指针放在某个工具按钮上，便可查看有关该工具的信息，工具的名称将出现在指针下面的提示中。

下面我们就来通过制作一个案例，来认识这些工具，制作的效果如图2-4所示。

图2-4 效果图

（1）打开Photoshop软件，执行“文件”>“新建”命令，弹出新建对话框，设置文档宽度为750像素，高度为270像素，如图2-5所示。

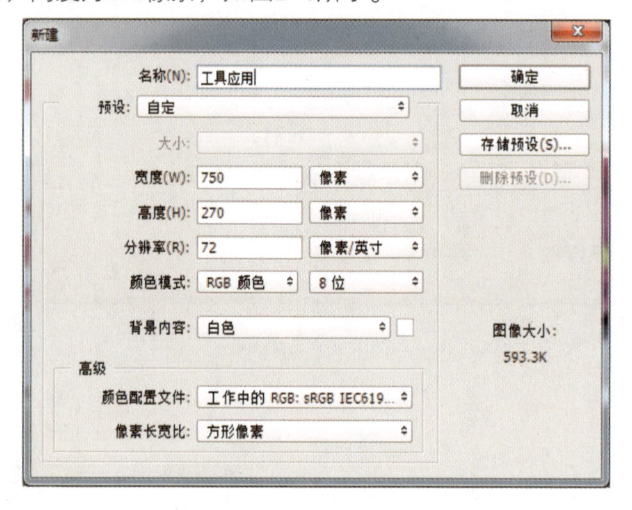

图2-5 新建文件

（2）单击“确定”按钮，创建文档。

（3）选择工具箱里的“渐变工具”，设置渐变工具选项，如图2-6所示。

图2-6 渐变选项栏

（4）单击“可编辑渐变”按钮，弹出渐变编辑器，将黑色调成灰色，如图2-7所示。

（5）单击“确定”按钮，设置好渐变。

（6）选择“渐变工具”，在文档上拖曳并观察渐变效果，如图2-8所示。

图2-7　渐变编辑器

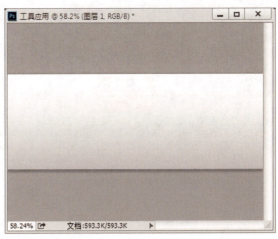

图2-8　渐变效果

（7）执行“文件”>“打开”命令，或者按“Ctrl+O”快捷键弹出“打开”对话框，选择本书配套文件中的素材“电视”并打开，如图2-9所示。

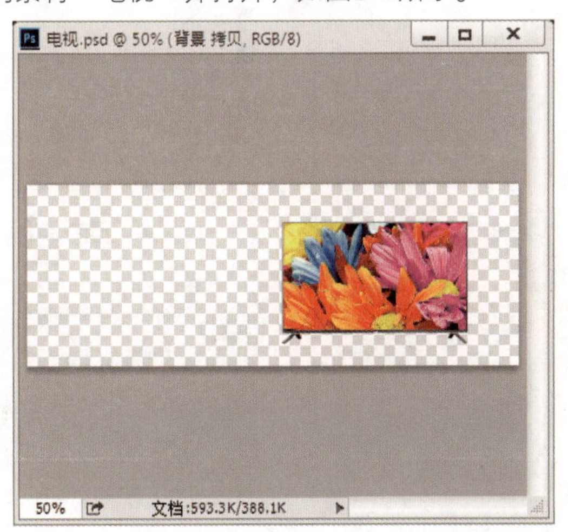

图2-9　打开素材

（8）单击“选择工具”按钮，按下“Shift”键，将素材“电视”拖曳到新建的文档上，效果如图2-10所示。

（9）打开本书配套文件中的“文本素材”，选择“移动工具”并按下“Shift”键，将素材拖曳到文档上，如图2-11所示。

图2-10 制作效果

图2-11 继续添加素材文件

（10）打开素材文件“11日开抢图标”，选择“移动工具”并按下“Shift”键，将素材拖曳到文档中，效果如图2-12所示。

（11）打开“图片2”素材文件，按下“Shift”键，将素材拖曳到文档中，最终效果如图2-13所示。

图2-12 添加多个素材文件中的效果

图2-13 最终效果

（12）执行“文件”>“存储为”命令，存储文件。

这里我们学习了移动工具的运用、文件的组合，任何一个复杂的广告都是由多个素材通过设计组合形成的。

2.3 认识图层

图层是Photoshop的重要功能之一，它承载了所有的编辑操作。Photoshop的图层就如同堆叠在一起的透明纸，可以透过上面图层的透明区域看到下面图层的图像。移动图层可以定位图层上的内容，就像在堆栈中滑动透明纸一样；也可以更改图层的不透明度以使图像内容变为部分透明，如图2-14所示。关于图层面板的主要组成部分，如图2-15所示。

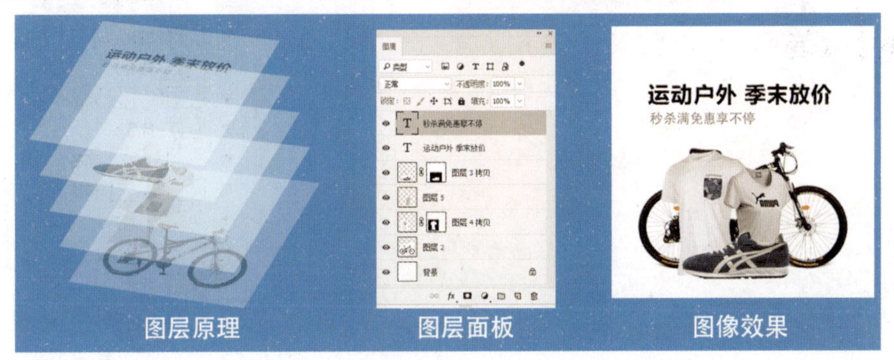

图2-14 图层原理

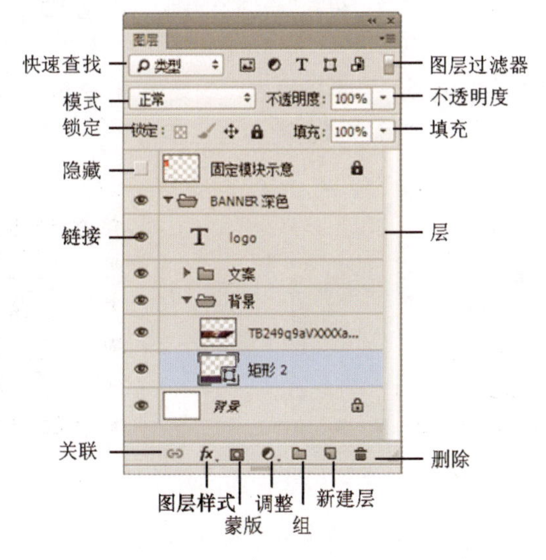

图2-15 图层面板

下面我们来学习如何管理图层，并了解图层样式。

（1）打开Photoshop软件，导入素材文件，如图2-16所示。

（2）打开图层面板，查看图层属性，如图2-17所示。

图2-16　素材

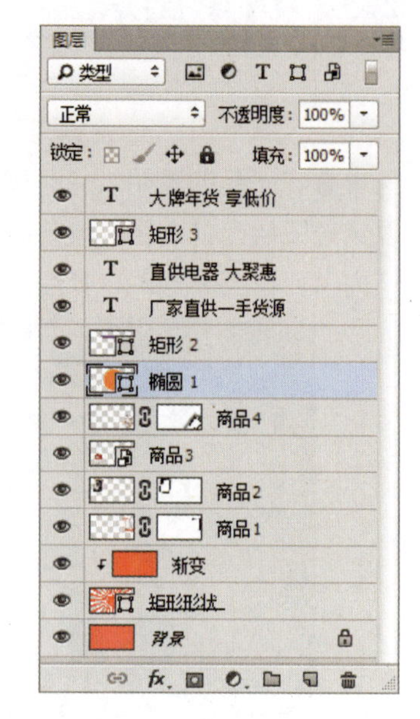

图2-17　查看图层

（3）下面三个图层是背景内容，单击“创建新组”按钮，创建新的图层组，双击组名称，将其重新命名为“背景”。

（4）将下面三个图层拖曳到“背景”组内，效果如图2-18所示。

（5）继续新建图层组，将其重新命名为“商品图片”，将商品图片拖曳到“商品图片”组内，如图2-19所示。

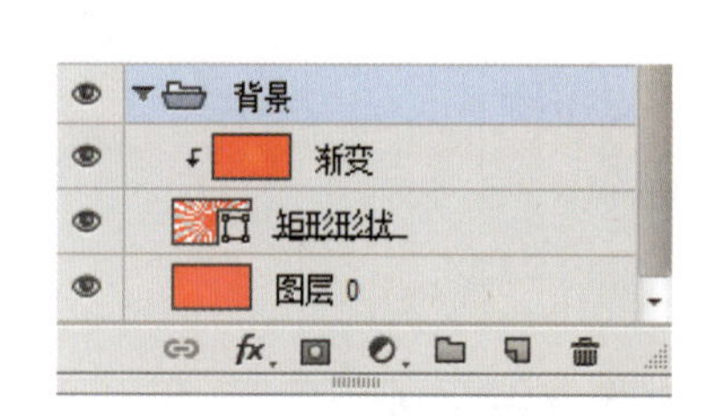

图2-18　创建图层组

图2-19　创建图层组

（6）选择“矩形3”图层，按下“Shift”键同时选择“大牌年货享低价”图层，单击图层面板下面的“链接图层”按钮，将两个图层关联起来。

（7）选择“矩形3”图层，执行“编辑”>“自由变换”命令，旋转标签，如图2-20所示。

图2-20 旋转标签

（8）选择“直供电器大聚惠”层，单击“添加图层样式”按钮 fx，选择下拉列表中的“投影”选项，弹出图层样式参数选项，设置投影样式的参数，颜色为粉红色，不透明度为60%，距离为7像素，如图2-21所示。

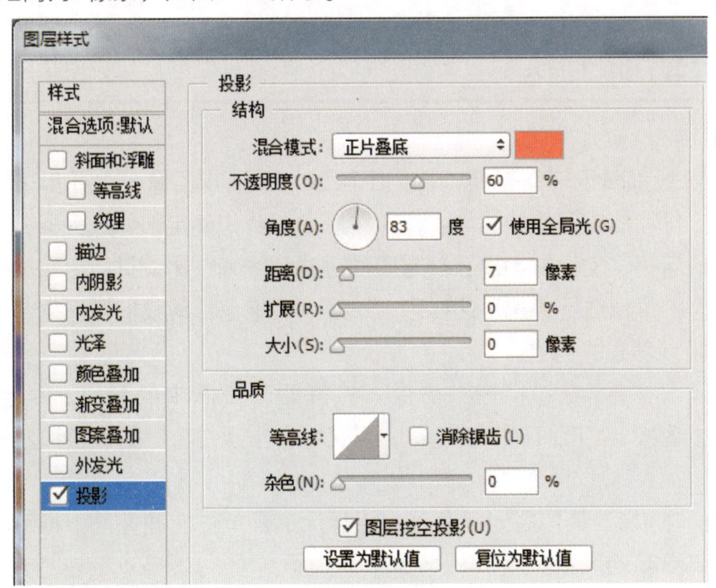

图2-21 设置投影样式

（9）单击“确定”按钮，文件上面将出现投影，最终效果如图2-22所示。

图2-22　最终效果

2.4　使用辅助工具

标尺和参考线都属于辅助工具，它们不可以用来编辑图像，主要用来辅助我们更好地完成选择、定位和编辑图像的操作。标尺可以帮助我们确定图像或元素的位置，一般情况下我们制作的店招、宝贝展示模板都需要通过参考线来按比例进行分布，我们需要基于参考线对制作好的图像进行切片，这样可以快速而准确地帮助我们切好每个小图像。

下面来学习参考线的创建。

（1）执行“文件”>“打开”命令，打开配套资源中的素材，执行“视图”>“标尺”命令或者按下“Ctrl+R”快捷键，标尺将会出现在窗口的顶部和左侧，如图2-23所示。

（2）单击“选择工具”将光标移到水平标尺上，单击左键并向下拖动鼠标即可拖出水平参考线，如图2-24所示。

（3）采用同样的方法可在垂直的标尺上拖出垂直参考线，如图2-25所示。

（4）如果要移动参考线，可以选择移动工具，将鼠标光标移到垂直参考线上，鼠标光标会变为状，单击并拖动鼠标即可移动参考线，如图2-26所示。创建或者移动参考线时如果按住“Shift”键，可以使参考线与标尺上的刻度对齐。

图2-23　标尺

图2-24　水平参考线

图2-25　垂直参考线

图2-26　移动参考线

（5）将参考线拖回标尺可以将其删除，如图2-27所示。

（6）删除参考线后的效果如图2-28所示。

图2-27 删除参考线

图2-28 删除后效果

提示 如果要删除所有参考线，可以执行“视图”〉“清除”〉“参考线”命令。

如果要隐藏参考线，可以执行“视图〉“显示”〉“参考线”命令，单击取消参考线前面的勾选标记即可将参考线隐藏。

如果要隐藏标尺，可以执行“视图”〉“标尺”命令，或者按“Ctrl+R”快捷键隐藏标尺。

2.5 自定义快捷键

快捷键是Photoshop为了提高绘图的速度定义的快捷方式，它用一个或几个简单的字母来代替常用的命令，使我们不用去记忆众多长长的命令，也不必为了执行一个命令，在菜单栏和工具栏上寻找很久。

下面我们来学习自定义快捷键。

（1）打开Photoshop软件，执行“编辑”>“键盘快捷键”命令，弹出“键盘快捷键和菜单”对话框，如图2-29所示。

（2）单击“编辑”命令，展开“编辑”菜单，选择“自由变换”命令，在快捷键位置单击，快捷键“Ctrl+T”处于可选状态，如图2-30所示。

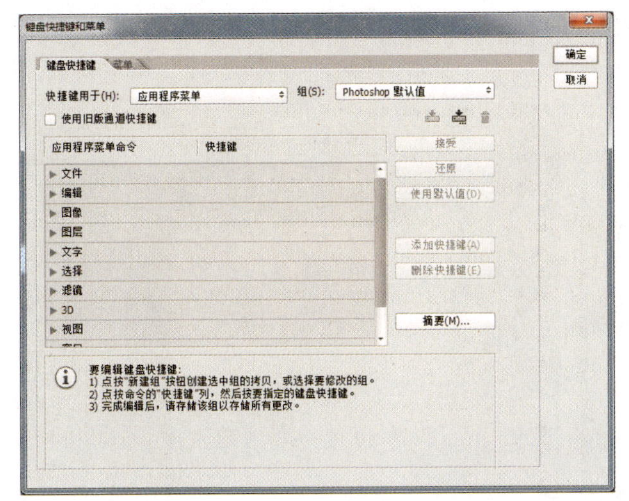

图2-29 键盘快捷键和菜单

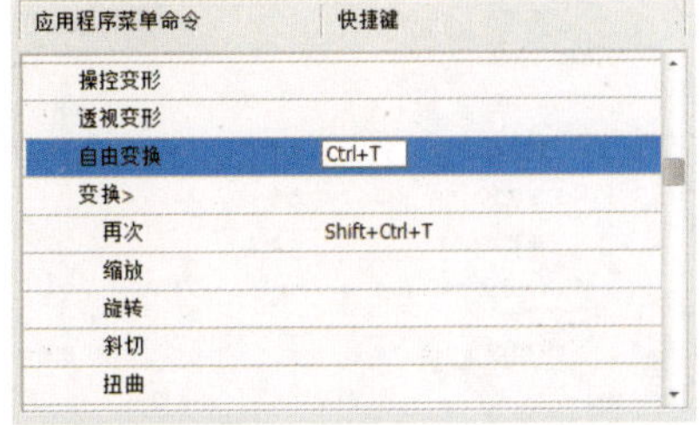

图2-30 自定义快捷键

（3）在快捷键处同时按下“Alt+Shift+Ctrl+T”快捷键，快捷键处于已更改状态，如图2-31所示。

（4）单击“接受”按钮，单击右上角的“确认”按钮，即可成功更改快捷键。

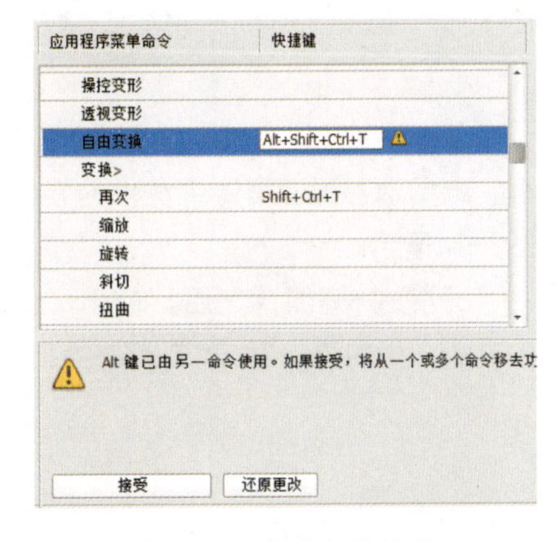

图2-31 自定义快捷键

2.6 了解Photoshop的工作流程

Photoshop是一款很强大的图像处理软件，先来了解Photoshop软件的操作流程：首先新建文件或者打开文件，然后对它进行编辑处理，编辑完成之后保存文件。

下面来学习Photoshop的工作流程。

（1）执行“文件”〉“新建文件”命令打开“新建”对话框，输入名称，设置高度和宽度为700像素，分辨率为72像素/英寸，如图2-32所示。

（2）执行“确定”按钮，完成文档的创建。文档以选项卡方式显示，可以将选项卡拖动出来，如图2-33所示。

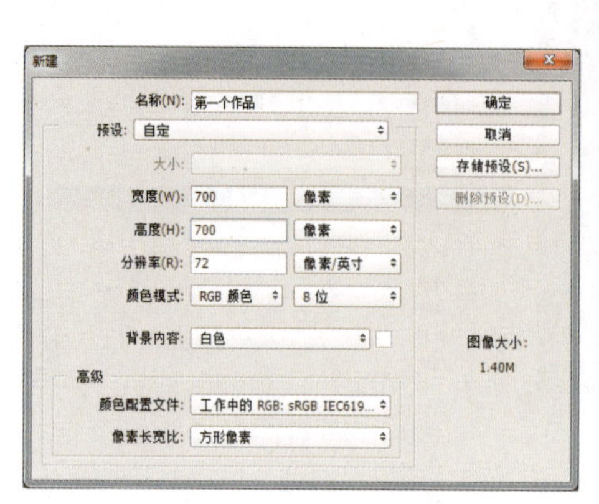

图2-32　“新建”对话框

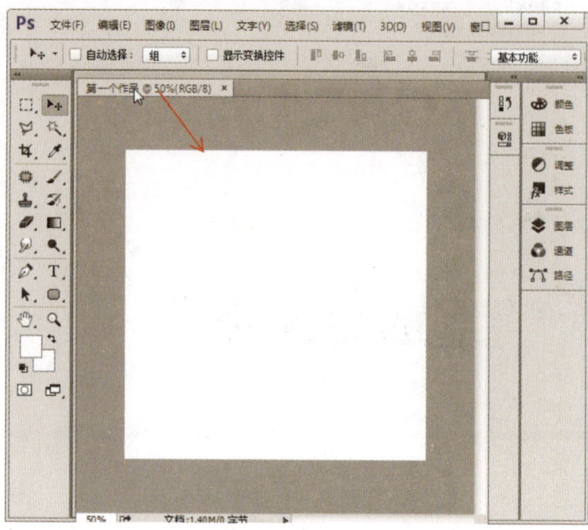

图2-33　拖动文档

（3）执行“文件”>“打开”命令，或者按下“Ctrl+O”快捷键弹出“打开”对话框，选择本书配套资源中提供的素材1和素材2文件，单击“打开”按钮即可打开图片，如图2-34所示。

（4）打开图片之后，使用“移动工具”将素材1拖动到新建的画布上，放置在画布的左边，再将素材2拖动到新建的画布上，并调整好位置，如图2-35所示。

图2-34　打开素材文件

图2-35　移动素材

（5）选择“矩形工具”，设置工具栏属性，填充颜色为红色，描边为无，绘制红色矩形，如图2-36所示。

（6）选择“文字工具”，色彩设置为黄色，调整字号大小，输入文本“买1送1”，如图2-37所示。

图2-36　绘制矩形

图2-37　输入文字

（7）执行“文件”>“存储为”命令弹出“另存为”对话框，将文件命名为“第一个作品”，选择保存类型为PSD格式，单击“保存”按钮，弹出Photoshop格式选项，单击“确定”按钮，完成文件的存储。

这里存储的文件格式为PSD格式，PSD格式文件带有图层信息，方便以后修改。如果存储为JPEG格式，文件被合并为一个图层，不方便再次修改。因此，在作图的时候，首先保存一份PSD格式文件，然后保存所要用到的其他文件格式，如JPEG等。

电脑屏幕的分辨率为72像素/英寸，颜色模式为RGB模式；印刷品的分辨率通常为300像素/英寸，颜色模式为CMYK模式。

注意

淘宝店铺图片常用的店招尺寸是950像素×120像素(包含导航的店招图片尺寸是950像素×150像素)；全屏海报采用的是1920像素×6000像素(高度可以自定义)；商品图片的尺寸是700像素×700像素；左侧自定义模块的宽度是190像素，高度可以自定义；详情页的宽度为750像素。

天猫的店招尺寸为990像素×120像素，左侧模块宽度是190像素，详情页宽度是790像素。

2.7 文件格式

本节我们需要掌握淘宝店铺中或者其他电商平台需要的美工图片制作的格式，用Photoshop制作完成文件后可将文件存储成多种格式，常见的文件格式有PSD、JPEG、PNG、GIF等，下面逐一进行介绍。

1. PSD格式

PSD是Photoshop的专用格式。PSD文件可以存储成RGB或CMYK模式，可以保存Photoshop的图层、通道、路径等信息。用PSD格式保存图像时，图像没有经过压缩。图像制作完成后，除保存为淘宝店铺需要的格式JPEG外，最好再存储一个PSD格式的文件副本，以方便在Photoshop中再次编辑该图像。

2. JPEG格式

JPEG格式是一种常用的图片压缩格式，JPEG格式的优点是体积小巧，并且兼容性好，更是Web的标准文件格式。JPEG图片以 24 位颜色存储单个位图，支持最高级别的压缩，而JPEG文件通过“有损”的压缩方式来建立文件，所以它保存出来的文件比较小。

3. PNG格式

PNG格式是网页图片中常用的一个无损压缩格式，PNG格式支持透明效果，其特点是体积小，可以重复保存而不降低图像质量。

4. GIF格式

GIF格式文件分为静态GIF和动画GIF两种，是一种压缩位图格式，支持透明背景图像，店招的动态效果都是GIF格式。和JPEG格式一样，GIF也是卖家常用到的一种格式。

> 提示　我们制作好了文件后，通过在菜单中执行“文件” > “存储为”命令打开“存储为”对话框，选择我们需要的格式，首先保存为“.psd”格式作为备份文件，然后另存为“.jpeg”格式上传到图片空间。

2.8 切片

在制作店招时，通常需要在店招上面添加链接，这时需要我们对店招进行分割，即制作切片。通过优化切片可以对分割的图像进行不同程度的压缩，可以节约顾客打开店铺显示图像的时间，另外还可以用分割出来的切片制作动画，添加导航或者商品的链接。

（1）打开本书配套资源中的素材文件，如图2-38所示。

图2-38 素材文件

（2）选择切片工具，在工具选项栏的“样式”下拉列表中选择“正常”，然后在创建切片的区域单击拖动出一个矩形框，放开鼠标即可创建一个用户切片，余下的部分会自动生成另外一个切片，如图2-39所示。

图2-39 切片工具

> 提示 如果按住“Shift”键拖动，则可创建正方形切片；按住“Alt”键拖动，可以从中心向外创建切片。

（3）用切片工具在绘制收藏标签处切片，店招中间就生成了一个自动切片，如图2-40所示。

图2-40 绘制切片

（4）创建切片以后，可以移动切片和组合多个切片，也可以复制切片或者删除切片，或者为切片设置输出选项，制定输出内容等。使用切片选择工具，单击一个切片，将它选中，拖动切片定界框上的控制点可以调整切片的大小，如图2-41所示。

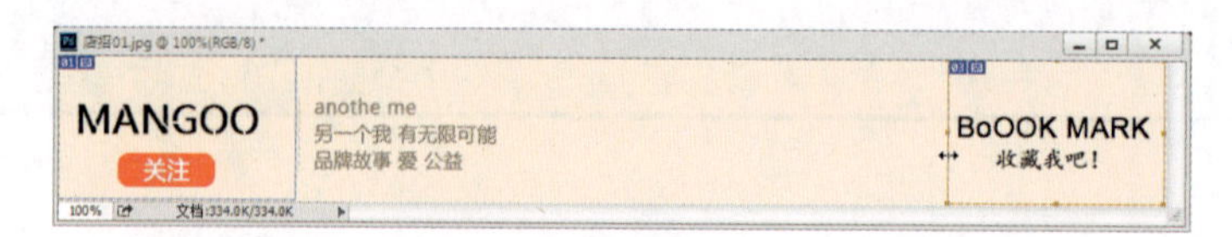

图2-41　移动切片

（5）切片创建完成后需要对切片进行优化，执行“文件”>“存储为Web所用格式”命令，在对话框中可以对图像进行优化和输出，如图2-42所示。

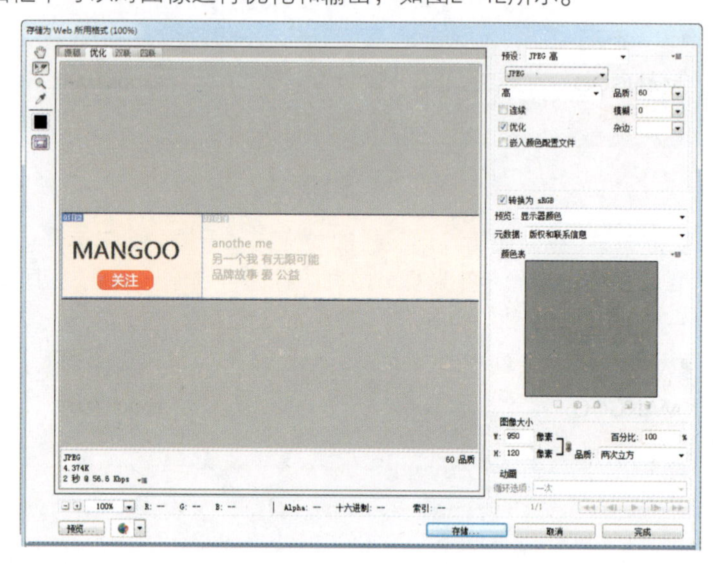

图2-42　存储为Web所用格式

（6）单击“存储”按钮，弹出保存框，在格式选项中选择“html和图像”，单击“保存“按钮即可存储网页文件和切片图片。

快速了解Photoshop软件，掌握Photoshop的制作流程、工具的运用、菜单的使用，以及文件的存储命令，能够快速有效地绘制图像和编辑图像，提高制作效率。

3

第3章 商品图片美化

本章指导

在淘宝平台购物的时候，买家看到的商品图片都是经过处理的，图片尺寸也是经过修改的。拍摄的照片一般不能直接使用，如文件太大，不能直接上传。图片的尺寸和文件大小都要符合淘宝平台的规则，才可以上传到淘宝图片空间。

3.1　图片尺寸调整

下面我们来学习调整图片尺寸的两种方法。

3.1.1　修改图片大小

拍摄好的产品图片并不能直接上传到店铺中，淘宝对图片的大小有所限制。下面我们来学习如何修改图片的大小。

（1）打开Photoshop软件，执行“新建”>“打开”命令，打开图片，如图3-1所示。

（2）执行“图像”>“图像大小”命令，弹出“图像大小“对话框，如图3-2所示。

图3-1　素材图片

图3-2　图像大小

（3）单击“限制长宽比”链接符号🔗，调整图像宽度为750像素，对应的高度数值也跟着变化，数值变为500像素，如图3-3所示。

（4）单击“确定”按钮，图像将改变大小。

（5）执行“文件”>“另存为”命令，弹出“另存为”对话框，输入文件名，选择存储文件格式为JPEG格式。

（6）单击“保存”按钮，弹出“JPEG选项”对话框，可以在这里设置品质大小，右侧“预览”选项下面可以看到文件的大小，随着品质的变化，文件大小也会发生变化，如图3-4所示。

（7）单击“确定”按钮，完成文件的存储。

图3-3 修改图像大小

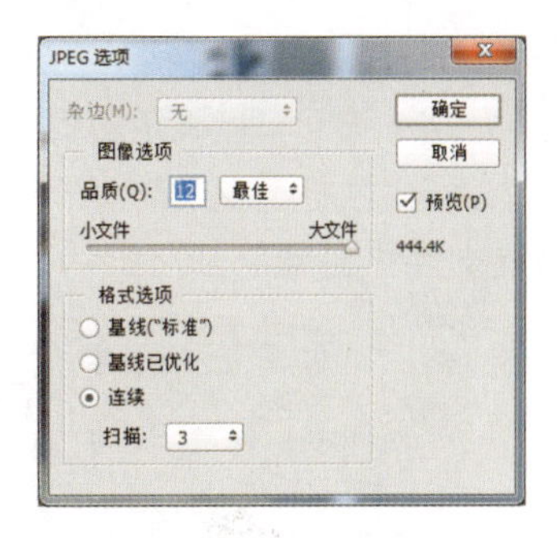

图3-4 JPEG选项

> 提示 主图的尺寸为正方形，淘宝主图带有放大功能，商品主图的制作一般不低于800像素×800像素。如果商品参加了天天特价等活动，需要修改图片的尺寸以符合官方活动的要求，如600像素×600像素或400像素×400像素等。

3.1.2 图像裁剪

在拍摄商品图片的时候，应该将商品之外的画面内容也拍摄进来，这样便于商品图片在后期处理的时候，进行适当的裁剪，以达到最好的构图效果。裁剪工具是最常用的工具之一，但是要裁剪出漂亮的效果也需要很多技巧。

宝贝的主图要求是正方形，下面我们学习裁剪工具的使用技巧——裁剪出正方形。

（1）打开素材图片，如图3-5所示。

图3-5 素材图片

（2）选择“裁剪工具”，调整工具属性栏，将裁剪宽度、高度参数设定为800像素，如图3-6所示。

图3-6 裁剪选项栏

（3）图像上将显示裁剪框，将鼠标光标放在裁剪框的边界上，单击并拖动可以调整裁剪框的大小，将鼠标光标放置在裁剪框内，单击并拖动可以移动裁剪框，如图3-7

所示。

（4）按回车键确定裁剪的区域，完成图片裁剪，如图3-8所示。

（5）执行“文件”>“存储为”命令，弹出“另存为”对话框，输入文件名，选择存储文件格式为JPEG。

图3-7　裁剪

图3-8　裁剪后的效果

这样我们就可以通过裁剪工具修改图像的长宽比例、像素，也可以通过裁剪工具矫正倾斜的图片或者给图片重新构图。

3.2　抠图

在制作淘宝主图或者海报的时候我们需要将人物或者产品图像从照片中分离出来，我们把这个过程称作“抠图”。Photoshop提供了大量的选择工具和命令，以便抠出不同类型的对象，但是也有一些复杂的图像，如人物毛发等，需要配合多个工具才能抠出。下面我们来学习淘宝素材抠图的几种方法。

3.2.1　快速去背景

快速去背景适合背景是单色的图片，使用快速选择工具可以快速地选择背景。背景接近白色的可以通过颜色减淡工具，将背景色减淡为白色。下面我们学习通过魔棒工具快速去背景。

（1）启动Photoshop软件，打开图片素材，如图3-9所示。

（2）选择“魔棒工具”，在工具选项栏中将容差设置为32，在图像左侧的背景上单击，选择灰色部分，如图3-10所示。

图3-9　图片素材

图3-10　用魔棒工具选择区域

（3）按下“Shift”键，继续用魔棒工具加选灰色区域，选中除人物外的所有灰色，如图3-11所示。

（4）执行“选择”>“反选”命令，或者按下快捷键“Ctrl+Shift+I”，选择人物选区。

（5）执行“选择”>“调整边缘”命令，弹出“调整边缘”对话框。

（6）在对话框中选择“调整半径工具”，在衣服边缘绘制。

（7）在对话框中调整参数，半径为1.7像素，平滑为1，羽化为1.0像素，对比度为43%，在输出模块上选择输出到“新建带有图层蒙版的图层”，如图3-12所示。

图3-11　加选区域

图3-12　调整边缘

（8）单击“确定”按钮，完成抠图。我们来看一下图层面板，其中新建了带有图层蒙版的图层，如图3-13所示。

（9）执行“文件”>“存储为”命令，存储文件，选择存储文件格式为JPEG，最终效果如图3-14所示。

快速抠图适合主体和背景之间色调差异明显的产品，可以使用快速选择工具、魔棒工具、套索等工具来选取图像，适合鞋包、数码产品和食品等图片。

图3-13　图层面板

图3-14　最终效果

3.2.2　钢笔抠图

钢笔工具是Photoshop抠图工具中最强大最常用的一种，即使是弧形或直角的图片也能够非常轻松地进行抠图，相对于套索工具，钢笔工具更精准，而且容易调节弧形。

下面我们开始学习钢笔抠图。

（1）启动Photoshop软件，打开素材图片，如图3-15所示。

（2）选择钢笔工具，在钢笔工具选项栏上设置钢笔绘制类型为“路径”，如图3-16所示。

图3-15　素材图片

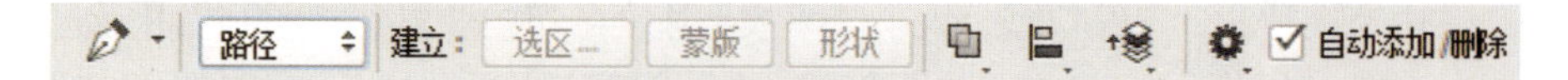

图3-16　钢笔工具选项栏

（3）在汽车的轮廓外，用钢笔绘制汽车的轮廓，绘制成封闭的路径，如图3-17所示。

（4）单击路径面板，可以看到工作路径中的白色区域就是作为选区的部分，如图3-18所示。

图3-17　绘制路径

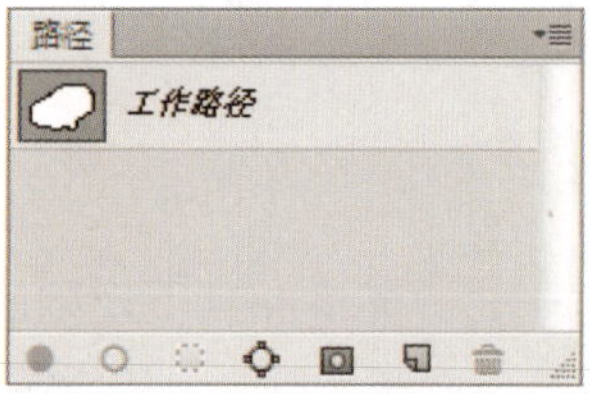

路径

工作路径

图3-18　路径面板

（5）单击“载入选区”按钮，或者使用“Ctrl+单击”快捷键选中选区，如图3-19所示。

（6）执行“图层”>“新建”>“通过拷贝的图层”命令或者按下快捷键“Ctrl+J”，选区中的图像将会复制到新建的图层上，单击“图层0”左边的眼睛图标，使“图层0”不显示，背景设置为透明显示，完成抠图，如图3-20所示。

图3-19　路径选区

图3-20　抠图效果

（7）打开汽车背景素材，将汽车抠图的图层拖动到新建的画布上，执行“编辑”>“自由变换”命令，缩放图片大小，缩放到适合画布的位置，如图3-21所示。

（8）执行“编辑”>“变换”>“水平翻转”命令，水平翻转后的汽车效果如图3-22所示。

图3-21　自由变换

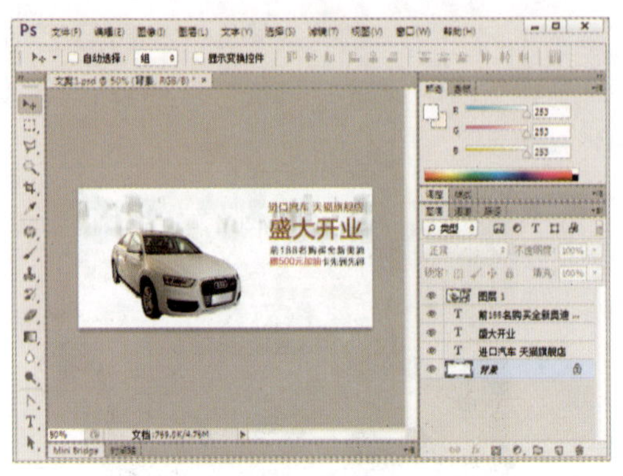

图3-22　水平翻转

对于边缘光滑并且不规则的商品，可以使用钢笔工具绘制对象的路径，再将路径转化为选区，将商品抠出。用钢笔工具抠图适合服装、家具家纺、家电办公、护肤彩妆和母婴用品等产品。

3.2.3　通道抠图

图像的颜色模式决定了图像颜色通道的数量，RGB模式的图像有4个通道，包括1个复合RGB通道，另外3个通道分别代表红色、绿色、蓝色。下面我们来学习通道抠图。

（1）启动Photoshop软件，打开素材图片，如图3-23所示。

（2）单击通道面板，显示红绿蓝三个通道，效果如图3-24所示。

（3）单击每个通道查看效果，选择前景和背景对比最强的层。这里的蓝色通道对比最强。选择蓝色通道，并单击鼠标右键在弹出菜单中选择“复制”蓝色通道，如图3-25所示。

图3-23　打开素材图片

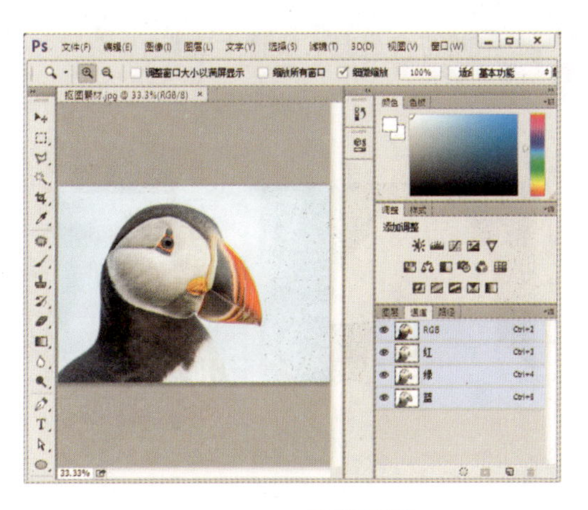

图3-24　通道面板

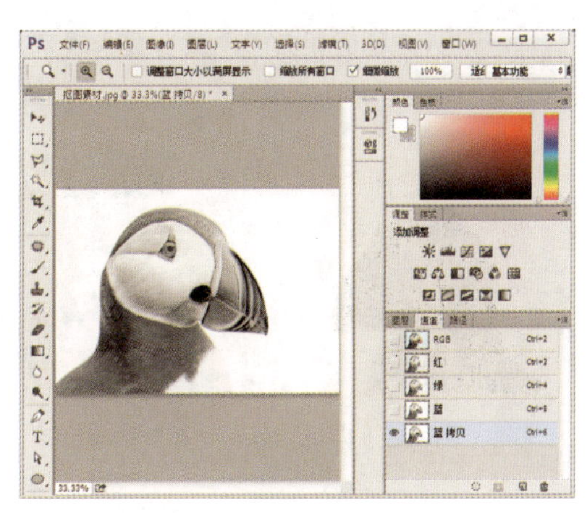

图3-25　复制蓝色通道

（4）执行“图像”>“调整”>“色阶”命令，弹出“色阶”对话框，调整色阶参数，如图3-26所示。

（5）单击“确定”按钮完成色阶的调整。

（6）选择画笔工具，绘制鸟的头部图像的白色部分，如图3-27所示。

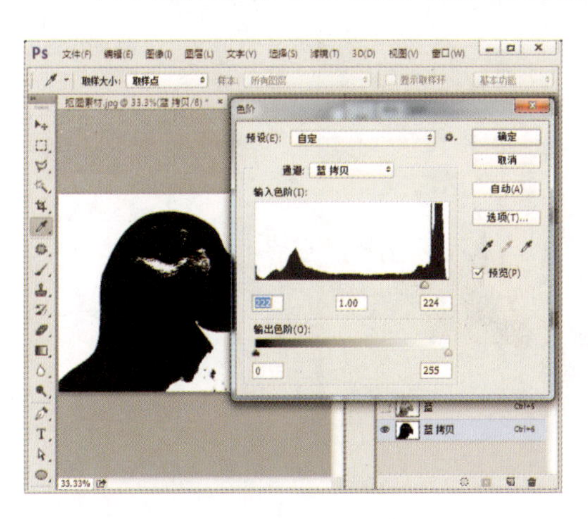

图3-26　调整色阶

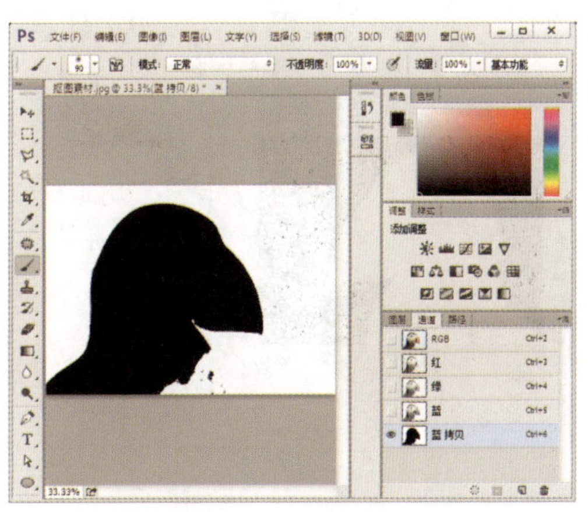

图3-27　绘制图片

（7）鸟的图像下面部分为白色，使用套索工具绘制选区，将其填充为黑色，如图3-28所示。

（8）按下快捷键“Ctrl+D”　取消选区，选择“蓝　拷贝”通道层，按下快捷键“Ctrl+I”反相通道，如图3-29所示。

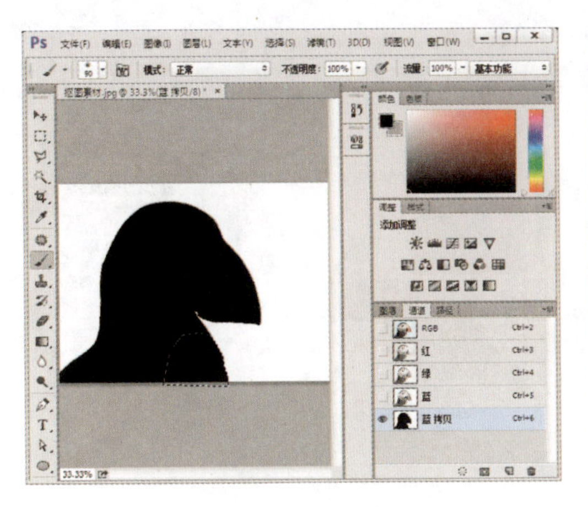

图3-28　将选区填充为黑色

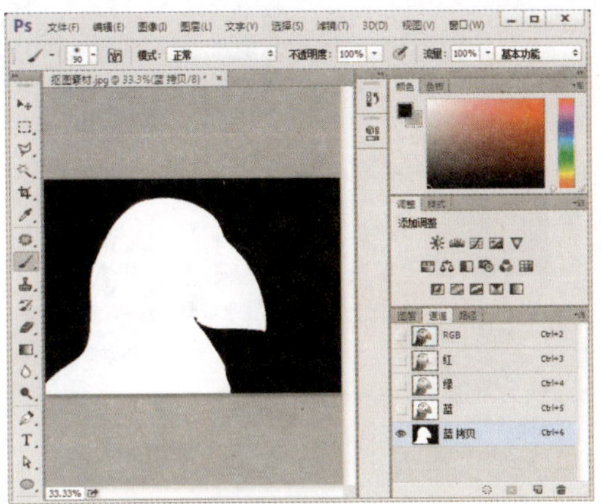

图3-29　反相通道

（9）单击“将通道作为选区载入”按钮，白色区域将被选中，如图3-30所示。

（10）回到图层面板，选择图层，执行“选择”>“调整边缘”命令，使用“调整半径工具”在边缘绘制，参数调整如图3-31所示。

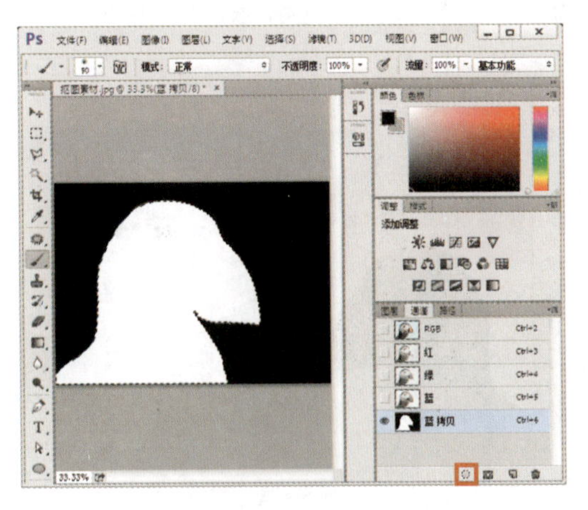

图3-30　选中区域

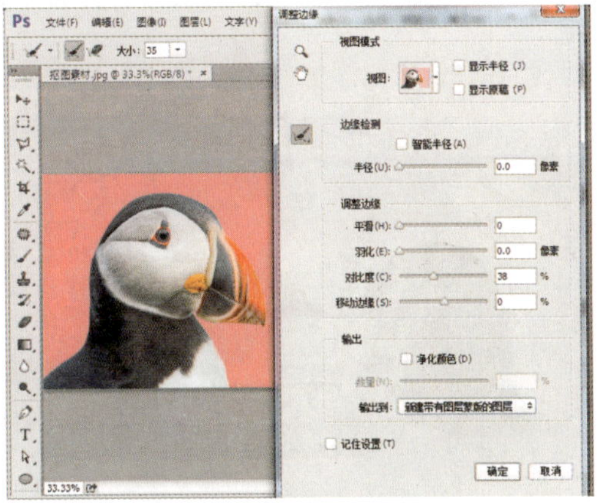

图3-31　调整边缘

（11）选择输出到“新建带有图层蒙版的图层”，单击“确定”按钮，会发现新建了一个带有蒙版的图层，单击背景图层前的眼睛图标，使背景图层不可见，这样抠图的背景则显示为透明，如图3-32所示。

（12）存储抠图文件，存储为PNG格式，背景默认为透明的。

通道抠图适合选择有头发细节的图片，或者玻璃、烟雾、婚纱等透明对象，在通道中我们也可以使用画笔来绘制或者和套索等工具结合使用，适用于服装、珠宝配饰、服装等商品图片。

图3-32　创建图层蒙版

3.3　宝贝照片优化

大多数淘宝卖家并非专业的摄影师，所以在拍摄商品的时候会出现照片的误差，如色彩偏蓝等。下面我们学习如何美化照片，让处理出来的照片赏心悦目。

3.3.1　快速去除商品上的斑点

处理商品上的斑点有很多种方法，可以使用修补工具、污点修复画笔工具、仿制图章工具、内容识别和智能修复工具等。下面就来学习如何快速去除商品图片上的斑点。

（1）启动Photoshop软件，打开素材图片，如图3-33所示。

（2）选择“污点修复画笔工具”，快捷键是“J”，在图片上存在黑色斑点的位置绘制。

调大工具笔触的快捷键是“]”。
调小工具笔触的快捷键是“[”。

这样就快速完成了斑点的修复，如图3-34所示。

图3-33　打开素材

图3-34　污点修复

3.3.2　用仿制图章工具修复划痕

修复划痕的方法也有多种，这里使用仿制图章工具修复划痕，在背景的处理上可以使用内容识别完成背景的统一。

（1）启动Photoshop软件，打开素材图片，如图3-35所示。

（2）使用仿制图章工具，在皮质好的位置按下“Alt”键吸取源点，松开“Alt”键在划痕上绘制，如图3-36所示。

图3-35　打开素材图片

图3-36　使用仿制图章工具

（3）绘制完成后的效果如图3-37所示。

（4）选择套索工具在背景上绘制选区，如图3-38所示。

图3-37 绘制后效果

图3-38 绘制选区

（5）执行“编辑”>“填充”命令，弹出“填充“对话框，选择填充内容为“内容识别”，如图3-39所示。

（6）单击“确定”按钮，完成内容填充，按下“Ctrl+D”快捷键取消选择，最终效果如图3-40所示。

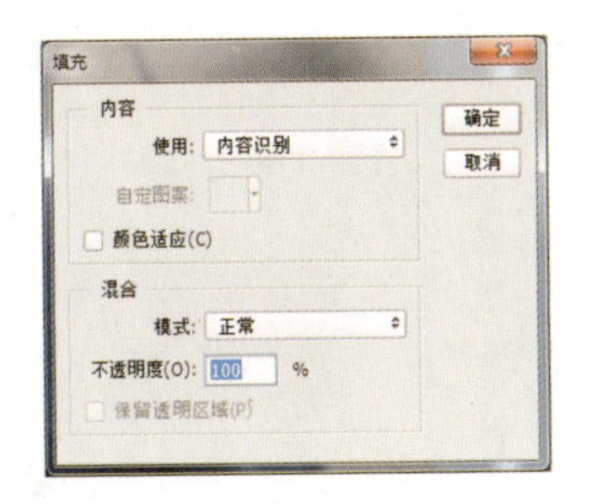

图3-39 “填充”对话框

图3-40 最终效果

3.3.3 处理曝光不足的图像

大多数卖家的商品都会遇到色差问题，因为这些中小卖家并不是专业的摄影师，在拍照的过程中会遇到各种各样的问题，比如曝光不正确或白平衡没有设置好，导致拍摄出来的商品偏色等。

下面我们来学习如何处理曝光不足的图片。

（1）启动Photoshop软件，打开灰度图片，如图3-41所示。

（2）在图层面板创建色阶调整图层，弹出“色阶”面板，调节色阶滑块，将图片亮度调整到比较合适的程度，如图3-42所示。

图3-41 灰度图片

图3-42 调整色阶

（3）存储文件，完成对曝光不足图片的处理。

拍摄商品时，最常见的问题是亮度不够，照片偏暗，在处理这种图片曝光不足的情况时，通常通过调整色阶来加强对比。

3.3.4 还原图片色彩

很多卖家在室内拍摄商品时，在不同的光源下，拍摄出来的图片都会有些偏差，如在日光灯下拍摄的照片会有些偏蓝，主要原因是在“白平衡”的设置上。

首先来看下调整前和调整后的色彩效果对比，调整前的色彩偏蓝紫色，通过色相饱和度、曲线图层来进行饱和度调整和颜色校正后取得了非常好的效果，如图3-43所示。

下面我们来学习如何还原照片色彩。

（1）启动Photoshop软件，打开素材图片，如图3-44所示。

图3-43　效果对比

图3-44　素材图片

（2）新建“色相饱和度”调整图层，调整色相和饱和度参数，色相为+107，饱和度为-15，如图3-45所示。

图3-45　色相饱和度

（3）新建曲线调整图层，选择红色通道，单击“在图像上单击并拖曳修改曲线”命令按钮，在图片上拖曳鼠标降低一些红色，如图3-46所示。

最终效果如图3-43所示。

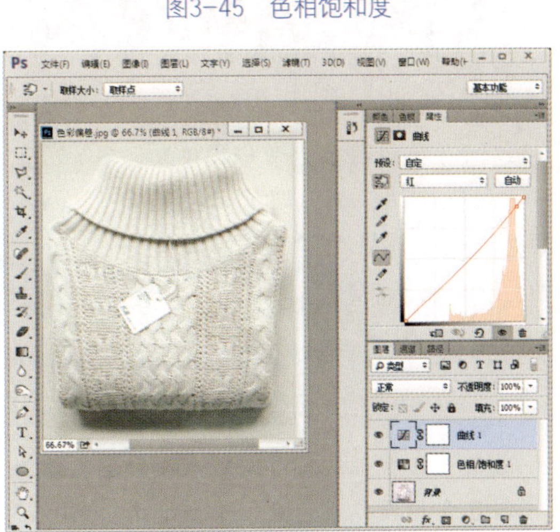

图3-46　拖曳修改曲线

3.3.5 提高照片清晰度

下面我们来学习如何提高照片的清晰度，可以通过锐化命令或者通过添加杂色来表现细节，效果如图3-47所示。

图3-47 调整效果对比

（1）启动Photoshop软件，打开素材图片，如图3-48所示。

（2）添加图像细节，提供清晰度，执行“滤镜”>“锐化”>“USM锐化”命令，调整参数，设置数量为58%，半径为0.9像素，如图3-49所示。

图3-48 素材图片

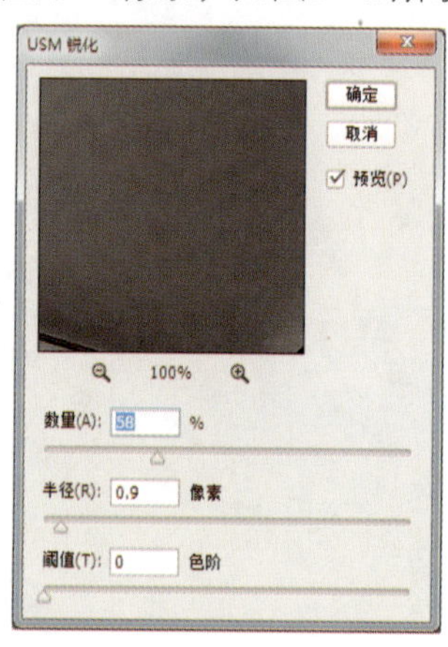

图3-49 调整锐化参数

（3）图片细节上有些颗粒，但是显示比较弱，因此要加强材质的颗粒，通过新建图层，填充灰色，如图3-50所示。

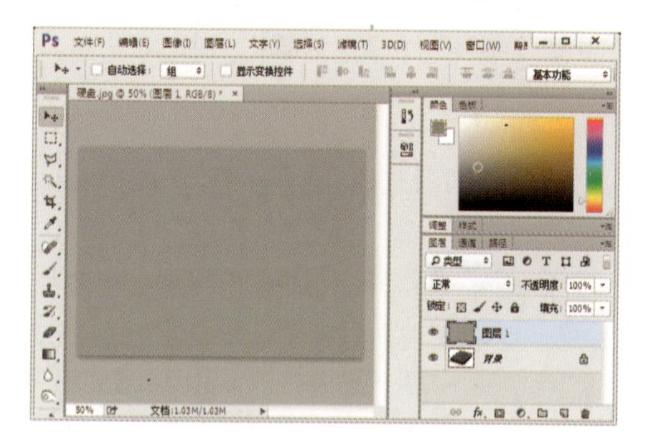

图3-50 新建图层

（4）执行“滤镜”>“杂色”>“添加杂色”命令，效果如图3-51所示。

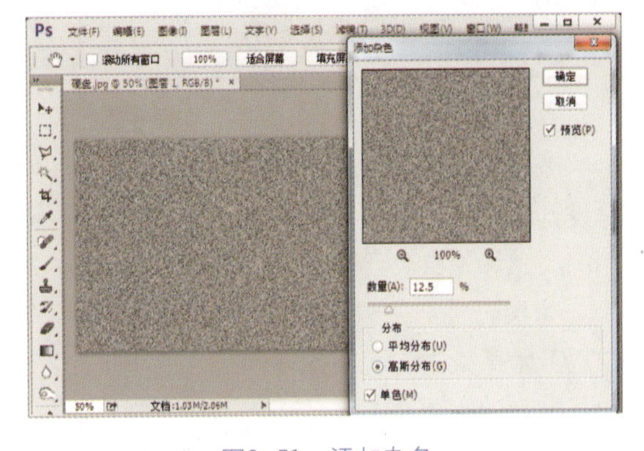

图3-51 添加杂色

（5）单击“确定”按钮，完成杂色图层的创建，将杂色图层的模式修改为“叠加”，降低不透明度至47%，效果如图3-52所示。

图3-52 叠加模式

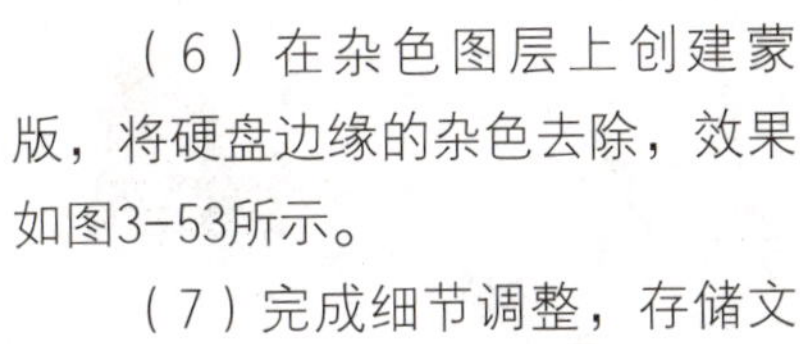

（6）在杂色图层上创建蒙版，将硬盘边缘的杂色去除，效果如图3-53所示。

（7）完成细节调整，存储文件。

图3-53 创建蒙版

这里我们通过添加杂色，让塑料材质有更多的细节，也可以通过锐化提高图片的清晰度。

3.4 商品图片修饰

商品图片修饰指的是除对商品图像本身的修饰之外，另外对商品所处的环境也要进行设计，包括背景、文字装饰元素等，使之对商品本身产生很好的衬托效果，从而提升商品的质感和美感。

如果一件商品只是简单地进行拍摄，而不添加任何修饰性的元素，那么整个画面将缺乏艺术感染力，也不能得到很好的宣传效果。如何让自己的宝贝脱颖而出，是值得每个卖家思考的问题。

3.4.1 背景效果

背景效果主要是给我们拍摄的商品添加背景，将我们的产品从实拍的背景中抠出来，然后再加入背景进行结合，下面我们来学习制作方法。

（1）启动Photoshop软件，打开素材图片，如图3-54所示。

（2）选择“魔棒工具”单击白色背景区域，选中背景。

（3）执行“选择”>“反选”命令，选中水晶，按下快捷键“Ctrl+J”，将选中的区域内容复制出来，隐藏背景图层，如图3-55所示。

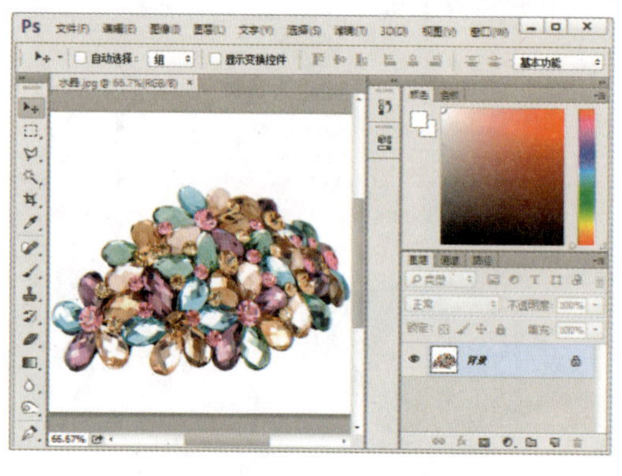

图3-54 素材图片

图3-55 复制选区内容

（4）打开背景素材，如图3-56所示。

（5）将背景素材拖曳到水晶图层下，将背景图层文件缩放至整个画布尺寸，如图3-57所示。

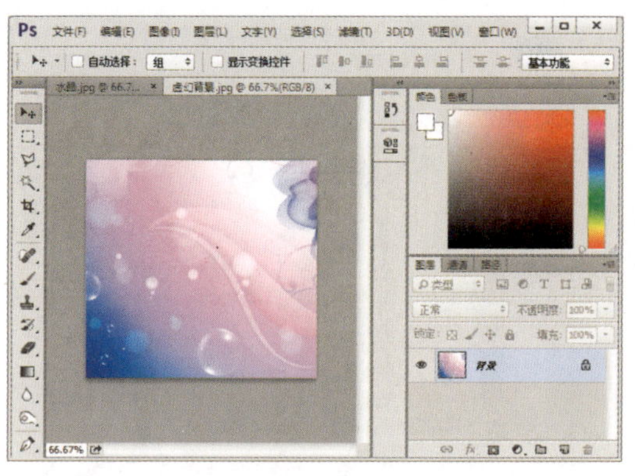
图3-56　背景素材

图3-57　缩放背景图片

（6）选择图层2，执行“滤镜”>“高斯模糊”命令，给图层添加模糊效果，如图3-58所示。

（7）单击“确定”按钮，完成模糊效果，如图3-59所示。

（8）保存文件，完成给素材添加背景的操作。

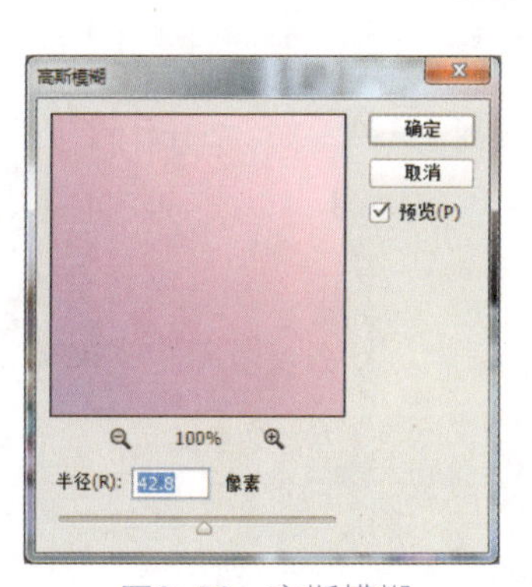

图3-58　高斯模糊

图3-59　最终效果

3.4.2　产品投影的效果

为了增强产品的立体效果，通常会给产品增加一个投影或倒影效果。而不同形状的物体在制作倒影时会有所不同，下面我们来学习投影的制作。

（1）启动Photoshop软件，打开素材图片，如图3-60所示。

（2）新建白色图层，作为背景层，如图3-61所示。

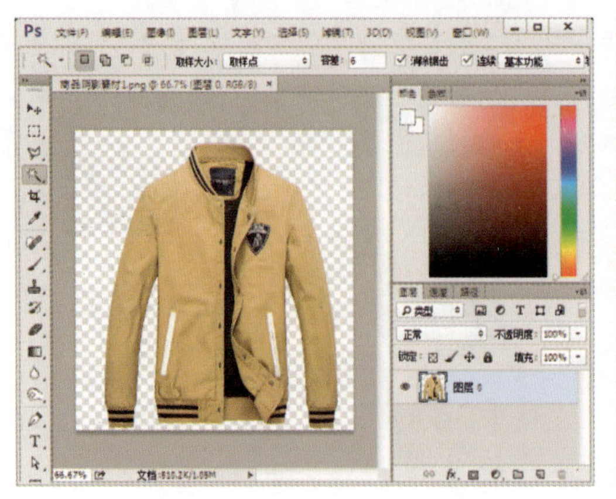

图3-60 素材图片

图3-61 新建白色图层

（3）选择商品层，添加投影效果，设置不透明度为30%，距离为12像素，大小为5像素，如图3-62所示。

（4）单击“确定”按钮，完成投影制作，最终效果如图3-63所示。

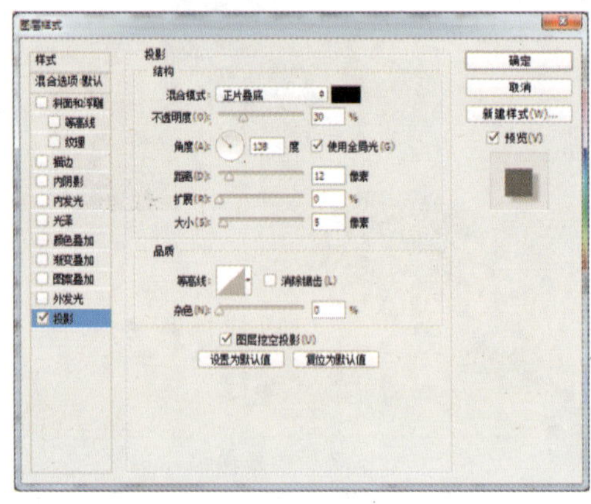

图3-62 添加投影

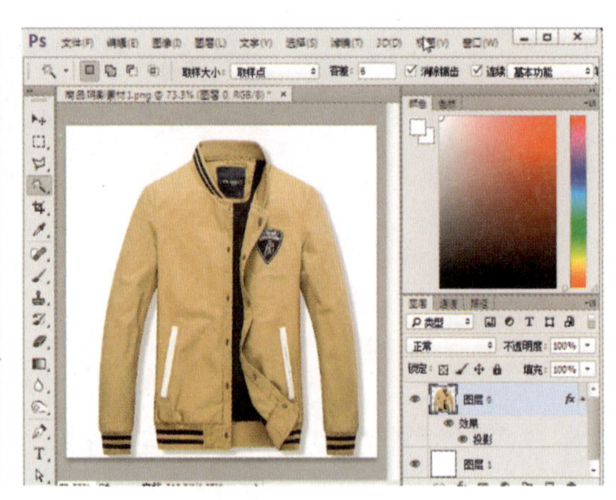

图3-63 最终效果

（5）存储文件。

3.4.3 产品倒影的效果

在淘宝上有些商品的倒影做得非常好，制作倒影时要注意倒影形状的方向，主要通过“扭曲”和“透视”命令来进行形状调整，下面我们来学习倒影效果的制作。

（1）打开Photoshop软件，打开素材，如图3-64所示。

（2）将素材中的包装盒用套锁工具抠出来，按快捷键“Ctrl+J”复制选区内容，如图3-65所示。

图3-64　素材

图3-65　复制选区内容

（3）新建白色图层，作为背景层，如图3-66所示。

（4）把图层1上面产品的正面复制出来，执行“编辑”>“自由变换”命令，调整形状，如图3-67所示。

图3-66　新建白色背景图层

图3-67　调整形状

（5）调整形状后，设置不透明度为20%，添加蒙版，使用“渐变”工具拖曳渐变效果，如图3-68所示。

（6）使用相同的方法，选择图层1复制出侧面的内容，执行“编辑”>“变换”>“垂直翻转”命令，变换倒影效果，如图3-69所示。

图3-68 渐变工具

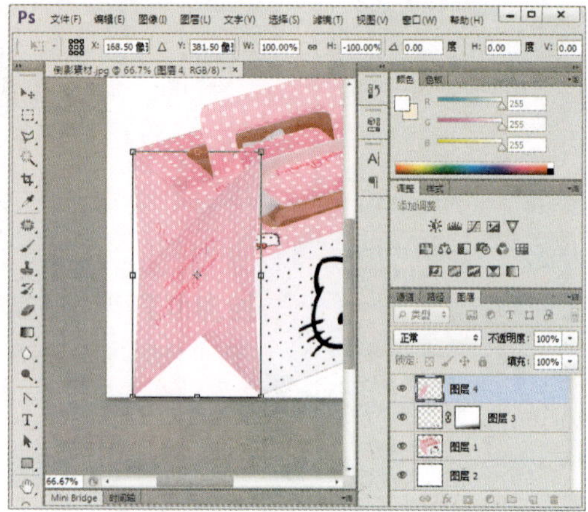

图3-69 变换倒影效果

（7）执行“变换”>“透视”命令，调整形状，如图3-70所示。

（8）设置不透明度为20%，添加图层蒙版，在图层蒙版上使用渐变工具，让倒影有个渐变的效果，如图3-71所示。

图3-70 变换透视

图3-71 最终效果

（9）存储文件，完成包装盒的倒影制作。

3.4.4 用Photoshop制作Gif动画

Gif动画是淘宝店铺中非常重要的元素，我们在店铺中会看到一些闪烁的图片，图片看起来非常漂亮，这种图片就是Gif动画。在Gif动画中可以展示多个商品，传递更多的信息，起到突出商品的作用，下面我们开始学习制作Gif动画。

（1）打开Photoshop软件，打开素材，如图3-72所示。

（2）执行“窗口”>“时间轴”命令，打开时间轴面板，如图3-73所示。

（3）单击“创建帧动画”命令，创建了1帧，将时间改为0.1秒，播放循环改为“永远”，如图3-74所示。

图3-72 素材

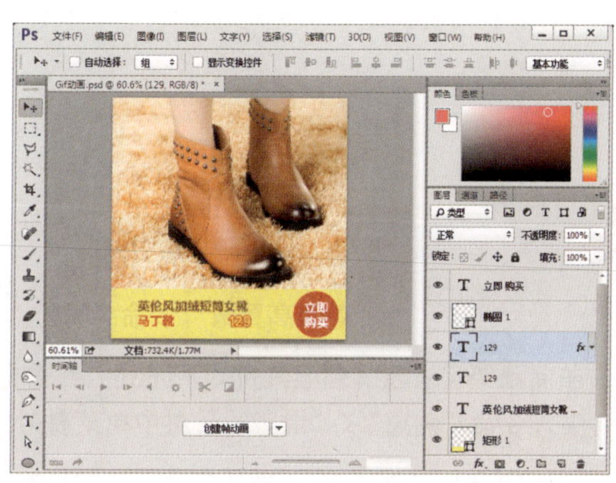

图3-73 时间轴

（4）单击时间轴上面的“新建帧”按钮，让“129 fx”图层和“立即 购买”图层不可见，如图3-75所示。

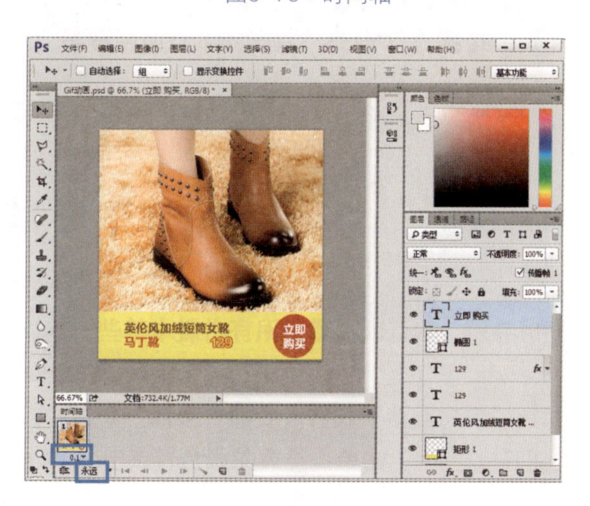

图3-74 时间轴设置

（5）执行“文件”>“存储为Web所用的格式”命令存储文件，保存为Gif格式，完成Gif动画制作。

图3-75　动画设置

3.4.5　字体与排版

在文本的排版中尽量选较为醒目的字体，内容字体尽量小，但要清晰。在同一个广告图片中不要使用超过三种字体，在文字排版时要突出与买家利益相关的字和词，在视觉效果上起到加强作用。遵循从左到右、从上到下的视觉习惯，合理安排文字的顺序。

下面我们来学习字体的排版。

（1）打开Photoshop软件，打开素材，如图3-76所示。

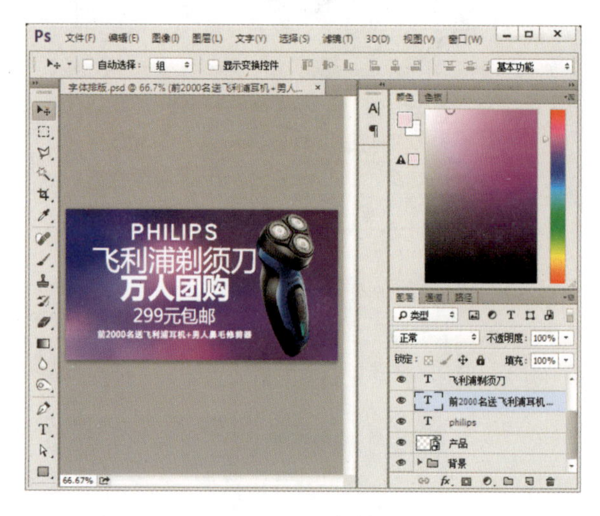

图3-76　素材

（2）可以看到图片主次不分、次序感差、内容太集中，下面我们对文字进行对齐排序，调整视觉中心。

（3）调整品牌Logo的位置，将其移动到左上角，改变文字的大小、色彩，如图3-77所示。

（4）调整主标题，选择合适的字体，调整字体位置、大小，效果如图3-78所示。

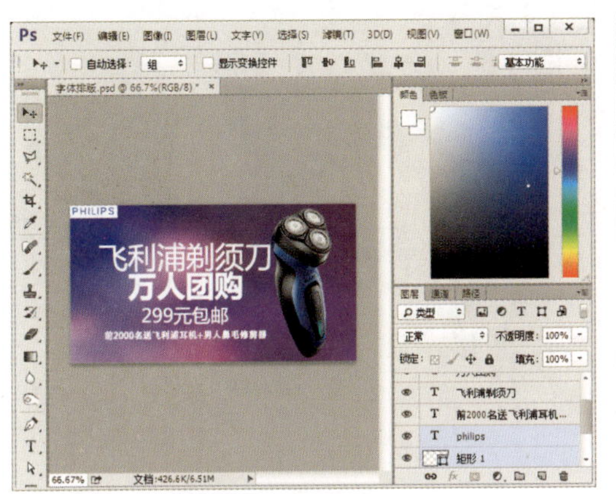

图3-77 Logo位置调整

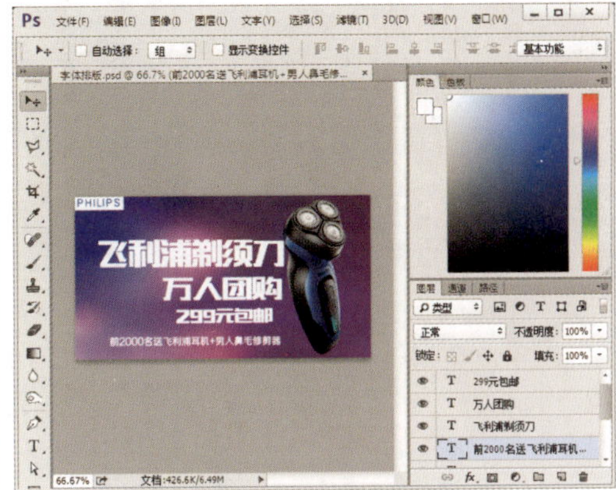

图3-78 调整主标题

（5）选择“飞利浦剃须刀”文字层，执行“文字”>“转换为形状”命令将文字转换为形状，如图3-79所示。

（6）调整文字图层，单击“路径直接选择”工具，调整“飞”字的形状，效果如图3-80所示。

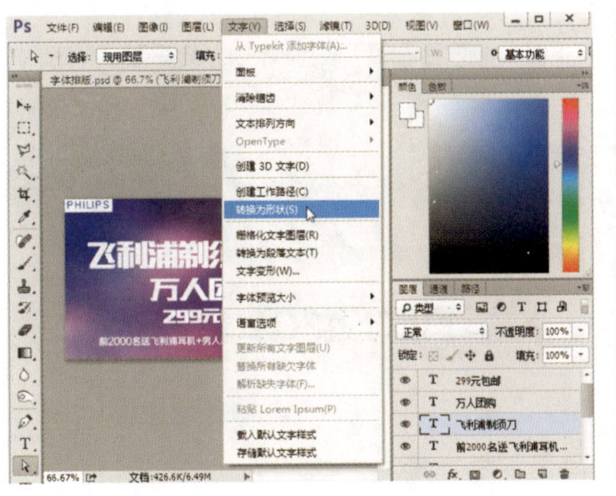

图3-79 转换为形状

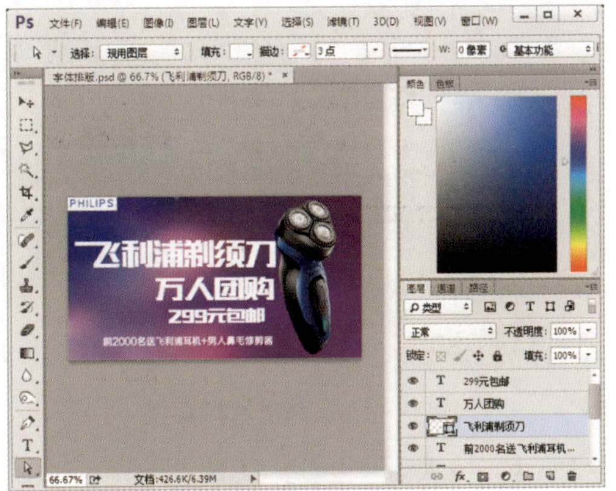

图3-80 调整形状

（7）给文字添加效果，添加文字渐变和投影，效果如图3-81所示。

（8）使用同样的方法，调整文字“万人团购”，效果如图3-82所示。

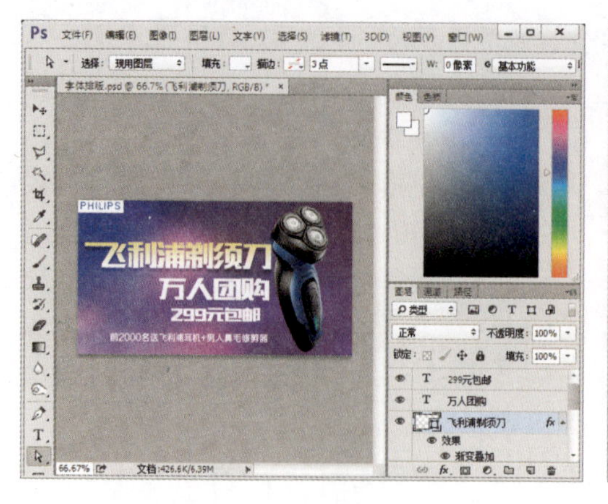

图3-81　添加渐变和投影

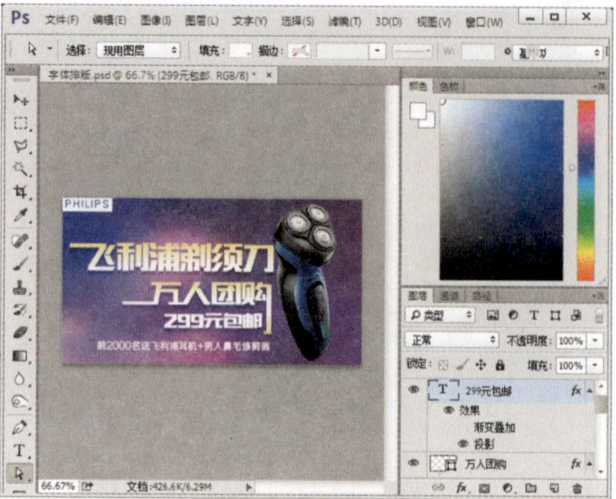

图3-82　调整文字

（9）新建形状层图，色彩选择为黑色，放在赠送文案层下方，调整效果如图3-83所示。

（10）使用自由变换微调文字倾斜，最终效果如图3-84所示。

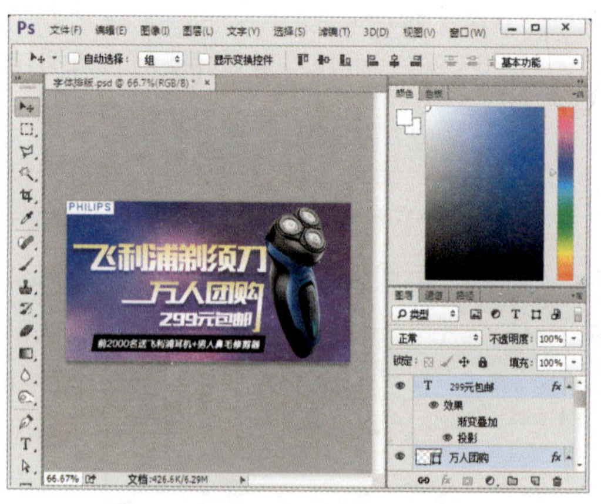

图3-83　新建形状图层

图3-84　最终效果

至此，完成了字体的排版与布局，提升了画面视觉效果。

3.4.6　促销标签的制作

在一张广告图中，为了使关键信息点更加醒目，可以合理地加上标签，如图3-85所示。

图3-85　标签效果

下面我们来学习制作促销标签。

（1）打开Photoshop软件，打开素材，如图3-86所示。

（2）选择“矩形工具”下拉列表中的自定义形状工具，追加全部形状，如图3-87所示。

图3-86　打开素材

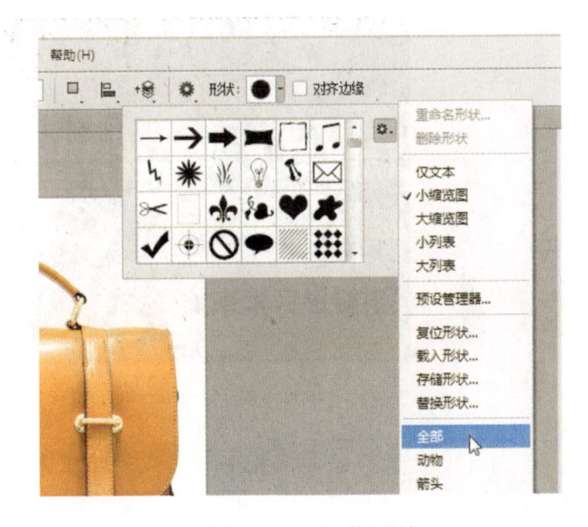

图3-87　加载形状

（3）从全部形状里选择一个形状，在画布上绘制，效果如图3-88所示。

（4）输入促销文案“7折包邮”，如图3-89所示。

（5）完成促销标签的制作，存储文件。

图3-88 绘制形状

图3-89 输入文案

3.4.7 图像合成

这节我们来学习图像的合成，效果如图3-90所示。

图3-90 合成效果

（1）打开Photoshop软件，新建一个大小为750像素×300像素的文档，如图3-91所示。

（2）打开沙漠背景素材，如图3-92所示。

（3）将素材拖曳到文档中，如图3-93所示。

（4）打开另外一张素材，如图3-94所示。

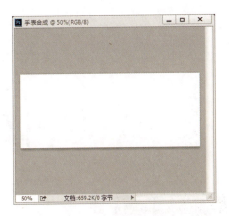

图3-91 新建文档

图3-92 打开素材

图3-93 合成文档

图3-94 打开素材

（5）将素材拖曳到合成文档上，在图层上创建蒙版，使用画笔工具绘制蒙版，上面显示沙漠效果，如图3-95所示。

图3-95 素材合成

（6）开始调节色彩，创建渐变填充层，调节渐变色彩，样式设置为线性，角度调整为-48.81度，降低图层不透明度至70%，效果如图3-96所示。

（7）创建新渐变填充图层，渐变设置为黑白渐变，样式设置为径向，角度设置为90度，效果如图3-97所示。

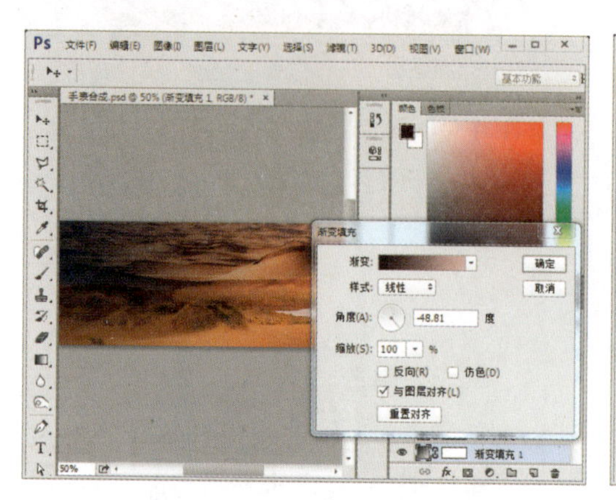

图3-96　渐变图层

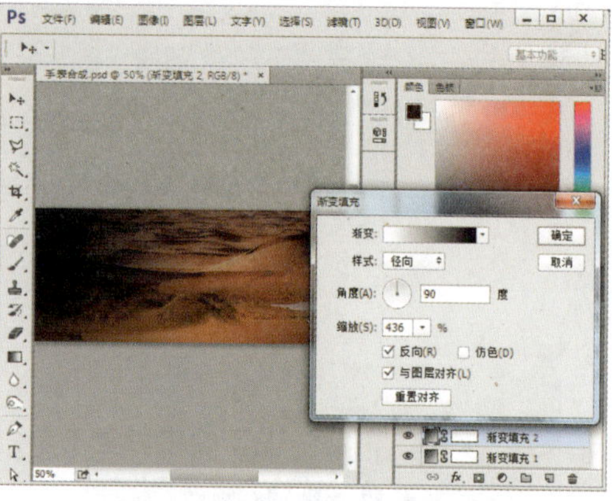

图3-97　新渐变填充图层

（8）新建色相/饱和度图层，调节画面的色相、饱和度，色相设置为-2，饱和度设置为-3，如图3-98所示。

（9）新建通道混合器，调节画面色彩，调整红色通道和绿色通道，如图3-99、图3-100所示。

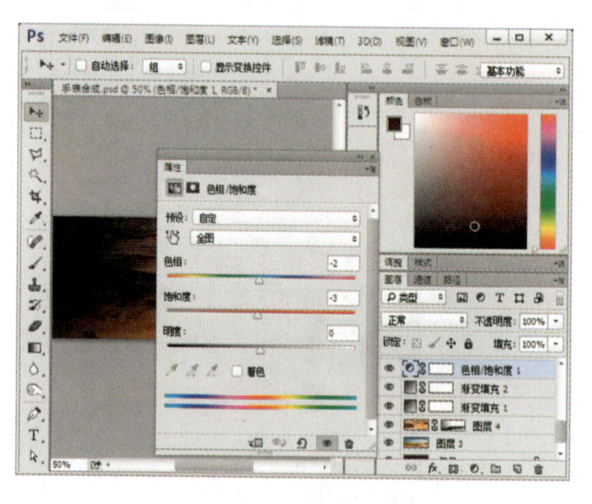

图3-98　色相/饱和度

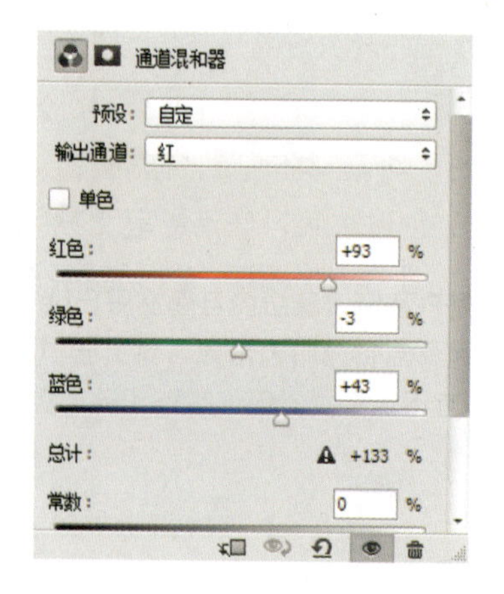

图3-99　通道混合器-红

（10）新建色阶图层，调节色阶，加强明暗对比，效果如图3-101所示。

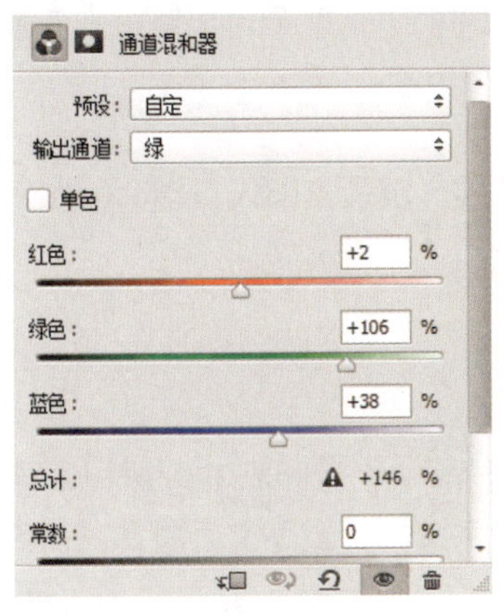

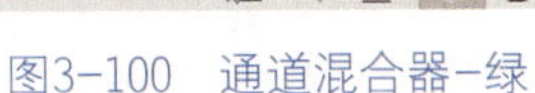
图3-100　通道混合器-绿

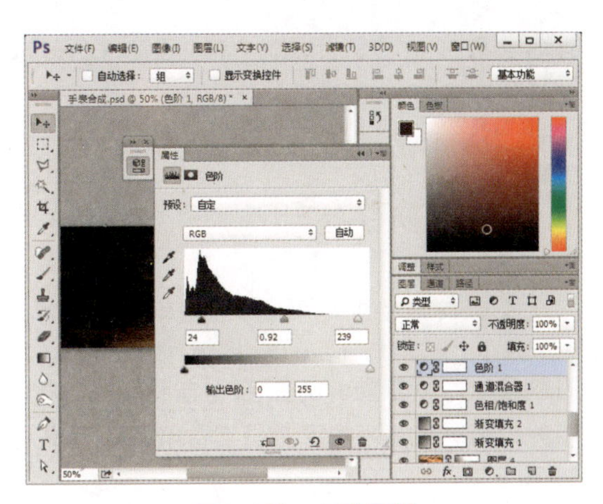
图3-101　色阶面板

（11）打开三张手表素材，将手表素材拖曳到合成画布中，如图3-102所示。

（12）输入文本，也可以加入手表Logo等元素，效果如图3-103所示。

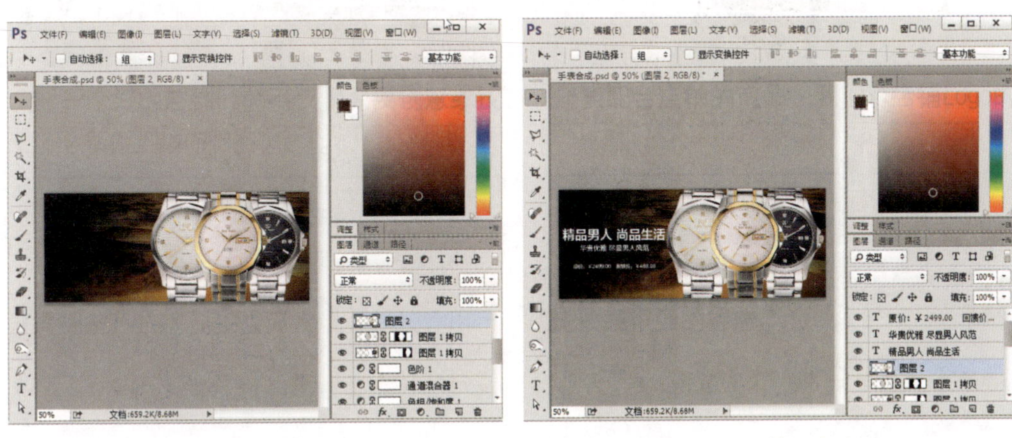

图3-102　整合素材　　图3-103　输入文本

至此，我们就完成了促销广告的图像合成。合成的时候在图层之间可以用蒙版来融合，可以通过色相/饱和度、通道混合器或可选颜色等命令进行色彩的调整，让画面更加统一。

3.5　制作水印

一般可以将店铺的Logo或店铺的网址作为水印，添加水印主要起到防止图片被盗和宣传店铺的作用，添加水印注意不要让水印显示很大，水印的不透明度可以降低，不影响到商品的视觉效果即可。

3.5.1　文字水印

下面我们通过文字工具创建文字来制作水印。

（1）打开素材，如图3-104所示。

（2）单击“文字”工具，设置文本的颜色，输入文本，调整图层的不透明度至30%，如图3-105所示。

图3-104　打开素材

图3-105　输入文本

（3）保存文件，完成文字水印的添加。

3.5.2　图片水印

可以使用Logo作为图片水印，下面我们来学习图片水印的制作方法。

（1）打开素材，如图3-106所示。

（2）打开水印素材，Logo水印背景要透明，如图3-107所示。

（3）将水印Logo拖曳到素材上，通过“自由变换”命令或者按快捷键“Ctrl+T”缩放水印大小，并将其调整到合适的位置，调节图层透明度，最终效果如图3-108所示。

图3-106　打开素材

图3-107　打开水印素材

图3-108　最终效果

（4）完成水印制作，存储文件。

我们需要水印Logo图片是透明的，这样更容易给素材加水印，注意在制作水印图片的时候，将水印Logo保存为PNG格式。

3.6　批处理

批处理可以批量地给照片调色，批量地加画框或者批量地添加水印。这里我们可以制作动作，针对批量图片处理的话，运用动作即可。

下面我们来学习批处理。

（1）打开素材，如图3-109所示。

（2）打开动作面板，单击“创建新组”图标，弹出新建组，输入名称，如图3-110所示。

图3-109　打开素材

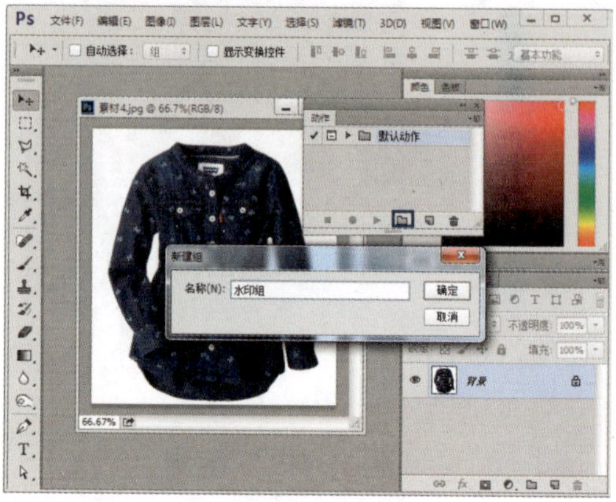

图3-110　新建组

（3）单击“确定”按钮，单击“创建新动作”按钮，单击“记录”按钮，开始记录我们的操作步骤，如图3-111所示。

（4）新建曲线调整图层，预设选择“增加对比度”，如图3-112所示。

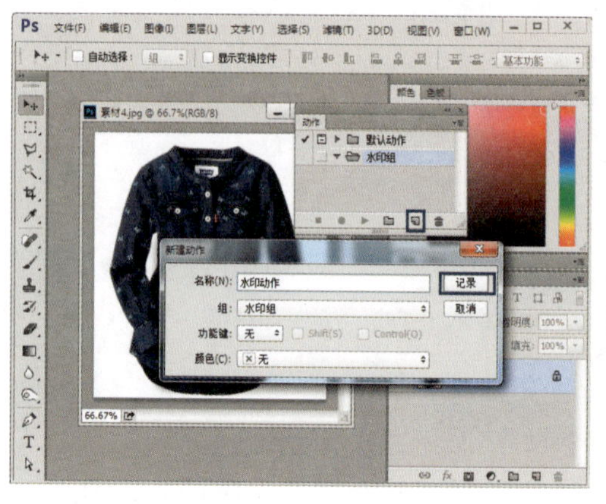

图3-111　新建动作

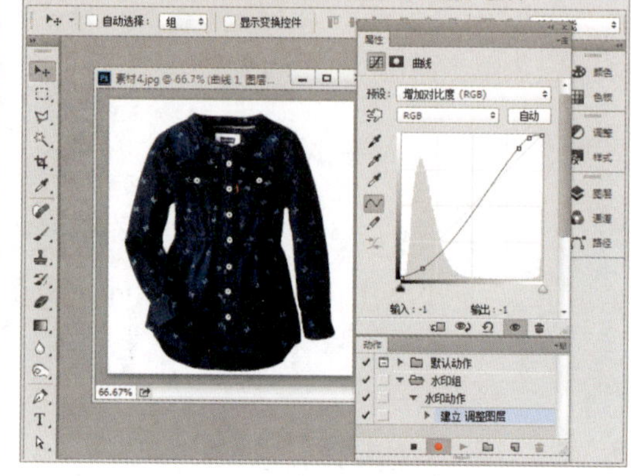

图3-112　新建曲线调整图层

（5）选择“文字工具”输入文字水印效果，不透明度设置为50%，如图3-113所示。

（6）执行“文件”>“存储为”命令，将文件存储到新建的文件夹内，文件格式为JPEG格式。

（7）关闭制作的文件，我们来看下动作面板，如图3-114所示。

图3-113　调整不透明度

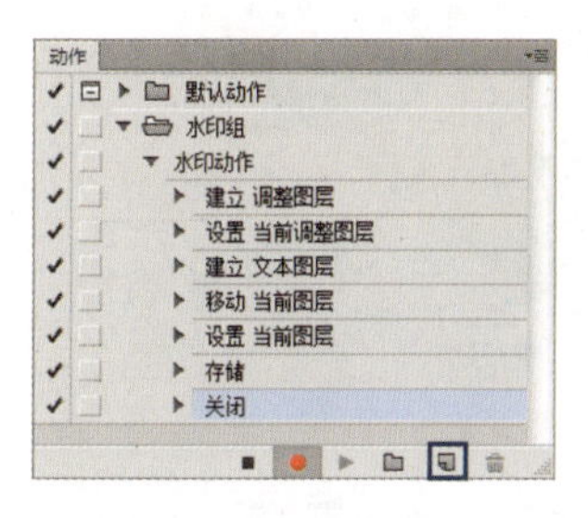

图3-114　动作面板

（8）我们制作的动作将被记录下来，单击“停止动作”按钮，完成动作的制作。

（9）打开其他素材，单击“播放选定的动作”执行动作，动作执行后自动关闭文件。

（10）打开执行动作后的图片，查看效果，所有的图片上都添加了对比度和水印效果，如图3-115所示。

图3-115　最终效果

在本章中，我们学习了图片的美化方法和处理技巧，只有通过不断地练习，才能够熟能生巧。

4

第 4 章

认识Dreamweaver

本章指导

Dreamweaver是Adobe公司推出的一套拥有可视化编辑界面，用于制作、编辑网站的软件。它支持代码、拆分、设计、实时视图等多种方式来创作、编辑和修改页面。即使你是初学者，也无须编写任何代码就能快速地创建页面，制作HTML页面，制作完成后，将HTML页面的代码复制到旺铺装修的“自定义内容区”，就可以完成店铺的装修。

4.1 认识Dreamweaver界面

启动Dreamweaver CC可以进入其设计的主界面，该界面主要由菜单栏、文档窗口、拆分视图、属性面板和浮动面板组成，如图4-1所示。

菜单栏：集合了Dreamwever的操作命令，通过各项命令，可以完成窗口设置及网页制作的各项操作。

文档窗口：当打开网页文档进行编辑时，在文档窗口中显示编辑的文档内容。

拆分视图：会将窗口分为上下两部分，上面显示“代码”视图，下面显示“设计”视图。

属性面板：位于Dreamweaver的窗口底部，在编辑网页文档时，主要用于设置和查看所有对象的各种属性。

浮动面板：在窗口的右侧设置各种快捷操作，用户可以自定义哪些功能是否在浮动面板中显示。

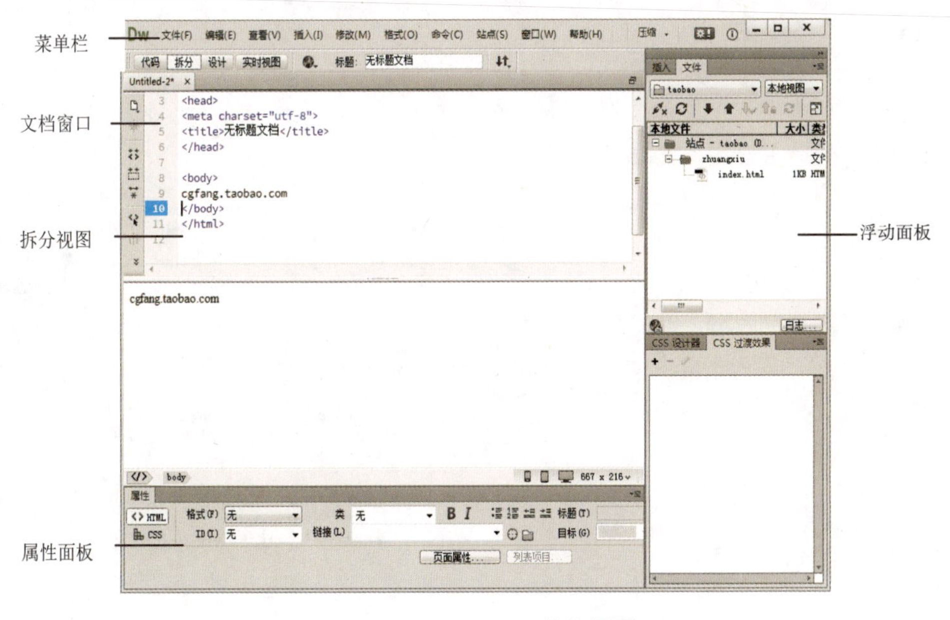

图4-1 Dreamweaver软件界面

4.2 站点的创建与管理

下面学习站点的创建与管理。

4.2.1 创建站点

在用Dreamweaver制作网页前，可以利用其站点管理功能创建和管理站点，并且可以对站点中的文件夹进行管理等操作。下面我们来学习创建站点。

（1）打开Dreamweaver软件，打开“文件”面板，在“桌面”的下拉列表框中选择“管理站点”选项，如图4-2所示。

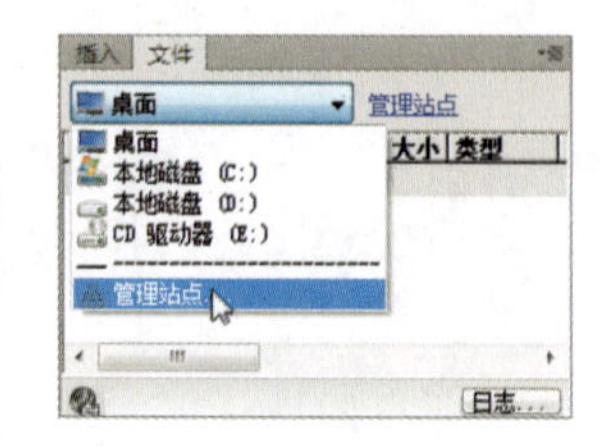

图4-2 管理站点

（2）打开“管理站点”对话框，单击下方的“新建站点”按钮，如图4-3所示。

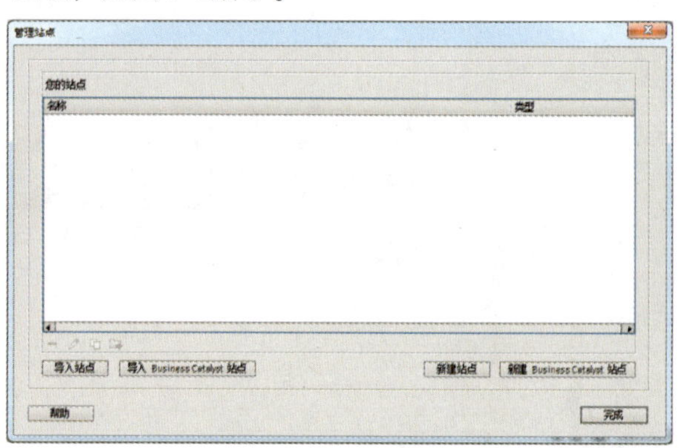

图4-3 新建站点

（3）弹出“站点设置对象”对话框，在“站点名称”文本框中输入站点的名称，并在“本地站点文件夹”设置文件夹的保存路径，单击“保存” 按钮保存站点，如图4-4所示。

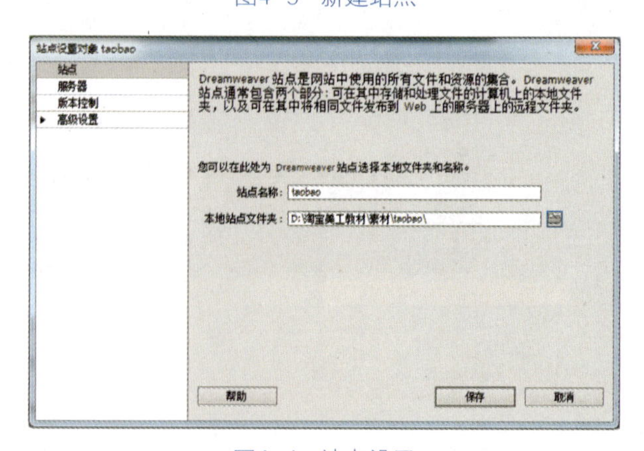

图4-4 站点设置

（4）创建站点后将返回“管理站点”对话框，其列表框中将显示新建的站点，单击“完成”按钮完成站点的创建。

4.2.2 管理站点

创建好站点之后，我们需要根据规划创建频道、栏目文件夹，并在文件夹中创建相应的文件，我们也可以对创建的文件进行管理、编辑、删除等操作。

（1）打开“文件”面板，选择需要创建文件和文件夹的站点，在站点根目录上单击鼠标右键，在弹出的快捷菜单中选择“新建文件夹”命令，将在站点根目录下创建一个名为“untitled”的文件夹，并处于修改文件夹名称的状态，将其名称修改为“zhuangxiu”，如图4-5所示。

（2）在“zhuangxiu”文件夹上单击鼠标右键，在弹出的快捷菜单中选择“新建文件”命令，将在文件夹下创建一个网页文件，名称为“untitled.html”，并处于可修改名称的状态，将其名称修改为“index.html”，如图4-6所示。

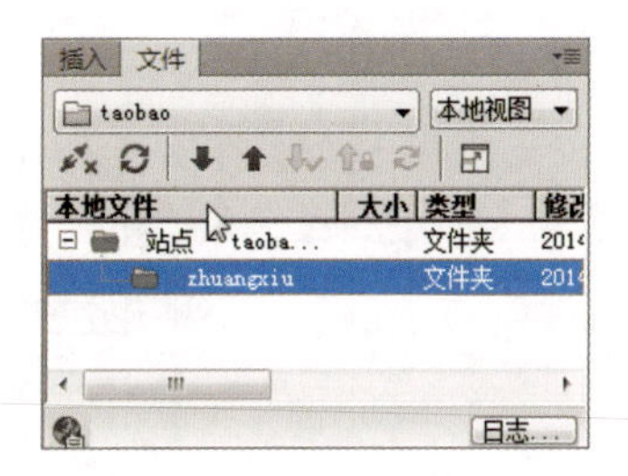

图4-5　新建文件夹

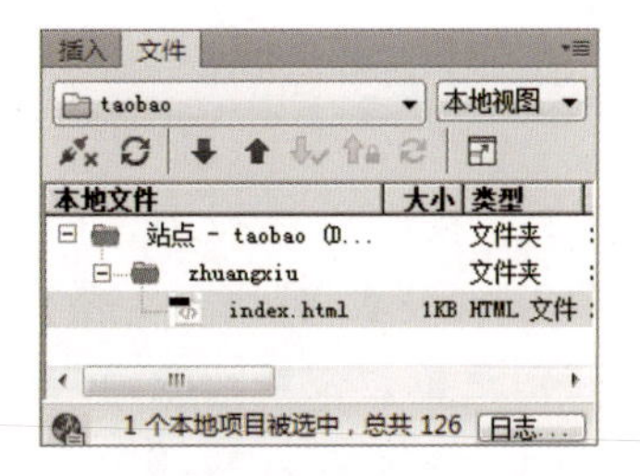

图4-6　新建网页文件

若站点中的某个文件或者文件夹不再需要，我们可以将其删除，选择需要删除的文件或者文件夹，单击鼠标右键，在弹出的快捷菜单中执行“编辑”>“删除”命令，或者直接按“Delete”键即可。

站点创建好后，需要对站点的属性进行修改，打开“管理站点”对话框，在站点列表中选择需要编辑的站点后，单击下方的“编辑当前选定的站点”按钮，对其相关的属性进行设置和修改。

4.3　Dreamweaver的基础知识

在使用Dreamweaver编辑网页前需要对其一些基本操作有所了解，如新建、保存和打开网页文件，以及网页效果的预览、网页属性的设置等。

（1）打开Dreamweaver软件，执行“文件”>“新建”命令，打开“新建文档”对话框，选择“空白页”选项卡，在页面类型和布局中选择合适的类型，单击“创建”按钮，如图4-7所示。

（2）单击“创建”按钮，即可创建一个新的空白网页文档，选择拆分视图，可以看到系统自动生成的代码，如图4-8所示。

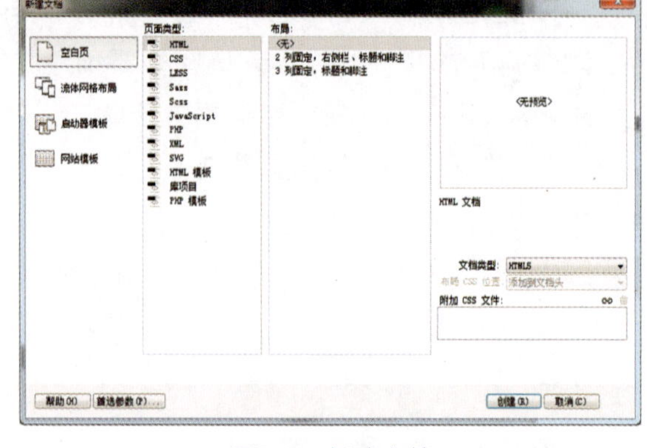

图4-7 新建文档

（3）切换到设计视图，执行“插入”>“表格”命令，弹出表格对话框，设置行数为7、列数为1、表格宽度为750像素、边框粗细为0像素，如图4-9所示。

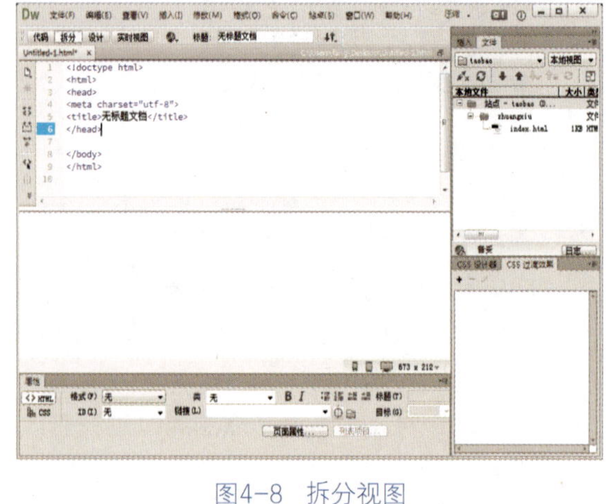

图4-8 拆分视图

（4）单击“确定”按钮，创建表格，插入的表格如果参数设置不正确，可以在属性面板中进行调整，如图4-10所示。

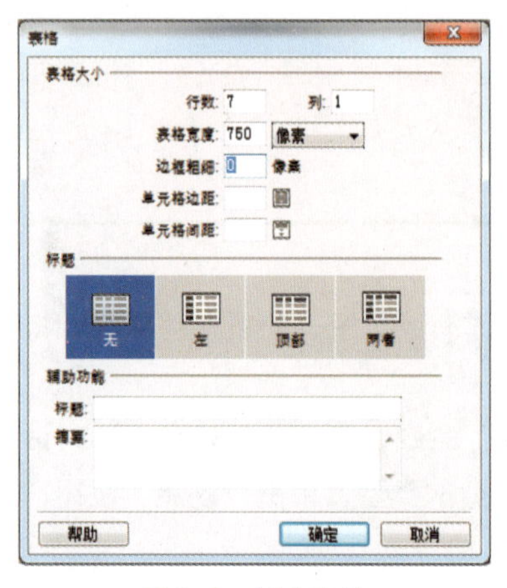

图4-9 创建表格

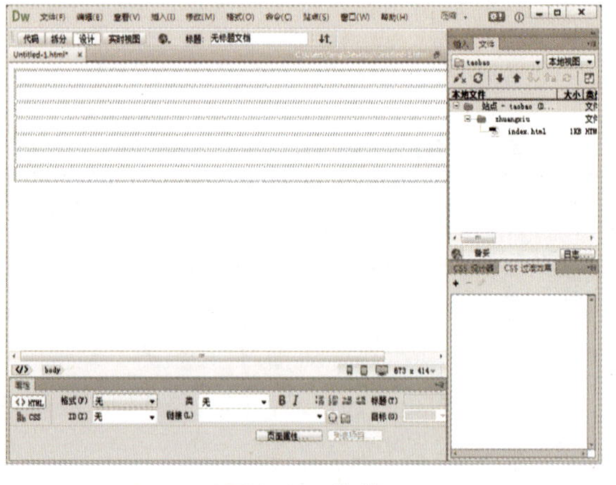

图4-10 表格

（5）将鼠标光标移动到表格第1行单元格中单击，输入文本“关于羊绒/ABOUT CASHMERE”，并在属性栏中设置水平属性为“居中对齐”，如图4-11所示。

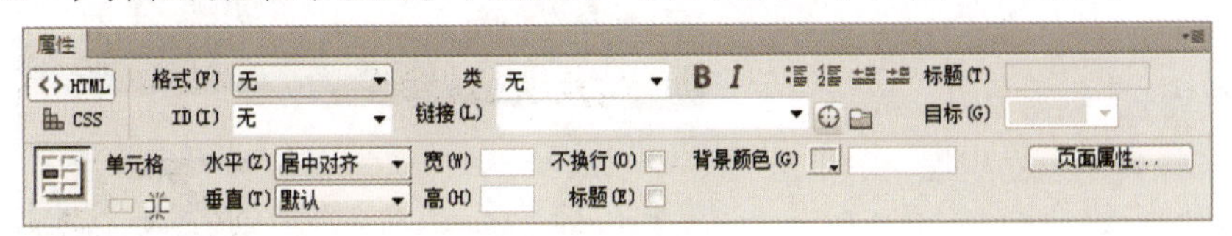

图4-11 属性面板

（6）选中第2行单元格，执行“插入”>“图像”命令，选择文件夹中的素材“素材_00”。

（7）选中第3行单元格，执行“插入”>“表格”命令，设置表格参数，行数为1、列数为1、表格宽度为600像素、边框粗细为0像素，插入表格。设置单元格属性为“居中对齐”，在表格中输入文本或者打开素材中的文本，直接复制文本到单元格中，如图4-12所示。

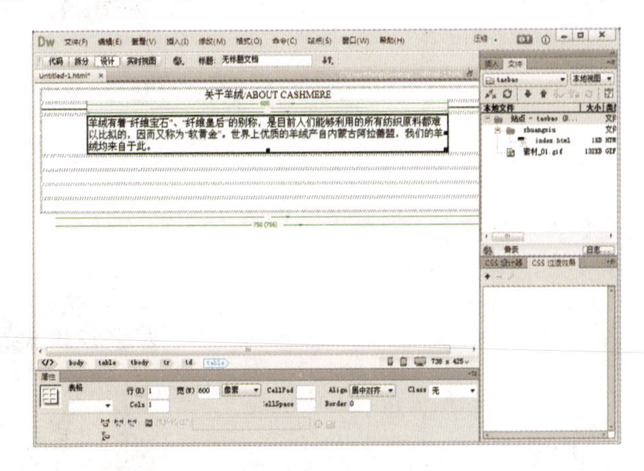

图4-12 输入文本

（8）在第4行单元格中插入图片，效果如图4-13所示。

图4-13 插入图片

（9）将鼠标光标移动到第5行单元格中，执行“插入”>“表格”命令，设置参数，行数为1、列数为3、表格宽度为750像素、边框粗细为0像素，单击“确定”按钮，创建好表格，分别在每个单元格中插入图片，如图4-14所示。

图4-14 插入图片

（10）同样在第6行单元格中插入1行3列的表格，在每个单元格中输入文本，设置单元格内的文本水平居中对齐。

（11）同样在第7行单元格中插入1行3列的表格，分别在每个单元格中再插入一个表格，表格的行数为1、列数为1、宽度为200像素、边框粗细为0像素，每个新插入的单元格属性设置为居中对齐，垂直方向为顶端对齐，在每个单元格中输入文本，效果如图4-15所示。

图4-15 插入文本

（12）执行“文件”>“保存”命令，在打开的“另存为”对话框中的“保存在”下拉列表框中选择保存位置，在“文件名”下拉列表框中输入文件名，再单击“保存”按钮，即可对网页进行保存。

（13）执行“文件”>“在浏览器中预览”>“InternetExplore”命令或单击“文档”工具栏中的 按钮，在弹出的下拉菜单中选择“预览在InternetExplore”命令执行网页预览操作，效果如图4-16所示。

图4-16　网页预览效果

4.4　超链接

网站由很多页面和文件共同组成，在浏览网页时，单击某些文本或者图像即可打开其他的页面，这就是由超链接来实现的页面跳转，下面我们就来学习超链接的设置。

4.4.1　文本图像超链接

文本图像超链接的设置很简单，选择需要设置的文本或者图像，在“属性”面板的“链接”后面的文本框中，输入网址或者粘贴网址即可。如我们链接的地址是淘宝网，则输入网址http://www.taobao.com；天猫网的网址则是http://www.tmall.com。如果是商品页面的话，到商品的地址栏复制网址即可。

打开网页文件，选择一张图片，在“链接”区域粘贴商品网址即可，如图4-17所示。

图4-17 网页文件

4.4.2 热点链接

一张图片如果需要有多个链接，可以创建热点区域，分别选择这些热点区域，给其添加链接。下面我们来学习创建热点链接。

（1）打开热点链接文件，选中图片，在“属性”面板的“地图”后面的文本框中，输入地图的名称，如“redian01”，如图4-18所示。

图4-18 属性面板

注意 在同一个页面上如果有多张图片使用热点链接，热点的地图名称一定要不一样，不要使用默认的，否则链接会出错。

（2）单击“属性”面板左下角的“矩形热点工具”按钮，在图片上拖曳鼠标光标，绘制热区（热点区域），如图4-19所示。

（3）选择每个热点区域，分别添加链接，即可完成热点链接的创建。

在创建热点区域的时候，Dreamweaver提供了矩形热点工具、椭圆热点工具和多边形热点工具，分别针对不同形状的热点区域，可以使用“指针热点工具”移动热区或调整热区大小。

图4-19　绘制热点区域

5

第5章

店招设计

本章指导

在设计店招时一定要突出品牌形象，要让店铺名称和Logo出现在醒目的位置，让客户很容易就了解你店里卖什么商品。可以在店招里放置品牌广告语或者广告文案，展示店铺的特点、风格、形象，也可以在店招里加入视觉重点，如促销信息、优惠信息或新品上架等，但视觉重点不宜过多。

5.1 Logo设计与制作

好的Logo能让人印象深刻，并能逐渐形成品牌。

5.1.1 Logo设计

淘宝店铺Logo指的是一个店铺的形象符号、品牌标志。店铺Logo通常可以由自然图像、店铺的名称、文字组合、文字字母组成，也可以采用首字母缩写的形式来表现，如图5-1所示。

图5-1 Logo

一个好的店铺Logo不仅仅需要创意或技巧，还要配合店铺的商品，我们对店铺Logo的设计必须做到以下几点。

1. 简单

过于复杂的设计会产生沟通的障碍，在店铺Logo的设计中不要添加过多元素，否则会显得拥挤，只需要少量元素就可以设计出一个视觉效果很强的标志。

很多设计师在设计标志时将Logo放得很大，Logo里面有很多细节看起来很美，但是要注意Logo缩小时，里面的元素将会显得模糊不清，所以我们在设计时需要Logo能适应各种尺寸。

2. 具有鲜明的商品特色

你店铺的商品是独一无二的，有着独特的企业文化及市场经营特色。因此，在设计Logo时必须明确品类定位、产品特点、风格和理念。

在设计Logo的时候尽量不要用细线条，细线条在店招中显示很虚弱，看起来不清晰。另外，在主图中添加Logo时，由于线条过细，或导致像素显示错位，效果将不能呈现。

3. 能准确传达店铺的商品特征

当设计师一味地追求自己的创意，容易将一些常识性的东西抛诸脑后。准确地传达商品特征，合理地选择色彩才是王道。

5.1.2　Logo制作

店铺Logo是网店最主要的视觉符号，在设计Logo时要围绕网店定位展开，可以从图形、中英文字体、色彩等方面入手，下面我们来制作一个Logo。

（1）打开Photoshop软件，新建一张600像素×600像素的画布。

（2）选择“文字工具”，在工具选项栏设置里选择字体为“迷你简黑咪”、字体大小为140、颜色为RGB(255，0，19)，输入文字“海绵宝贝”，如图5-2所示。

（3）选择文字图层，执行“文字”>“转换为形状”命令，将文字层转为形状层，如图5-3所示。

（4）对形状层的控制点进行删减，我们要用最少的形式语言，最直接地传递感知，单击“直接选择工具”按钮 直接选择工具 A 对点进行移动，使用钢笔工具下的“删除锚点工具” 删除锚点工具 对点进行删除，如图5-4所示。

图5-2　制作Logo

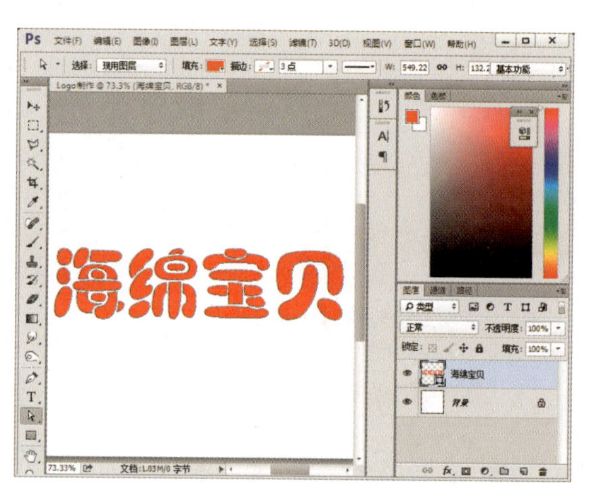

图5-3　转换为形状

（5）单击“文字工具”按钮，输入文本“haimian kids”，如图5-5所示。

（6）关闭背景图层使其背景透明，保存文件为PNG格式。

图5-4　修改形状

图5-5　输入文本

5.2　店招设计的具体实现

店招设计的具体实现应根据店铺的活动来进行，如“双11”等活动，可以突出促销信息，放置关注和收藏店铺的入口链接等。

5.2.1　店招制作

在设计风格上要与店铺内的产品整体统一，在色彩搭配方面要保持色彩的整体性，如与Logo对应统一。如果店招有季节的要素，则需要根据季节的变化及时进行更换，尤其是女装店铺。但要保持整个店铺的色调统一，优秀店招如图5-6所示。

图5-6　店招设计

下面我们来制作店招，最终效果如图5-7所示。

图5-7 最终效果

（1）打开Photoshop软件，新建文档，设置宽度为950像素、高度为120像素、背景为白色，如图5-8所示。

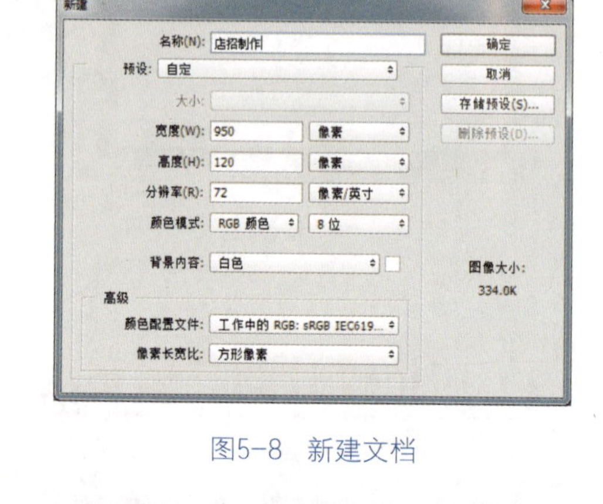

图5-8 新建文档

（2）单击“确定”按钮，新建空白文档，如图5-9所示。

（3）将绘制好的Logo拖曳到画布中，通过“自由变换”命令，缩放Logo大小，并将其移动到画布的左边，如图5-10所示。

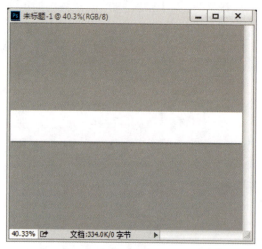

图5-9 空白文档

图5-10 将Logo拖曳到文档中

（4）制作关注按钮，选择“圆角矩形工具”，设置圆角矩形的属性，填充RGB的色值为（200，0，0）、描边关闭、半径为10像素，绘制圆角矩形。

（5）在“矩形工具”的下拉列表中选择“自定义形状” 自定形状工具 U，从形状列表中选择心形，如图5-11所示。

（6）选择形状后，设置其色彩为白色，绘制心形并放置在圆角矩形上，单击“文字工具”输入文字“关注”，如图5-12所示。

（7）将制作“关注”的三个图层进行关联，按下“Shift”键加选Logo图层并按下“Ctrl+G”快捷键启用编组命令，图层将放到一个组内，如图5-13所示。

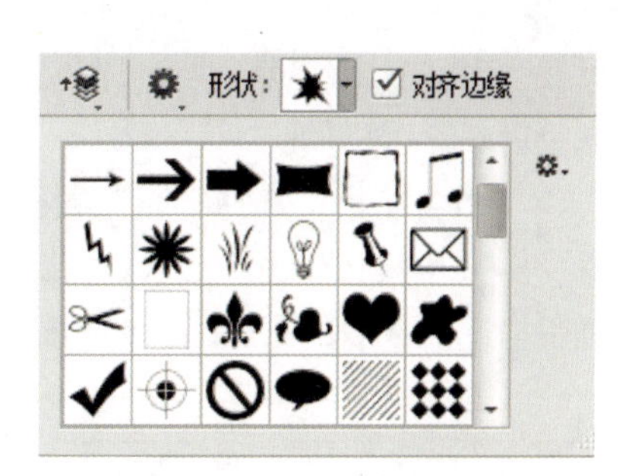

图5-11　自定义形状

图5-12　编辑图标

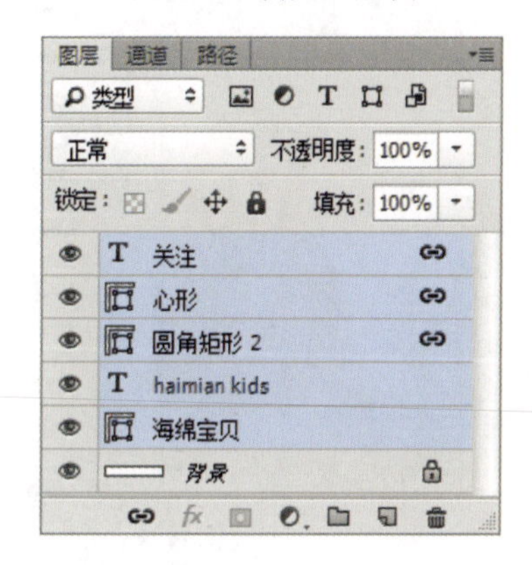

图5-13　关联图层

（8）宝宝照片抠图，打开宝宝照片素材，如图5-14所示。

（9）选择“快速选择工具”，单击照片白色的区域，创建一个选区，如图5-15所示。

图5-14　打开素材

图5-15　创建选区

（10）执行“选择”>“反选”命令，或者按快捷键“Ctrl+Shift+I”，反选之后，人物就在选区中了。

（11）执行“选择”>“调整边缘”命令，弹出调整边缘对话框，使用“调整半径工具”，绘制选区的边缘，边缘设置半径为1像素，对比度设置为10%，选择输出到“新建带有图层蒙版的图层”，如图5-16所示。

（12）单击“确定”按钮，将抠出人物，如图5-17所示。

图5-16 调整边缘

图5-17 抠图

（13）将图片中的人物通过“移动工具”移动到店招中，执行“编辑”>“自由变换”命令或者按快捷键“Ctrl+T”，缩放人物图片，使图片中的人物能够在店招中合适地显示，效果如图5-18所示。

（14）打开素材中的另外一张男孩图片，如图5-19所示。

图5-18 自由变换

图5-19 打开素材

（15）同样使用“快速选择工具”，选择白色的区域，执行“反选”命令，让人物变成选区，使用调整边缘命令，调整边缘的细节，将人物从背景中抠出，如图5-20所示。

（16）将照片中的男孩用“移动工具”拖曳到店招中，使用“自由变换”命令，调整男孩照片的大小并将其放置在店招中，如图5-21所示。

图5-20　抠图

图5-21　自由变换

（17）使用“文字工具”输入文本“妈妈我要更厚的”，颜色设置为橙色，再输入文本“超柔 超厚 超暖”。

（18）使用“圆角矩形工具”绘制圆角矩形，设置其半径为10像素、色彩为橙色，并在上面输入文本“累计销量20万套”，文本色彩设置为白色，如图5-22所示。

图5-22　输入文本

（19）选择“文字工具”，并从列表中选择“直排文字工具”，输入文本“先领券再购物，享折上折”，设置字体颜色，如图5-23所示。

（20）使用“矩形工具”绘制三个矩形，设置三个矩形的色彩分别为橙色、灰色、红色。单击“钢笔工具”，选择“形状”选项，颜色设置为紫色，在文档上绘制三角形，效果如图5-24所示。

图5-23　输入文本

图5-24　绘制优惠券

（21）单击“文字工具”输入“￥5元优惠券”，调整文字的大小，并设置文字的色彩为白色，在矩形的右上角输入文本“已领取128张”，输入的文本是水平方向，通过“自由变换”命令，设置文本的角度为45度，再输入文本“全场满5元即可使用”和“立即领取”，完成第一张优惠券的制作，如图5-25所示。

图5-25　输入文本

（22）将优惠券的图层选中，按下“Ctrl”键并选中图层，按下“Ctrl+G”快捷键编组，然后复制优惠券组，按住“Shift”键水平移动组，并修改组里的文字，改为“10元优惠券，全场满20元即可使用”。

（23）再复制一个组，向右移动，并修改文字为“20元优惠券，全场满50元即可使用”，效果如图5-26所示。

图5-26　复制组

（24）执行“文件”>“另存为”命令，弹出另存为面板框，选择合适的位置和文件名称，输入文件名，并保存文件为JPEG格式。

5.2.2　制作切片

下面我们来学习如何通过Photoshop参考线制作切片和组合切片。

（1）打开Photoshop软件，打开店招文件，如图5-27所示。

图5-27　打开店招文件

（2）执行“视图”>“标尺”命令，或者按快捷键“Ctrl+R”打开标尺，在画布窗口中显示标尺，如图5-28所示。

图5-28　打开标尺

（3）单击“移动工具”，从左侧标尺上拖曳出垂直参考线，参考线的位置放在Logo的右侧，将中间的文案和优惠券分隔开，一共4条参考线，效果如图5-29所示。

图5-29　垂直参考线

（4）同样使用“移动工具”，从水平标尺上拖曳出水平参考线，参考线放置在Logo的下面，将“关注”和“Logo”分隔开，效果如图5-30所示。

图5-30 水平参考线

（5）单击“切片工具”，在切片工具属性栏上单击“基于参考线的切片”，店招将被划分为10个切片，如图5-31所示。

图5-31 切片

（6）由于基于参考线的切片，中间的文案部分和优惠券都被切片分开了，下面我们要做的就是将这部分组合起来。单击“切片选择工具”，选中切片02并按住“Shift”键选中切片07，右击选择“组合切片”命令，这样两个切片就组合成一个切片了。同样使用“切片选择工具”将优惠券组合起来，如图5-32所示。

图5-32 组合切片

（7）执行“视图”>“显示”>“参考线”命令，隐藏参考线。

（8）保存文件，执行“文件”>“另存为Web所用格式”命令，弹出对话框，单击“存储”按钮，弹出将优化结果存储为对话框，输入文件名，保存格式为“HTML和图像”，单击“保存”按钮，将在文件夹里多保存两个文件，一个是网页文件，另外一个是切片图片的文件夹。

5.3 图片空间

店铺装修中经常使用大量的图片，因此，我们需要将商品主图、商品详情页、装修图片等相关信息上传到店铺的图片空间中。

5.3.1 淘宝图片空间

淘宝图片空间用来存储和管理宝贝详情页和店铺装修中的图片。图片空间是淘宝官方产品，管理图片方便，可以批量操作，而且其性能稳定，打开宝贝详情页图片速度快，能大大提升成交量。

自2014年1月1日起，淘宝针对所有卖家赠送超大容量20GB的免费使用图片空间。图片空间可以对图片进行分类管理，并且支持建立无限子分类文件夹，如图5-33所示。

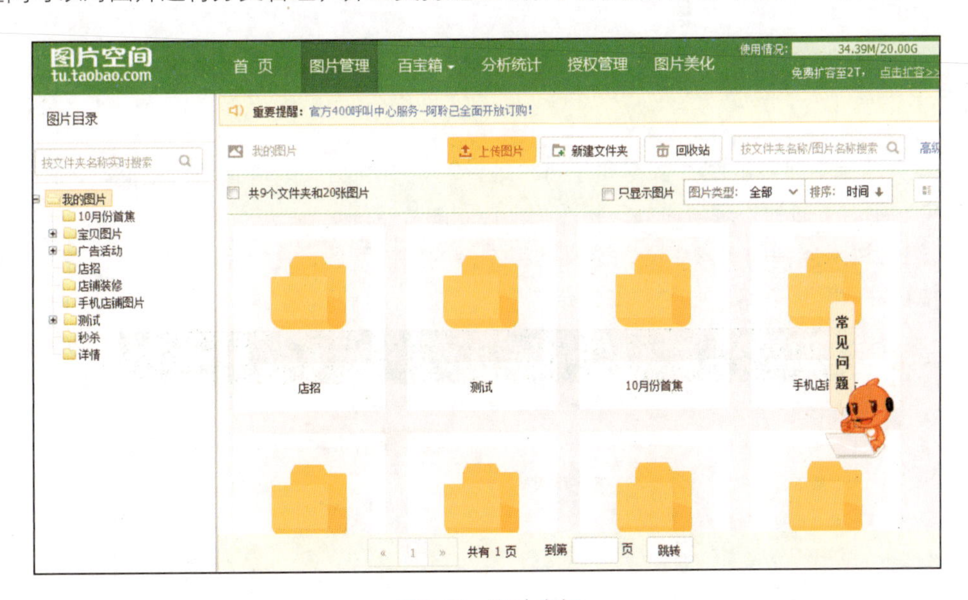

图5-33 图片空间

我们可以给上传的图片设置水印，执行“百宝箱”>“设置水印”命令，弹出对话框，添加文字水印，在水印开关中，在默认情况下为“开启”，在水印文字后面的文本框中输入文本，颜色设置为红色，基准点为右下，即可在图片上显示水印，如图5-34所示。

选择“添加图片水印”，选择水印图片，单击“上传”按钮，设置图片水印的透明度为50%，基准点为右下，如图5-35所示。

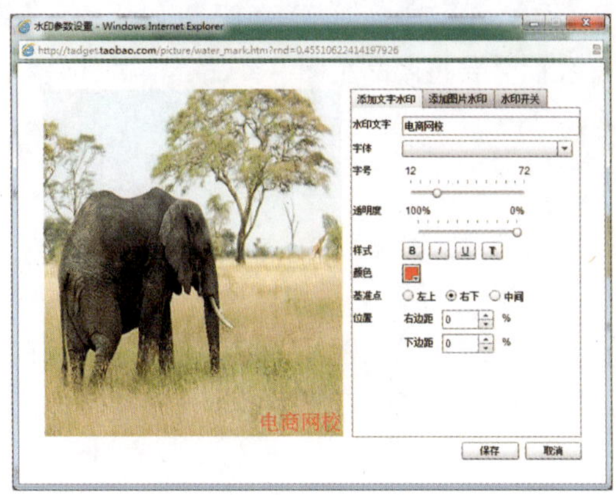

图5-34　设置水印

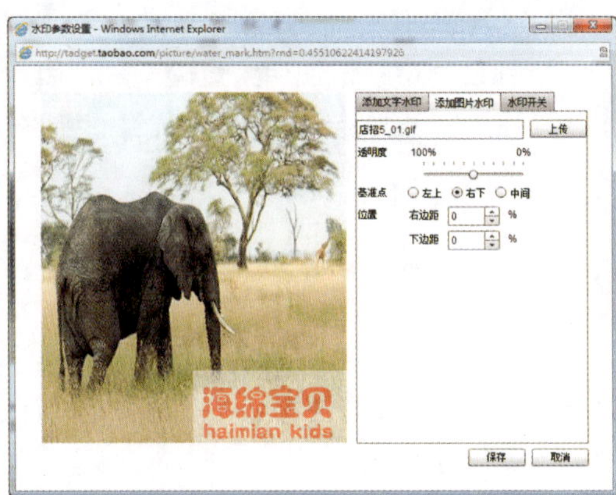

图5-35　设置透明度

5.3.2　上传到图片空间

淘宝店铺中显示的图片都需要先将本地计算机中的图片上传到图片空间，才能够在店铺中显示。下面我们来学习如何将图片上传到图片空间。

（1）进入店铺的卖家中心，选择店铺左侧的店铺管理，在店铺管理中单击“图片空间”按钮进入图片空间，如图5-36所示。

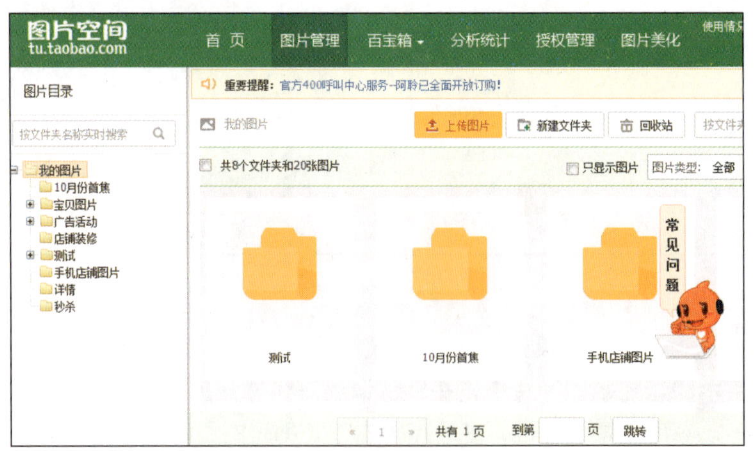

图5-36　图片空间

（2）单击“新建文件夹”按钮，弹出新建文件夹对话框，输入文件夹名称“店招”，单击“确定”按钮。

（3）进入店招文件夹，单击“上传图片”按钮，弹出上传图片对话框，如图5-37所示。

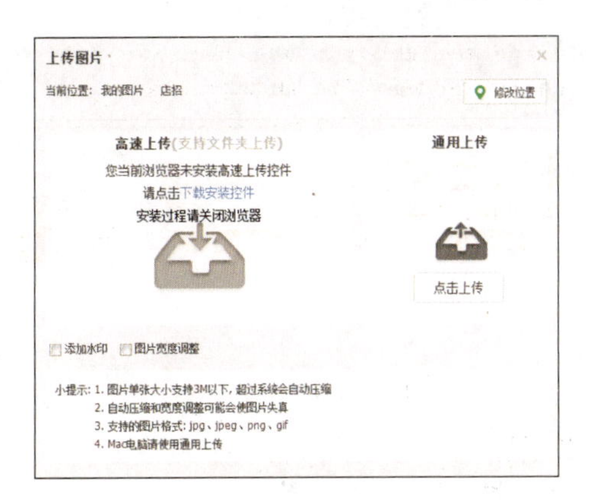

图5-37　上传图片

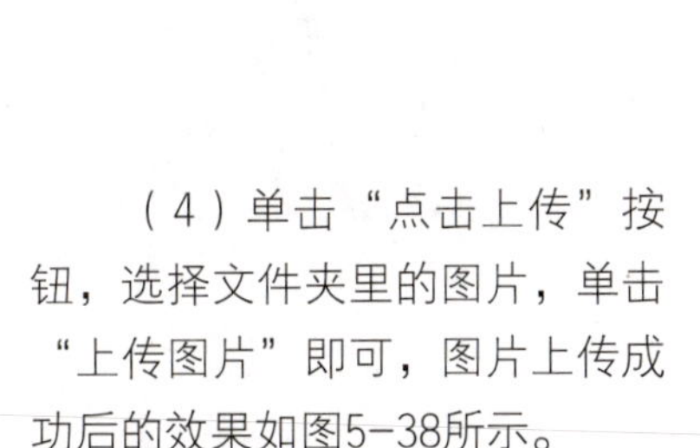

（4）单击“点击上传”按钮，选择文件夹里的图片，单击“上传图片”即可，图片上传成功后的效果如图5-38所示。

图5-38　图片上传成功

5.4　店招装修

通过Photoshop设计好店招后，通过切片命令保存网页文件，这里还需要把网页文件中图片的地址替换为网页空间中的图片地址。

5.4.1　替换图片地址

下面我们来学习如何替换淘宝图片的空间地址。

（1）打开Dreamweaver软件，打开店招网页文件，如图5-39所示。

图5-39　店招网页文件

（2）将Dreamweaver打开的店招中的本地图片替换成图片空间中的图片，进入图片空间选择之前上传的图片，单击Logo图片下的“链接”按钮复制链接，如图5-40所示。

图5-40　复制链接

（3）进入Dreamweaver软件，选中Logo图片，将属性面板里Src后面的地址替换成图片空间里图片的地址，如图5-41所示。

（4）使用同样的方法进入图片空间复制地址到Dreamweaver软件中，替换广告文案、优惠券的空间地址。

图5-41 替换图片来源

5.4.2 添加链接

下面我们来学习如何给店招中的图片添加链接。

（1）给Logo添加店铺首页的地址，打开店铺首页，到地址栏复制地址。

（2）在Dreamweaver软件中选中Logo图片，在属性面板“链接”后的文本框里粘贴店铺首页的地址，如图5-42所示。

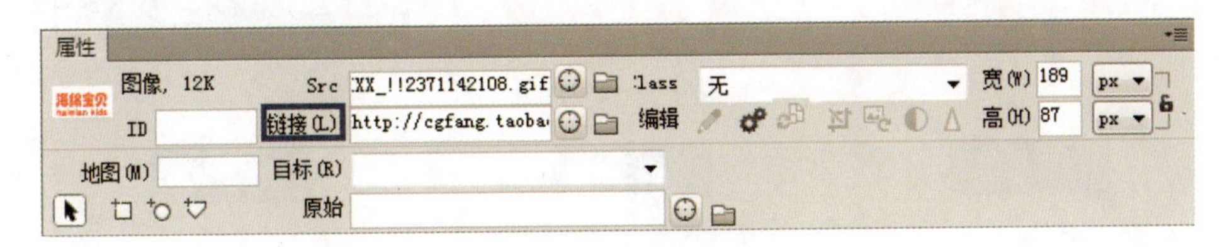

图5-42 粘贴链接

（3）给店招中的关注图片添加收藏店铺链接，进入店铺首页，用鼠标右键单击店招右侧的“收藏店铺”选项，如图5-43所示。

（4）单击“属性”选项，选中收藏地址并复制，如图5-44所示。

（5）将复制的链接粘贴到关注图片的属性面板“链接”后面的文本框中。

（6）店招中间的文案部分可以添加热销宝贝的商品链接。

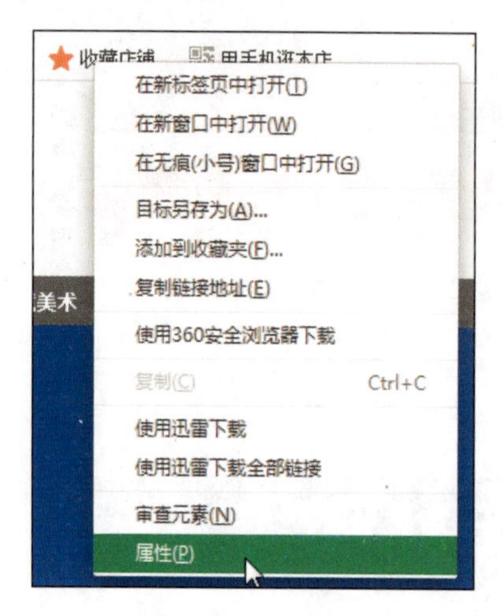

图5-43　打开属性

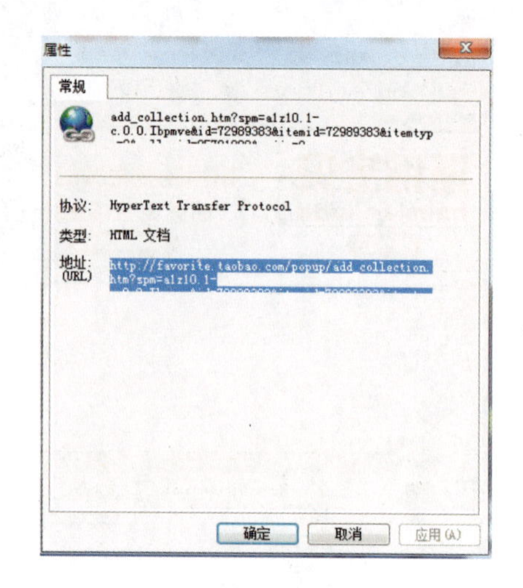

图5-44　复制收藏链接

（7）给优惠券添加链接，进入卖家中心，单击营销中心下的“促销管理”，进入促销管理页面，单击“淘宝卡券”选项，如图5-45所示。

图5-45　淘宝卡券

（8）单击店铺优惠券下的“立即创建”按钮，进入新建店铺优惠券页面，设置优惠券名称、面额、有效期和发行量等，如图5-46所示。

（9）单击“保存”按钮，将保存优惠券，用同样的方法可以创建10元、20元优惠券，优惠券创建好后进入淘宝卡券中复制优惠券链接，如图5-47所示。

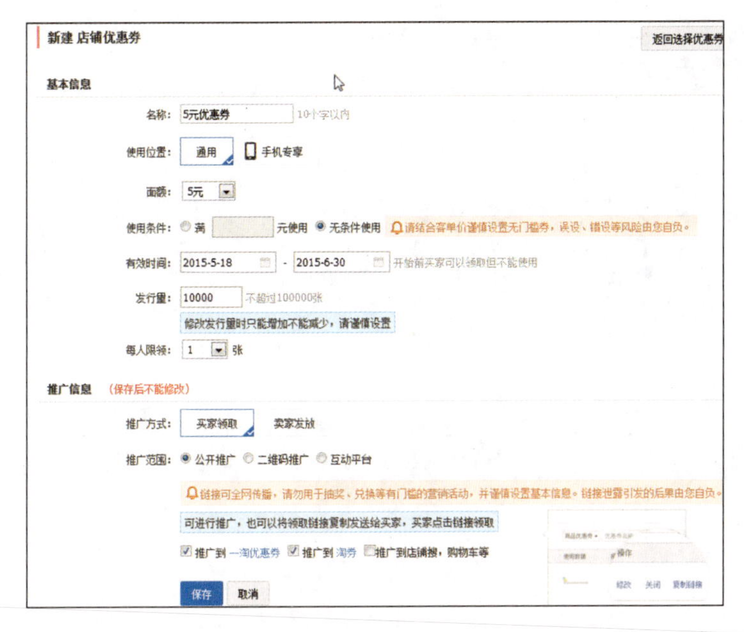

图5-46　新建店铺优惠券

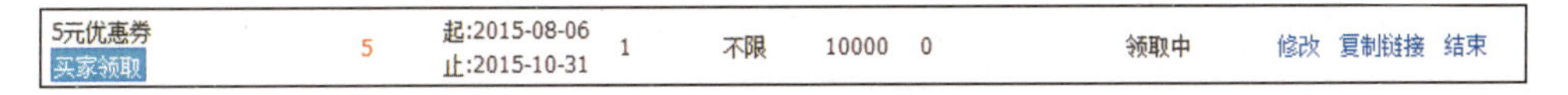

图5-47　复制链接

（10）选择5元优惠券图片，在属性栏中粘贴相应的链接，如图5-48所示。

（11）用同样的方法，复制并粘贴10元、20元优惠券的链接。

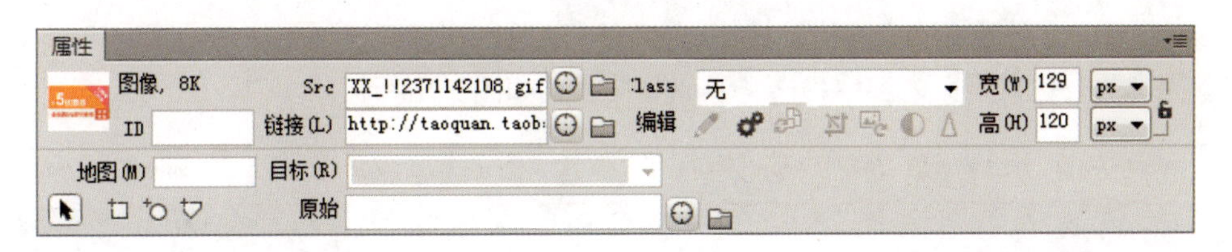

图5-48　粘贴链接

（12）单击“页面代码”按钮，进入代码视图，删除系统生成的代码，保留店招中的代码，将选中的代码中<table…</table>之间的代码保留，其他代码全部删除，如图5-49所示。

（13）保存文件，完成店招的图片替换和链接的添加。

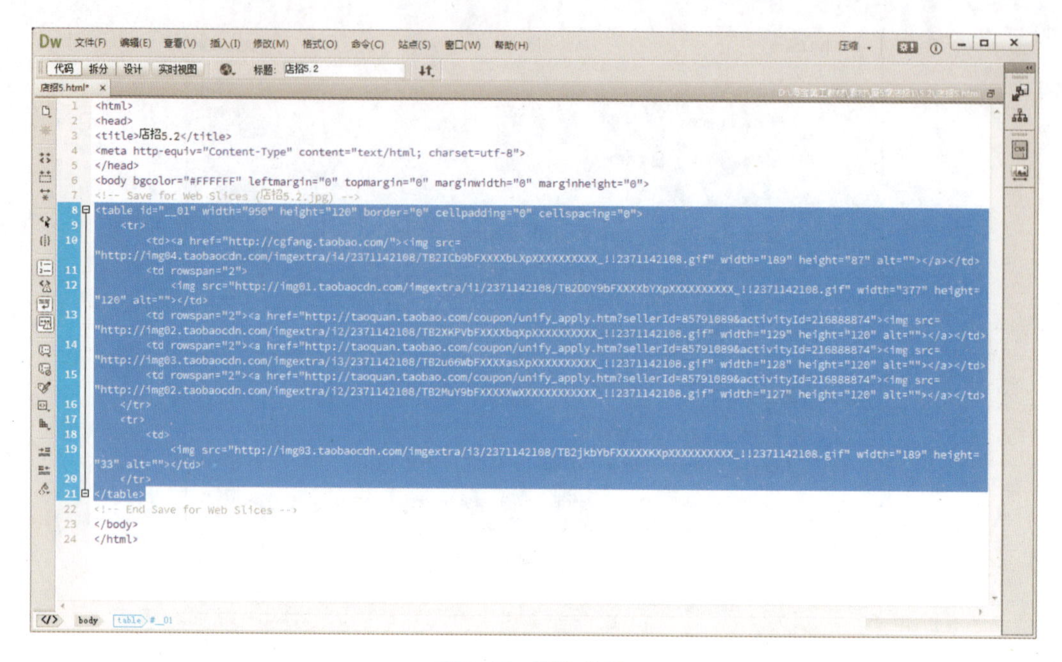

图5-49 删除代码

5.4.3 装修店招

这节我们来学习将Dreamweaver中的代码复制到店铺装修中。

（1）进入卖家中心，单击“店铺装修”，进入店铺装修页面。

（2）单击店招中的“编辑”按钮，如图5-50所示，打开店铺招牌对话框，选择“自定义招牌”，在自定义内容中单击“源码”按钮，如图5-51所示。

图5-50 编辑店招

（3）将Dreamweaver中的代码复制到招牌内容中，关闭“源码”按钮将显示内容，如图5-52所示。

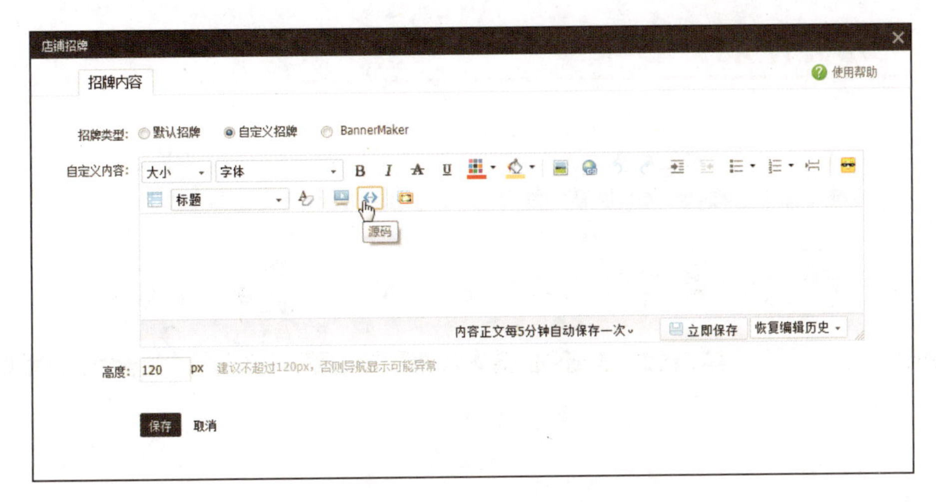

图5-51 单击“源码”按钮

图5-52 显示内容

（4）单击“保存”按钮，并单击装修页面右上角的“发布”选项，即可完成店招的制作，效果如图5-53所示。

图5-53 发布页面后的效果

5.5 页头背景

页头背景设计不用太过复杂，只需根据店招设计出与之匹配的背景即可。这样的页头背景能够使全屏后的店铺看起来更加专业，下面是一些页头背景图，如图5-54所示。

图5-54 页头背景

下面我们来学习如何添加页头背景。

（1）新建页头背景图，打开Photoshop软件，新建200像素×150像素大小的文档，背景色设置为白色，如图5-55所示。

（2）新建一个200像素×30像素大小的画布作为页头导航的背景，在画布上填充粉红色RGB（207，36，64），如图5-56所示。

（3）单击“移动工具”，将导航背景移动到页头背景图上面，并将两个图层底部对齐，如图5-57所示。

（4）存储文件，文件格式为JPEG格式，文件大小在200KB以内。

图5-55 新建页头背景图

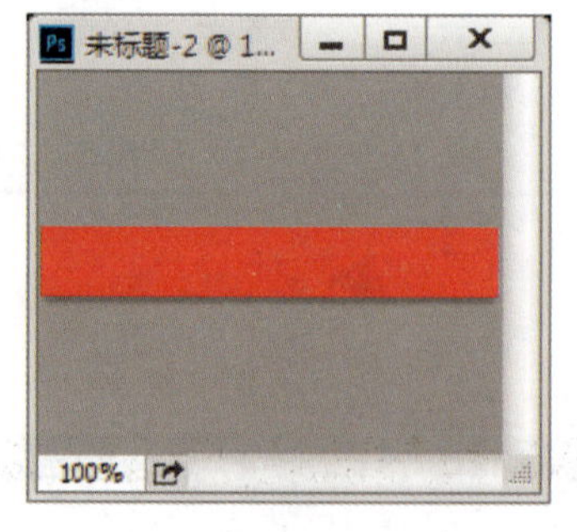

图5-56 新建页头导航的背景

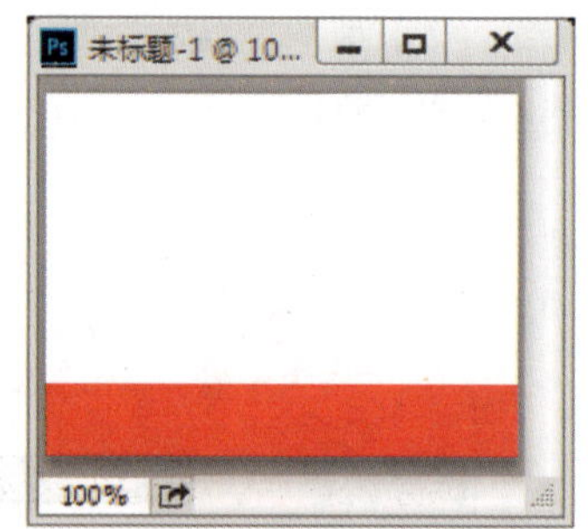

图5-57 底部对齐

（5）进入装修页面，在“装修”下拉菜单中单击“样式管理”选项，如图5-58所示。

（6）在左侧样式编辑器中单击“选择配色”选项，选择“粉红色”，并单击“保存”按钮，如图5-59所示。

图5-58 样式管理

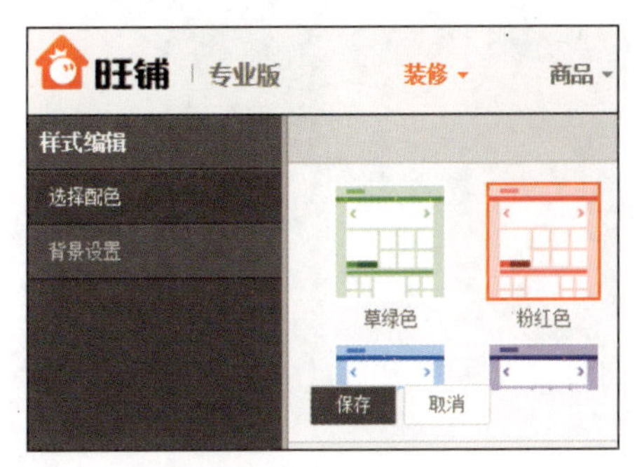

图5-59 选择配色

（7）在左侧样式编辑器中单击“背景设置”选项，进入“页头设置”界面。

（8）在“选择要设置的页面”后单击“三角”按钮，可以选择要设置的页面，单击页头背景色后的“显示”复选框可以显示出页头背景色，如图5-60所示。

（9）单击“上传图片”按钮，选择页头背景图片。单击“保存”按钮，并单击“发布”选项，即可发布成功，效果如图5-61所示。

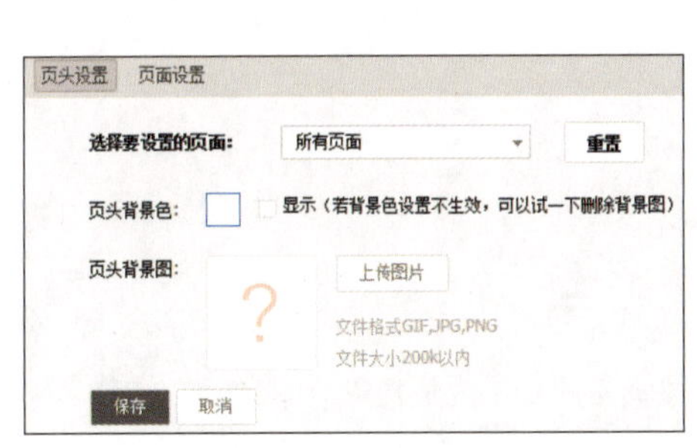

图5-60 页头设置

图5-61 最终效果

店招是店铺留给顾客的第一印象，你的店铺定位如何、是否有优惠、是否有核心产品，都可以从店招中看出来。

6

第6章

店铺首页背景

本章指导

在淘宝平台上，有很多卖家的店铺非常漂亮，其中的背景图更是大放异彩。本章我们将学习店铺首页背景的设计和制作。

6.1 背景设计

背景图可以在网络上下载，也可以根据自己的需要来制作，在Photoshop中可以制作平铺图，我们来看一下平铺式背景，如图6-1所示。

图6-1 平铺式背景

在整个店铺首页中，为了使页面整体统一，背景不能使用过于花哨的图案，颜色也要统一协调，背景在设计时要做成平铺图。下面我们来学习首页背景的制作。

（1）打开Photoshop软件，新建一个15像素×15像素的文档，填充粉红色RGB（252，228，215），并命名为“图案”，如图6-2所示。

（2）选择“矩形工具”，设置填充颜色为白色，在画布上绘制5个白色矩形，使其与背景居中对齐，如图6-3所示。

图6-2 新建文档

图6-3 绘制矩形

（3）按下“Ctrl+A”快捷键全选图案内容，执行“编辑”>“定义图案”命令定义图案。

（4）新建一个1920像素×300像素的文档为背景图，执行“编辑”>“填充”命令，弹出填充对话框，在“使用”后面选择“图案”，选择自定义图案，单击“确定”按钮，可以将图案填充到背景图上，如图6-4所示。

（5）单击“矩形工具”，创建一个950像素×300像素的矩形，使用“移动工具”将矩形和背景对齐，如图6-5所示。

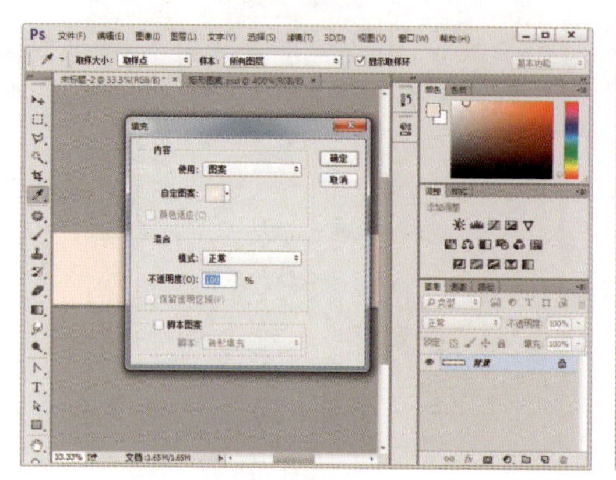

图6-4　填充图案

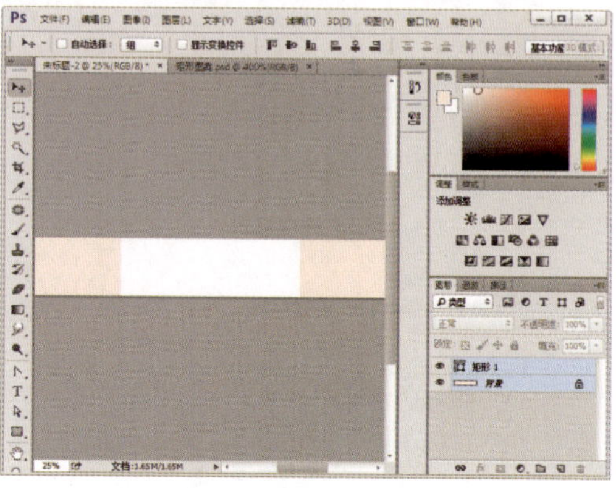

图6-5　矩形工具

（6）存储文件，文件格式为JPEG格式，文件大小控制在200KB以内。

（7）进入卖家中心，单击“店铺装修”选项，进入店铺装修页面，单击“装修”下的“样式管理”选项，在左侧选择“背景设置”，接着在页面上选择“页面设置”。

（8）在“页面背景图”后单击“更换图片”，选择制作好的页面背景图，可以设置“背景显示”为“平铺”，“背景对齐”选择“居中”，如图6-6所示。

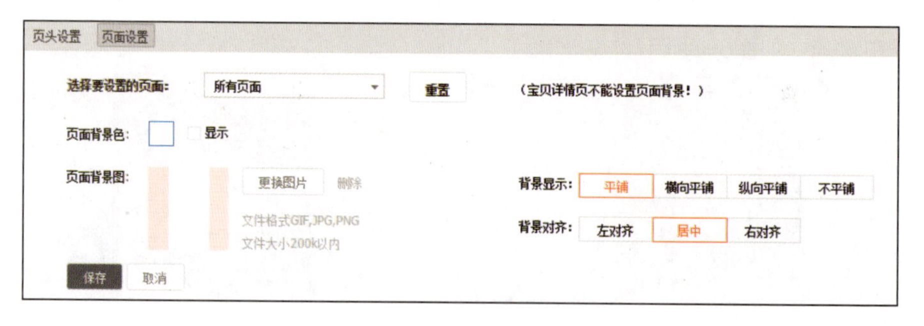

图6-6　页面设置

（9）单击“保存”按钮，并单击右上角的“发布”按钮，查看店铺的背景效果，如图6-7所示。

这就是我们定义的背景图，大家可以选择自定义图案作为背景，也可以选择一些素材制作成平铺背景。

图6-7 最终效果

6.2 固定背景

固定背景是指不随滚动条上下移动的背景，下面我们来学习固定背景的制作。

（1）打开Photoshop软件，执行“文件”>“新建”命令，新建文档，并命名为“固定背景”，设置文档宽度为1920像素，高度为1080像素。

（2）打开背景素材，单击“移动工具”，将背景素材拖曳到“固定背景”文档中，按住“Ctrl+T”快捷键缩放大小以适配文档，如图6-8所示。

（3）执行“滤镜”>“模糊”>“高斯模糊”命令，设置高斯模糊半径为40像素，如图6-9所示。

（4）单击“确定”按钮完成模糊效果，按下“Ctrl+Shift+E”快捷键，合并可见图层，合并后只有一个背景图层。

（5）单击“矩形工具”，在文档中弹出“创建矩形”对话框，如图6-10所示。

图6-8 打开背景素材

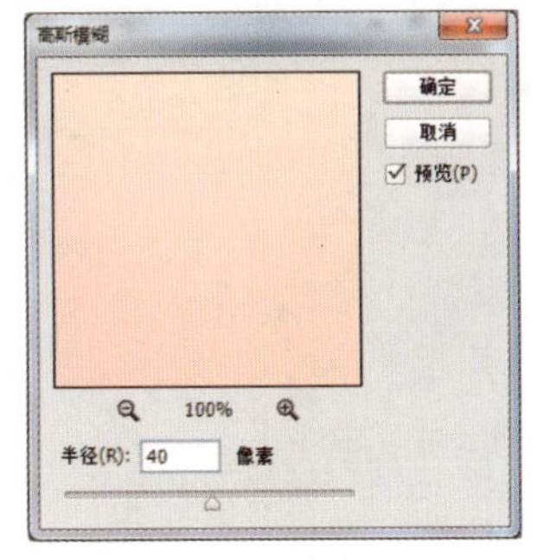

图6-9 高斯模糊

图6-10 创建矩形

（6）单击“确定”按钮，完成矩形的创建。选中矩形层，按下“Shift”键加选背景图层，单击“移动工具”，在移动工具选项栏中选择居中对齐，如图6-11所示。

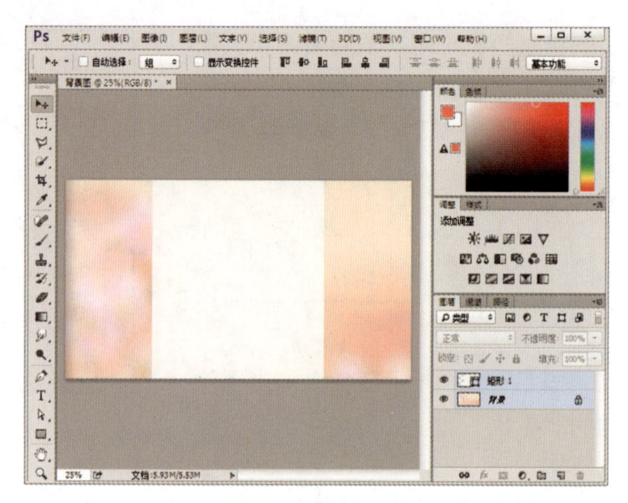
图6-11 图层对齐

（7）单击“矩形工具”，在左侧绘制矩形，并在矩形的四个角上绘制大小相等的四个圆形，合并矩形和四个圆形图层。

（8）单击“路径选择工具”，选中四个圆形，在路径工具选项栏中选择“减去顶层形状”，四个圆形将从矩形中减去。

（9）单击“圆形工具”，绘制圆形，在圆形上输入文本“满”，并在下方输入优惠券信息，如图6-12所示。

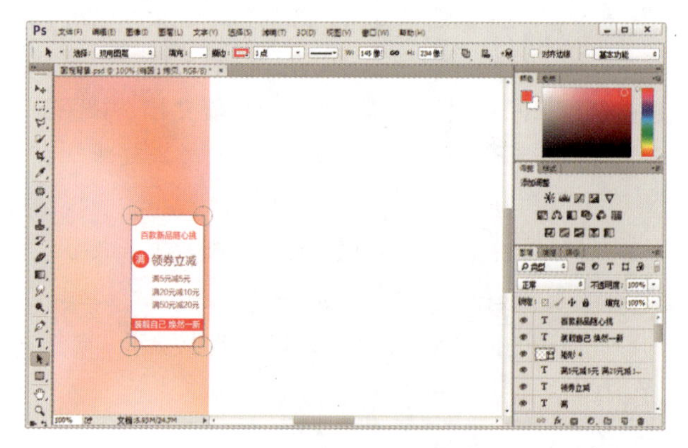

图6-12 输入优惠券信息

（10）制作右侧的二维码信息，单击“圆形工具”，绘制圆形，单击“钢笔工具”，在圆形下方绘制三角形，选中2个图层进行合并。

（11）单击“文字工具”，输入文本“更多优惠 手机扫一扫 进入掌上店铺”，如图6-13所示。

图6-13 图形制作

（12）打开二维码素材，将其拖曳到圆形下方，调整合适的位置，并在二维码下方绘制矩形，输入文本“手机专享”折扣，如图6-14所示。

（13）存储文件，文件格式为JPEG格式。

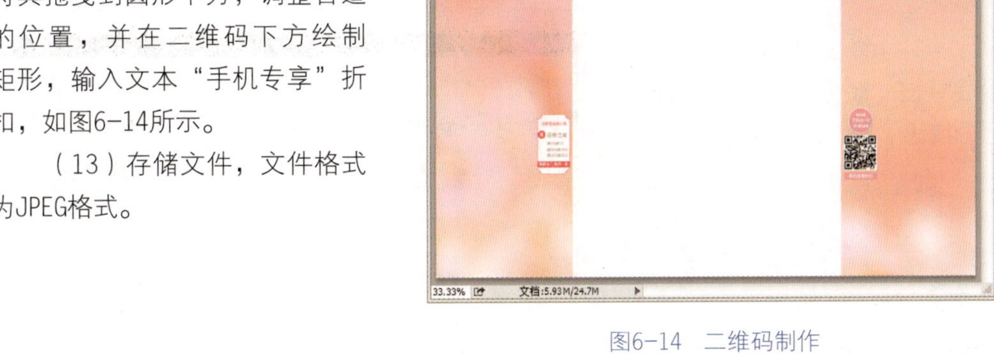

图6-14　二维码制作

（14）将保存的图片上传到“图片空间”后单击“复制链接”按钮，如图6-15所示。

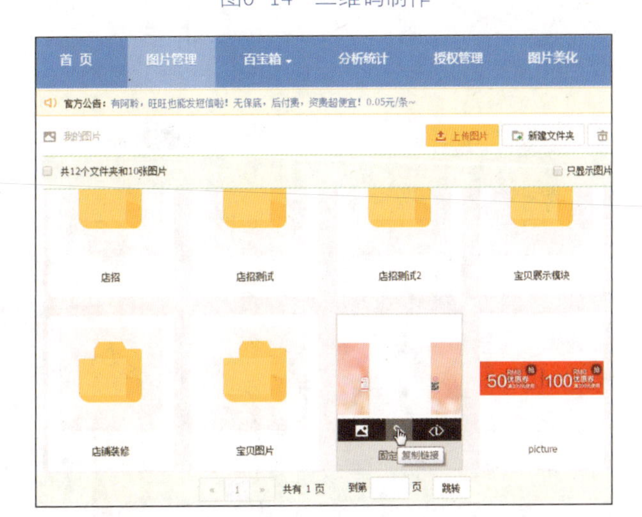

图6-15　图片空间

（15）进入“店铺装修”页面，在导航模块上单击“编辑”按钮，如图6-16所示。

图6-16　单击“编辑”按钮

（16）在打开的对话框中单击“显示设置”按钮，然后在文本框中输入代码，括号中为图片空间里图片链接的地址，如图6-17所示。

提示 固定背景代码：body{background:url(图片地址) no-repeat center fixed;}。

（17）单击“确定”按钮，然后单击“装修”下的“样式管理”按钮。

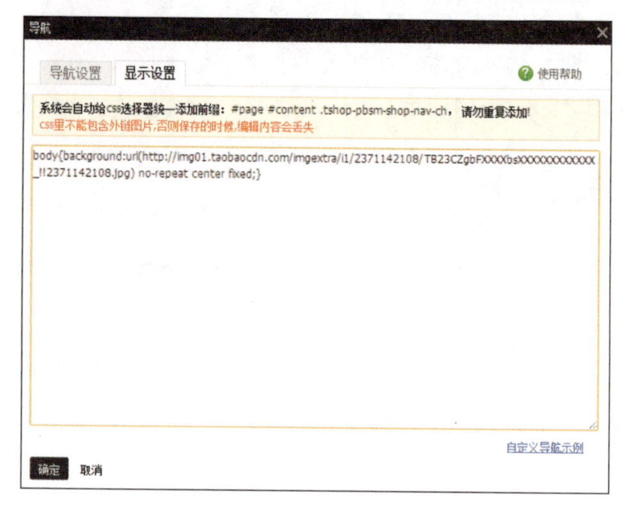

图6-17 显示设置

（18）单击左侧的“背景设置”按钮，跳转到背景设置页面，将“显示背景色”取消勾选，在“页头背景图”后单击“删除”按钮，单击左上角的“发布”按钮，即可完成背景设置。在店铺首页中滑动页面可看到背景图是固定不变的，效果如图6-18所示。

图6-18 最终效果

提示 制作固定背景图时，制作宽度为1920像素，高度为1080像素，由于显示器的大小不同，显示出的背景会有差别。

7

第7章 页尾设计

本章指导

页尾是一个公用固定区域，设置后会出现在店铺的每一个页面，页尾对于店铺来讲也很重要，往往中小卖家却忽视了店铺页尾的设计。

7.1 页尾设计

本节我们开始学习页尾的设计方法和技巧。

7.1.1 页尾设计技巧

页尾是一个自定义区 ，没有预置的模块，需要卖家自行填充相关图文或代码。

页尾可以自定义店铺底部导航、返回首页、在线客服展示、发货须知、友情链接、店铺信息和买家必读等信息模块，如图7–1所示。

图7–1　页尾设计

7.1.2 页尾制作

页尾可以添加多个模块，下面我们开始制作页尾。

（1）打开Photoshop软件，新建一个950像素×200像素的文档，单击“确定”按钮，如图7–2所示。

> 提示　页尾的宽度为950像素，高度根据需要自行设定。

（2）单击前景色，设置RGB(250，240，230)，按下“Alt+Delete”快捷键填充前景色。

（3）创建导航，单击“矩形工具”，设置填充RGB（255，74，109），在文档上单击创建矩形，设置其宽度为950像素，高度为30像素，对齐到顶部，如图7-3所示。

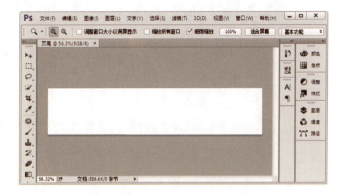

图7-2　新建文档

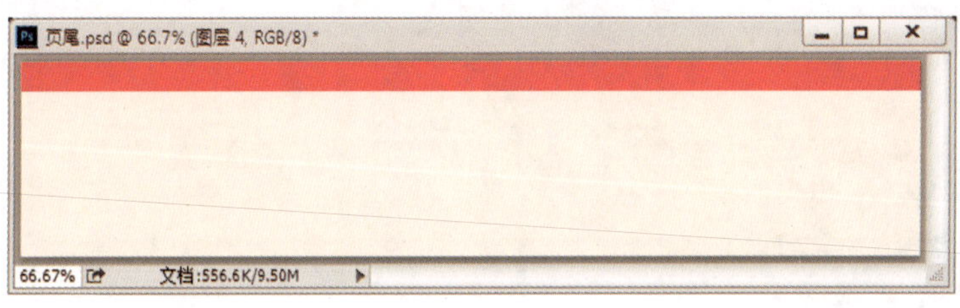

图7-3　创建导航

（4）输入导航文字，如图7-4所示。

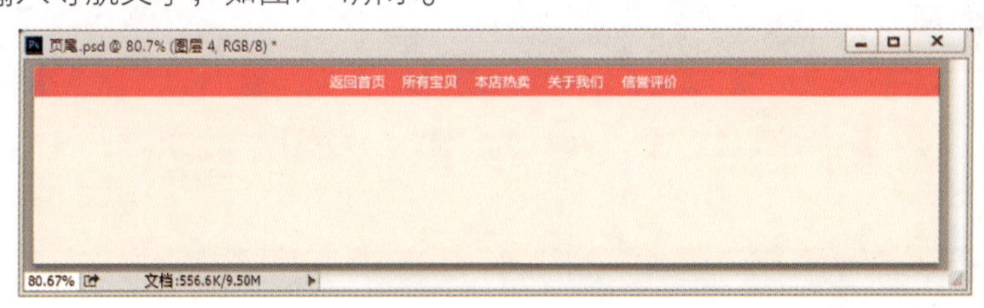

图7-4　输入导航文字

（5）选择“圆角矩形工具”，在工具选项栏设置填充RGB（255，136，111），在文档上单击创建两个圆角矩形，设置其宽度为60像素，半径为10像素，如图7-5所示。

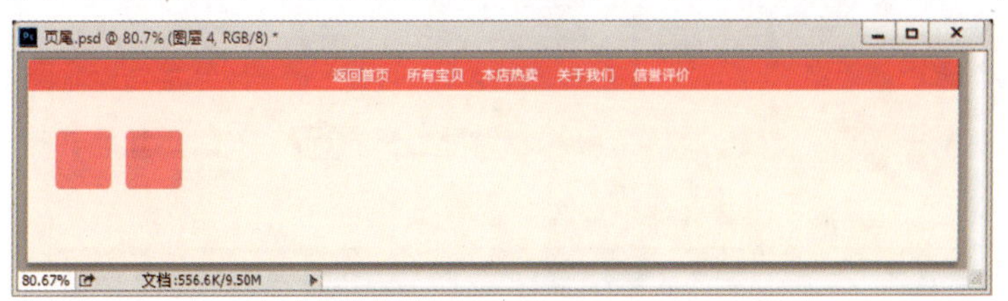

图7-5　创建圆角矩形

（6）单击“文字工具”，在圆角矩形上输入文本，如图7-6所示。

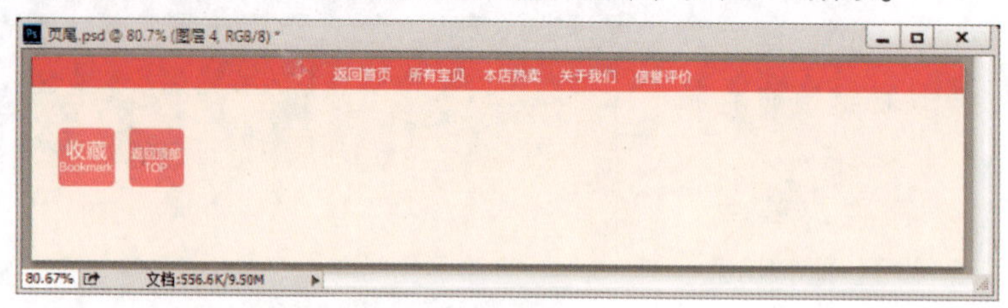

图7-6　输入文本

（7）单击“文字工具”，输入“温馨提示”、“关于发货”、“实物拍摄”等文本，如图7-7所示。

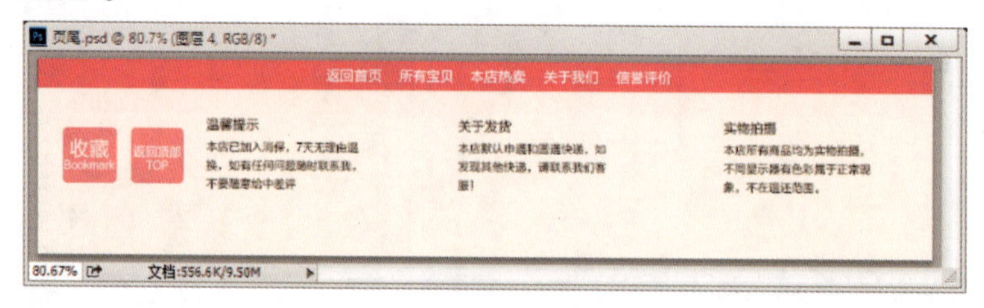

图7-7　输入文本

（8）单击“矩形工具”，绘制汽车和相机图像，并填充其为灰色，如图7-8所示。

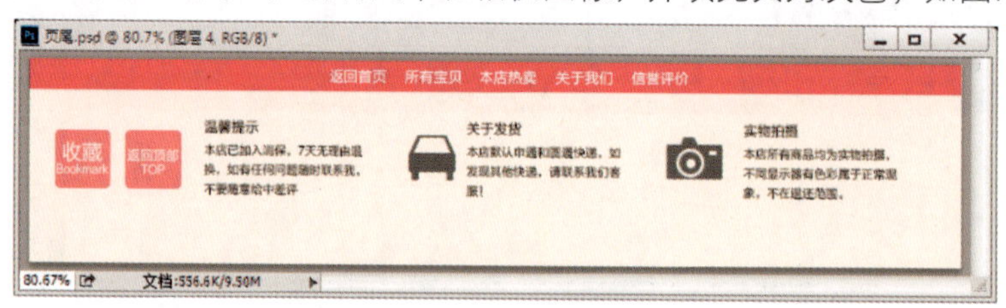

图7-8　绘制图像

（9）单击“文字工具”，在导航下部输入“售前咨询”、“售后咨询”等文本，如图7-9所示。

图7-9　输入文本

（10）打开旺旺素材，并复制旺旺图片，在每个客服前面加入旺旺图标，如图7-10所示。

（11）存储文件，命名为页尾设计，设置文件格式为JPG格式，完成页尾的制作。

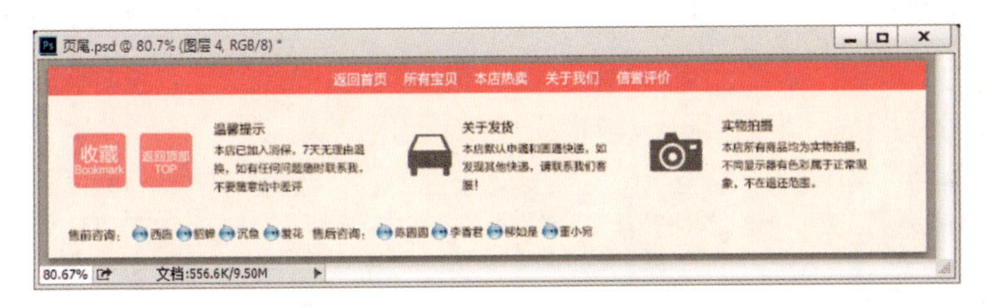

图7-10 加入旺旺图标

7.2 页尾切片制作

完成页尾的制作，下面我们来学习页尾切片的制作。

（1）打开页尾文件，按下“Ctrl+R”快捷键打开标尺，如图7-11所示。

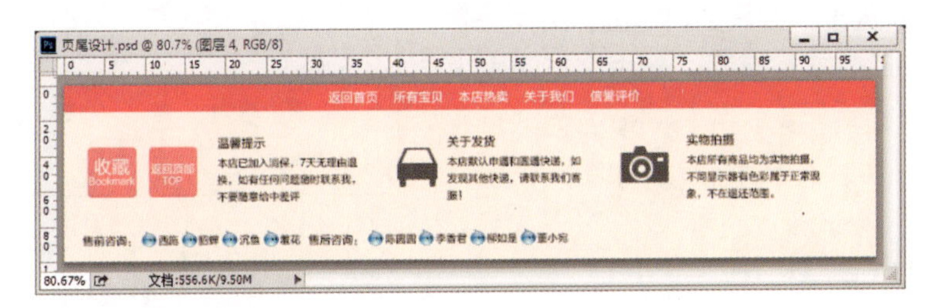

图7-11 打开标尺

（2）单击“移动工具”，拖曳参考线，将页尾分成三份，如图7-12所示。

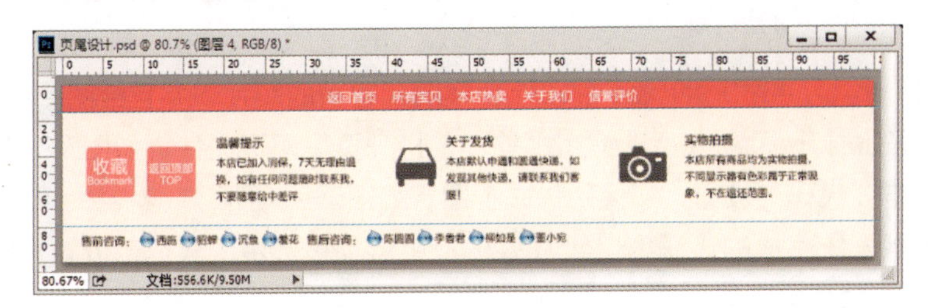

图7-12 参考线

（3）选择“切片工具”，单击切片工具属性栏的“基于参考线的切片”按钮，如图7-13所示。

图7-13 切片选项栏

（4）切片后图片分为3个部分，如图7-14所示。

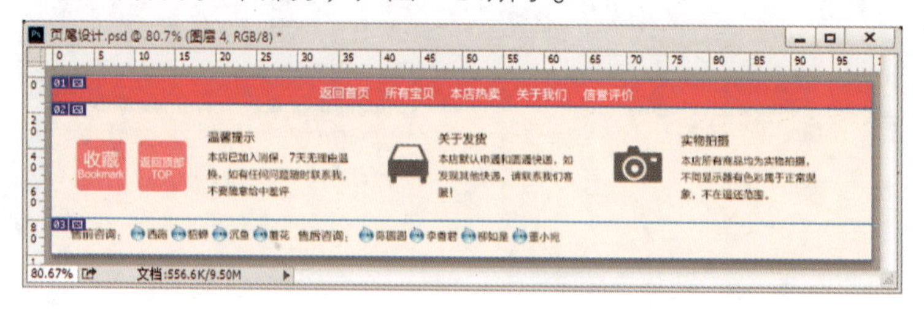

图7-14 切片

（5）单击文件菜单中的“存储为Web所用格式”，弹出对话框，单击“存储”按钮，将文件名命名为“页尾设计”，设置存储格式为“html和图像”。

（6）进入卖家中心后台，单击“图片管理”选项进入图片空间页面，单击“新建文件夹”按钮新建文件夹，并将其命名为“页尾”，上传3张图片到图片空间，如图7-15所示。

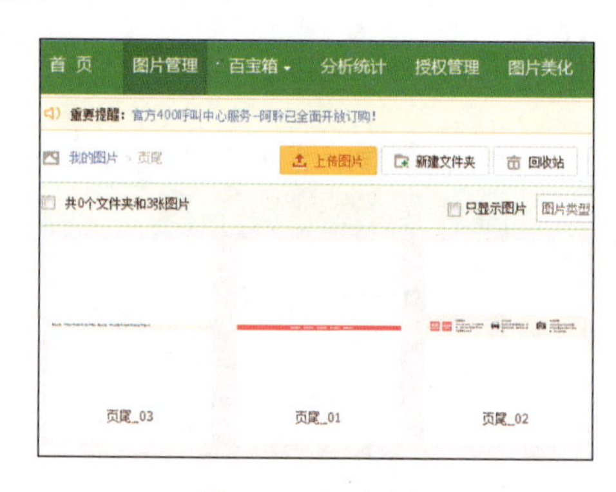

图7-15 图片空间

7.3 用Dreamweaver添加链接

下面我们来学习通过Dreamweaver软件替换图片空间的图片，并且给图片添加链接。

（1）打开Dw（Dreamweaver的缩写）软件，打开页尾网页文件，如图7-16所示。

（2）单击“代码”按钮，切换到代码视图，如图7-17所示。

（3）删除系统生成的代码，仅保留图7-17中蓝色被选中的代码部分，删除后文件没有任何变化，删除后的代码如图7-18所示。

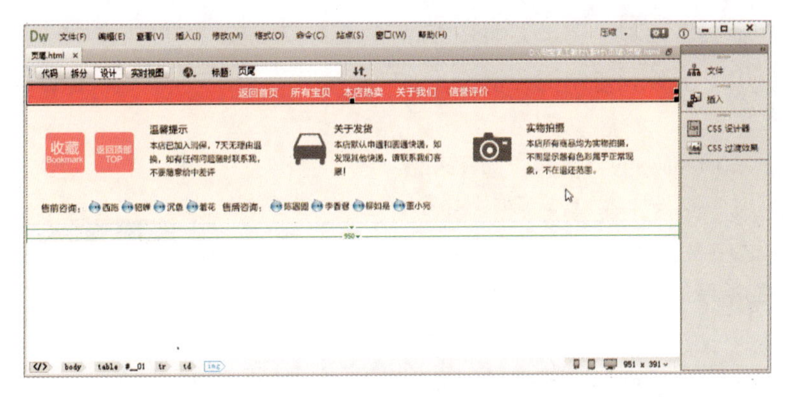

图7-16　打开页尾网页文件

```
1  <html>
2  <head>
3  <title>D:\淘宝美工教材\素材\页尾页尾\页尾设计</title>
4  <meta http-equiv="Content-Type" content="text/html; charset=utf-8">
5  </head>
6  <body bgcolor="#FFFFFF" leftmargin="0" topmargin="0" marginwidth="0" marginheight="0">
7  <!-- Save for Web Slices (D:\淘宝美工教材\素材\页尾页尾\页尾设计.psd) -->
8  <table id="__01" width="950" height="200" border="0" cellpadding="0" cellspacing="0">
9      <tr>
10         <td>
11             <img src="images/&#x9875;&#x5c3e;&#x8bbe;&#x8ba1;_01.jpg" width="950" height="30" alt=""></td>
12     </tr>
13     <tr>
14         <td>
15             <img src="images/&#x9875;&#x5c3e;&#x8bbe;&#x8ba1;_02.jpg" width="950" height="130" alt=""></td>
16     </tr>
17     <tr>
18         <td>
19             <img src="images/&#x9875;&#x5c3e;&#x8bbe;&#x8ba1;_03.jpg" width="950" height="40" alt=""></td>
20     </tr>
21 </table>
22 <!-- End Save for Web Slices -->
23 </body>
24 </html>
```

图7-17　代码视图

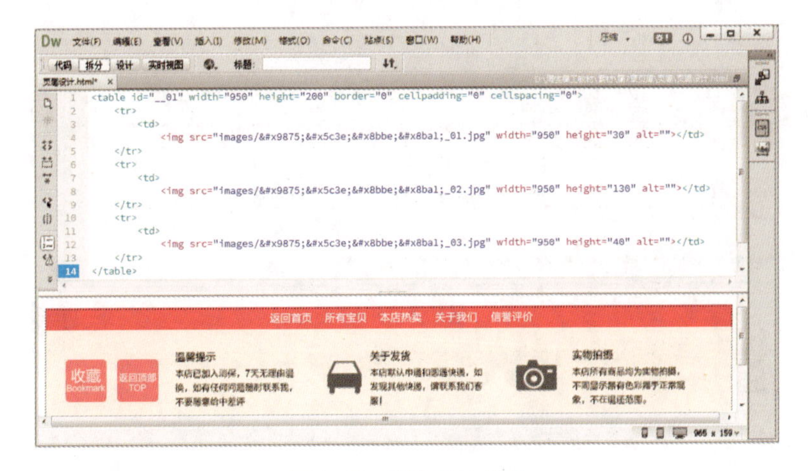

图7-18　删除后的代码

（4）切换到设计视图，进入图片空间选择“页尾_01”图片，复制图片链接，如图7-19所示。

（5）进入Dreamweaver软件，选择表格中的“页尾_01”图片，在属性面板“Src”后面的文本框中替换为图片空间的图片链接，如图7-20所示。

图7-19 复制图片链接

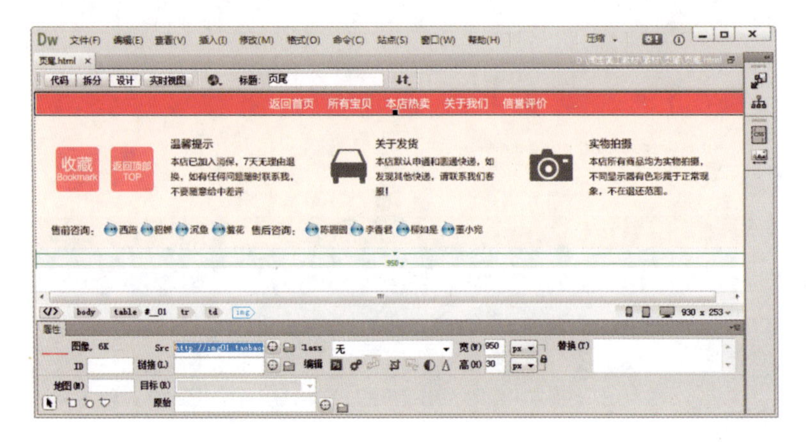

图7-20 替换图片链接

（6）选中图片，单击“矩形热点工具”，在“返回首页”上绘制矩形热点，如图7-21所示。

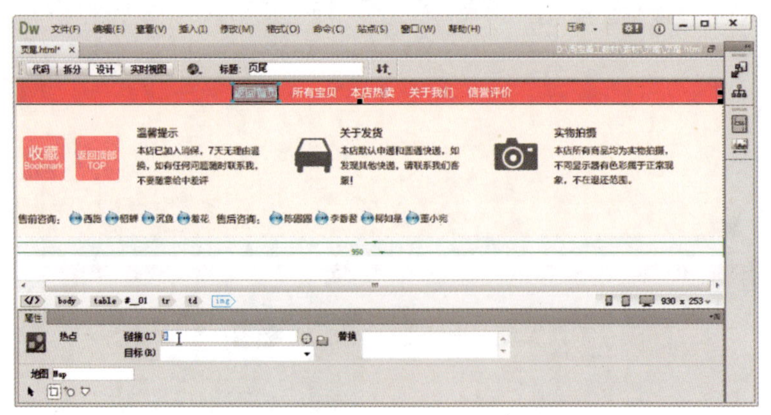

图7-21 绘制矩形热点

提示 “地图”的名称默认的是“Map”，在店铺首页如果有多个自定义模块中使用了热点区域链接，就需要修改地图的名称，否则链接会错乱。

（7）在属性面板“链接”后面的文本框中粘贴店铺首页的链接地址，如图7-22所示。

图7-22 粘贴链接地址

（8）单击“指针热点工具”，选中绘制的热点工具，执行“编辑”>“拷贝”命令，然后“粘贴”，将热点移动到“所有宝贝”上，如图7-23所示。

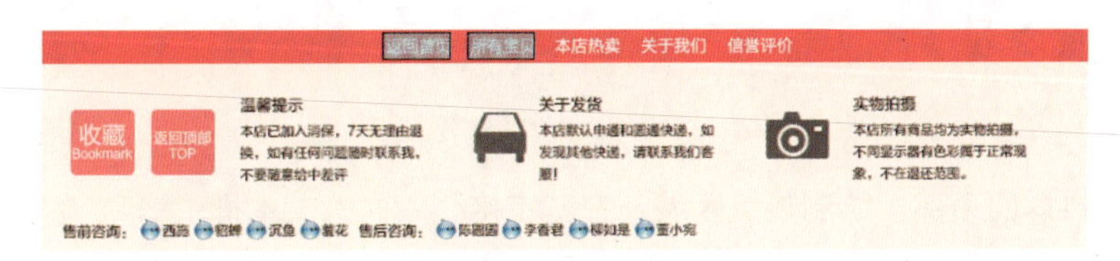

图7-23 绘制热点区域

（9）到店铺首页复制所有的宝贝链接，将其粘贴到属性面板“链接”后面的文本框中，如图7-24所示。

图7-24 添加链接

（10）同样，给“本店热卖”、“关于我们”、“信誉评价”添加热点区域，粘贴链接，如图7-25所示。

图7-25 添加热点区域

（11）进入图片空间，复制“页尾_02”的图片链接，回到Dreamweaver软件中选择中间的图片，在图片的属性面板“Src”后面的文本框中粘贴从图片空间复制的链接地址，替换成图片空间图片。

（12）在中间图片的“收藏”上绘制热点区域，添加收藏链接，如图7-26所示。

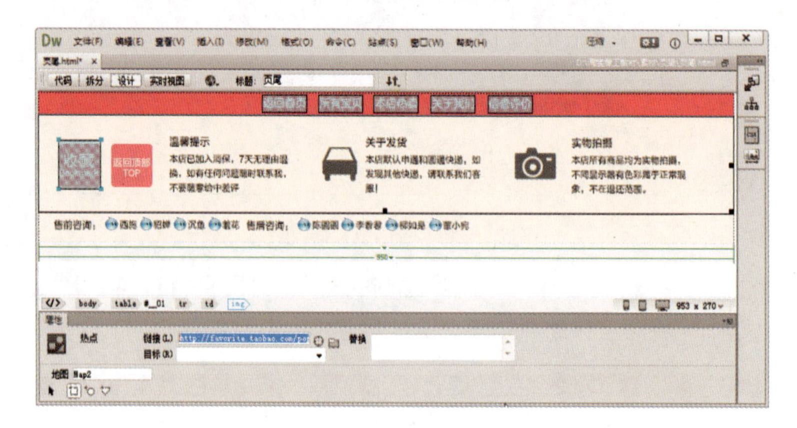

图7-26　收藏链接

（13）再返回顶部上绘制热点区域，在“链接”后面的文本框中输入“#”，给热点区域添加空链接，单击“返回顶部”按钮将自动跳转到页面顶部。

到这里，我们就完成了店铺图片的替换，添加了图片的热区链接。

7.4　嵌套切片制作

售前咨询这部分内容的制作方法和旺旺客服模块相同，下面我们来学习嵌套切片的方法制作。

（1）打开保存的切片文件“页尾_03”，如图7-27所示。

图7-27　打开切片文件

（2）按下“Ctrl+R”快捷键，打开标尺，拖曳参考线，如图7-28所示。

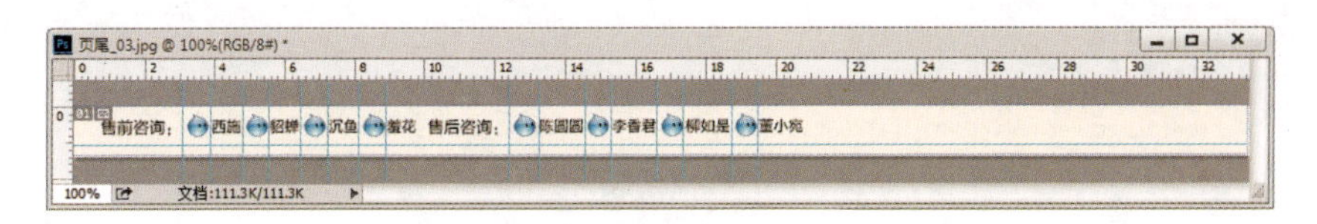

图7-28　标尺

（3）选择“切片工具”，单击工具选项栏里的“基于参考线的切片”按钮，如图7-29所示。

图7-29　切片选项栏

（4）选择“切片选择工具”，选择所有切片，右击并选择“编辑切片选项”，弹出对话框，在“切片类型”中选择“无图像”，如图7-30所示。

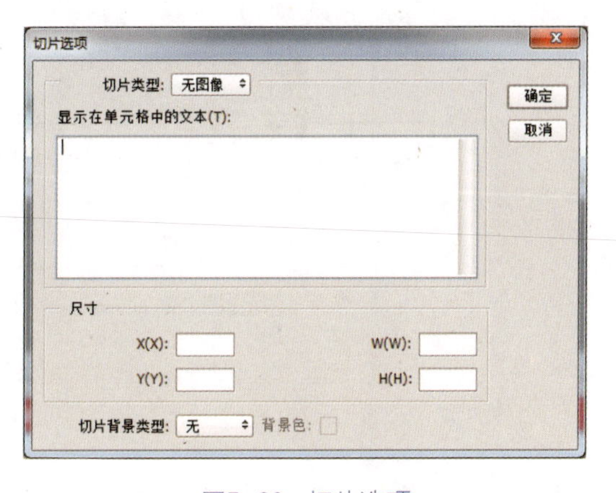

图7-30　切片选项

（5）单击“确定”按钮，选择文件菜单中的“将文件存储为Web所用格式”，弹出对话框，单击“存储”按钮，保存文件名为“页尾_03.html”，文件格式为“仅限html”格式。

（6）使用Dreamweaver软件，打开“页尾_03.html”网页文件，如图7-31所示。

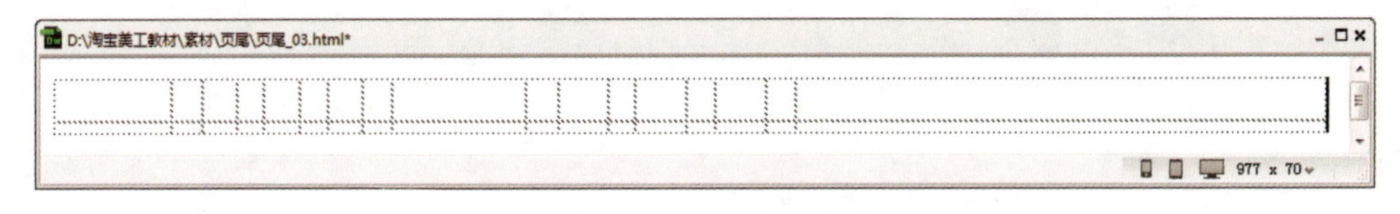

图7-31　打开网页文件

（7）单击代码视图，删除系统生成的代码，只保留<table…</table>之间的代码，删除代码如图7-32所示。

（8）设置表格背景，单击“拆分”按钮，切换成拆分视图，打开代码，在表格<table后面按下空格键，弹出代码列表并选择background，如图7-33所示。

```
1  <html>
2  <head>
3  <title>页尾_03片</title>
4  <meta http-equiv="Content-Type" content="text/html; charset=utf-8">
5  </head>
6  <body bgcolor="#FFFFFF" leftmargin="0" topmargin="0" marginwidth="0" marginheight="0">
7  <!-- Save for Web Slices (页尾_03切片.jpg) -->
8
9  <!-- End Save for Web Slices -->
10 </body>
11 </html>
```

图7-32 删除代码

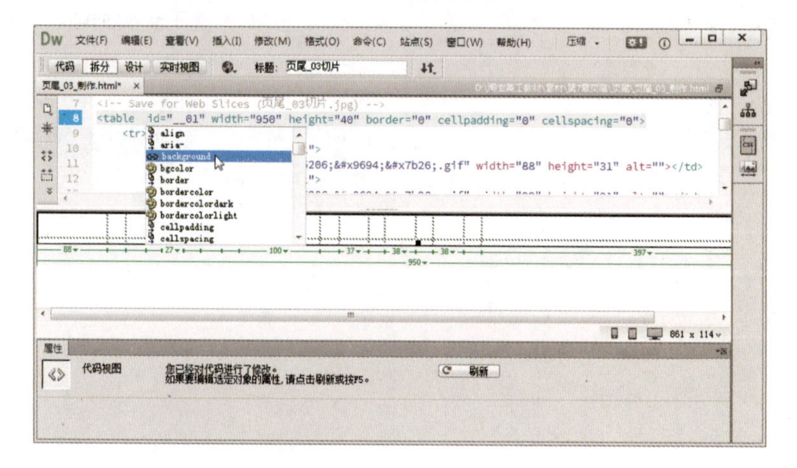

图7-33 背景代码

（9）在background后面粘贴图片空间的图片地址，如图7-34所示。

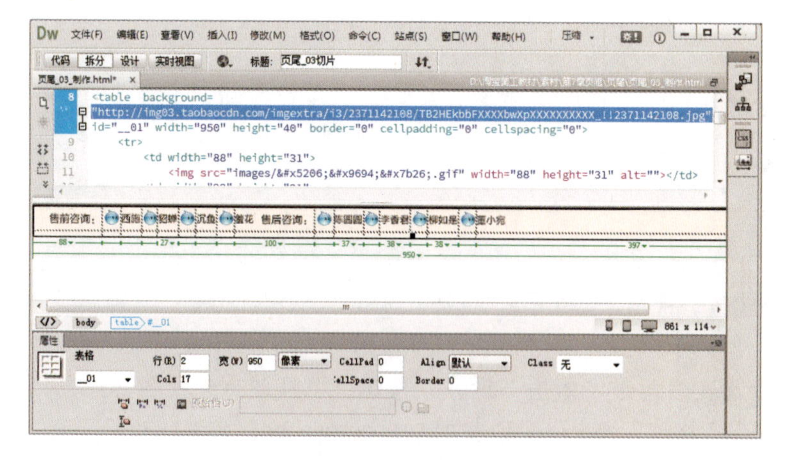

图7-34 粘贴图片地址

（10）打开旺遍天下页面，设置风格为“风格二”，填写旺旺号，单击“生成网页代码”按钮，如图7-35所示。

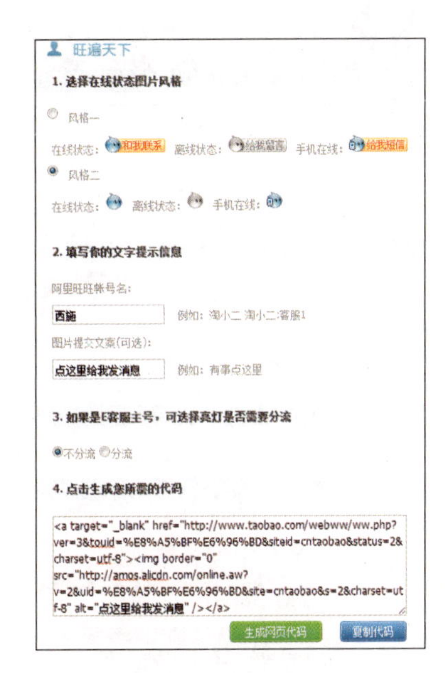

图7-35 旺遍天下

提示 旺遍天下网址：
http://www.taobao.com/wangwang/2011_seller/wangbiantianxia/index.php

（11）单击“复制代码”按钮，进入Dreamweaver软件，将鼠标光标移动到第一个旺旺的表格，单击“拆分”视图按钮，在代码视图中可以看到鼠标光标的位置，在此处粘贴代码，如图7-36所示。我们会发现在“西施”旺旺的位置，又多了一个旺旺。

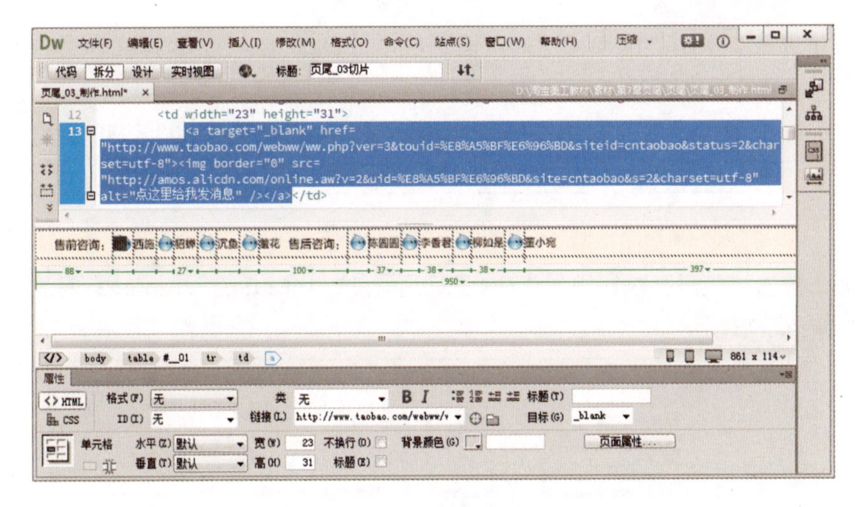

图7-36 旺旺代码

（12）用同样的方法，生成其他旺旺，粘贴到对应表格的代码位置，如图7-37所示。

（13）背景图上面有旺旺图标，和我们生成的代码旺旺图标重复，打开Photoshop软件，打开“页尾_03.jpg”文件，如图7-38所示。

图7-37　生成其他旺旺

图7-38　打开旺旺文件

（14）单击“画笔工具”吸取背景色，在旺旺上绘制背景色，去掉旺旺，或者打开之前带有图层的页尾文件，关闭旺旺图层，重新保存文件即可，如图7-39所示。

（15）存储文件，将文件命名为“页尾_03”，文件格式保存为JPEG格式。

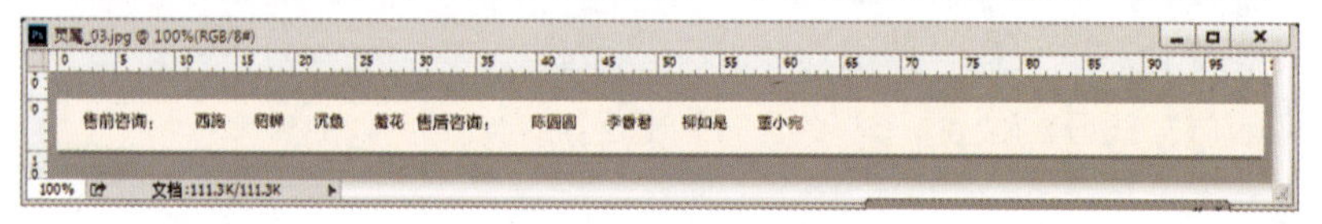

图7-39　关闭旺旺图层

（16）进入卖家中心的图片空间页面，选中“页尾_03”文件并单击左上角的“替换”命令，替换“页尾_03”文件到图片空间。

（17）进入Dreamweaver软件，可以看到图片更新后的效果，如图7-40所示。

图7-40　旺旺页面效果

（18）单击“代码”按钮进入代码视图页面，选中<table…</table>之间的所有代码并复制，如图7-41所示。

```
<table background=
"http://img04.taobaocdn.com/imgextra/i4/2371142108/TB2FJ6_bpXXXXblXXXXXXXXXXX_!!2371142108.jpg"id="__01"
width="950" height="40" border="0" cellpadding="0" cellspacing="0">
    <tr>
        <td width="88" height="31">
            </td>
        <td width="23" height="31"><a target="_blank" href=
"http://www.taobao.com/webww/ww.php?ver=3&touid=%E8%A5%BF%E6%96%BD&siteid=cntaobao&status=2&charset=utf-8"
><img border="0" src=
"http://amos.alicdn.com/online.aw?v=2&uid=%E8%A5%BF%E6%96%BD&site=cntaobao&s=2&charset=utf-8" alt="点这里
给我发消息" /></a>
            </td>
        <td width="26" height="31">
            </td>
        <td width="20" height="31"><a target="_blank" href=
"http://www.taobao.com/webww/ww.php?ver=3&touid=mayabad_2008&siteid=cntaobao&status=2&charset=utf-8"><img
border="0" src="http://amos.alicdn.com/online.aw?v=2&uid=mayabad_2008&site=cntaobao&s=2&charset=utf-8" alt
="点这里给我发消息" /></a>
```

图7-41　代码视图

（19）单击“设计”视图，打开页尾页面，如图7-42所示。

图7-42 页尾页面

（20）按下“Delete”键删除表格中的“售前咨询”与“售后咨询”图片，如图7-43所示。

图7-43 删除图片

（21）将鼠标光标放置在删除图片后的单元格中，切换到“代码”视图，在代码视图粘贴刚才复制的代码，这样就可以将客服的表格嵌套进页尾的表格中，如图7-44所示。

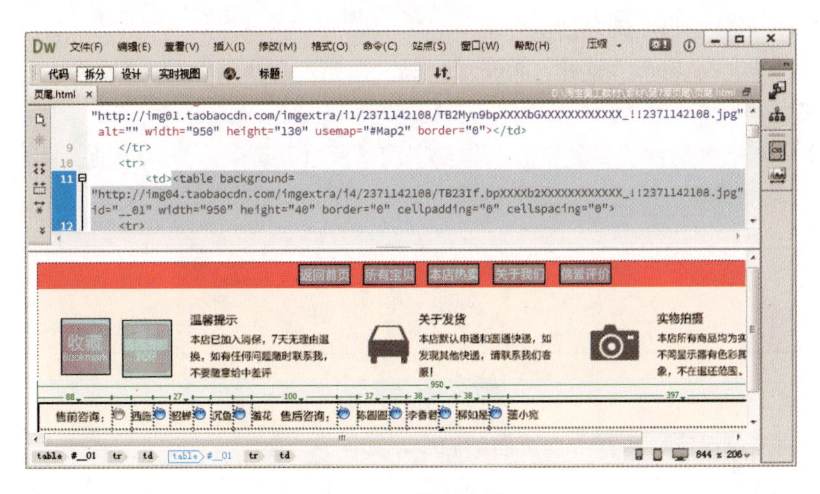

图7-44 嵌套表格

（22）制作完成后的效果如图7-45所示。

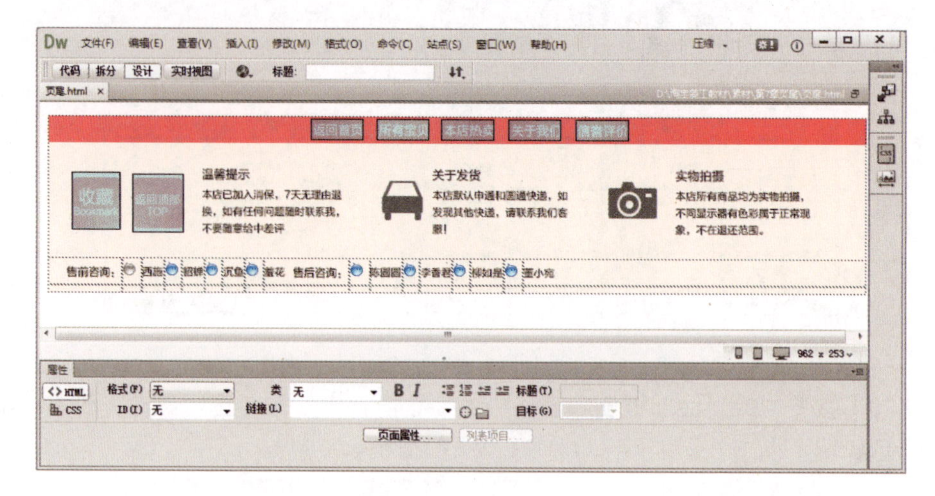

图7-45　完成页尾制作

（23）执行“文件”>“存储”命令，保存制作好的网页文件。

7.5　装修页尾

下面我们来学习页尾的装修。

（1）打开Dreamweaver软件，单击“代码”按钮，切换到代码视图，按下“Ctrl+A”快捷键选中所有代码，并按下“Ctrl+C”快捷键复制代码。

（2）进入店铺后台“卖家中心”单击“店铺装修”选项，进入店铺装修页面，单击页尾处的“添加模块”按钮，如图7-46所示。

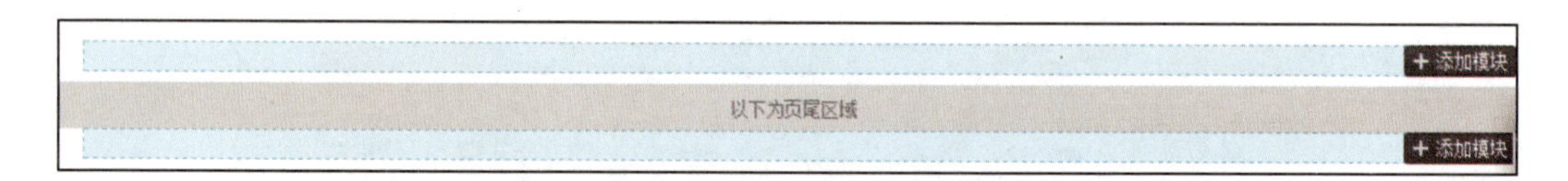

图7-46　添加模块

（3）将左侧自定义区拖曳到页面编辑中，如图7-47所示。

（4）页尾多了一个自定义区域模块，如图7-48所示。

（5）单击“编辑”按钮，弹出自定义区域面板，在“显示标题”中选择“不显示”，单击“源码”按钮 ‹›，粘贴页尾代码，如图7-49所示。

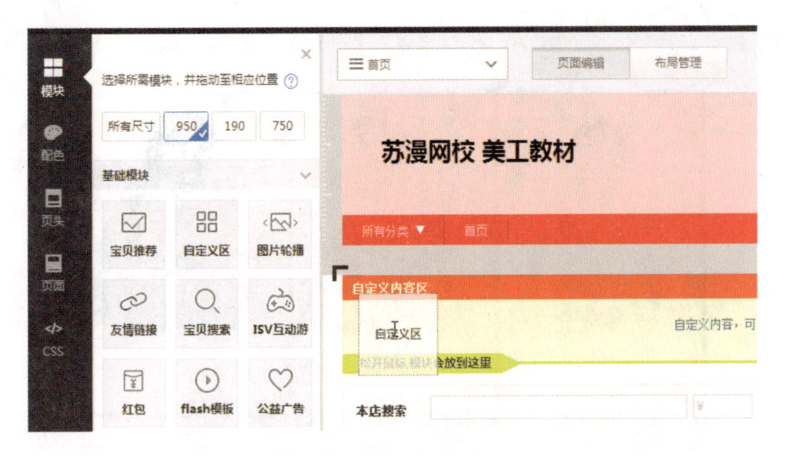

图7-47 添加模块

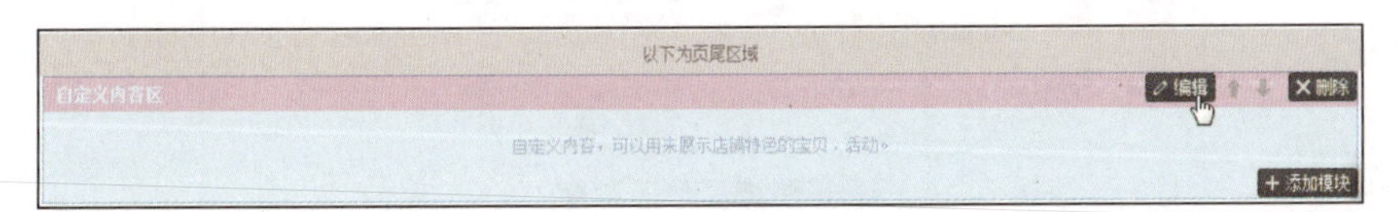

图7-48 自定义区域模块

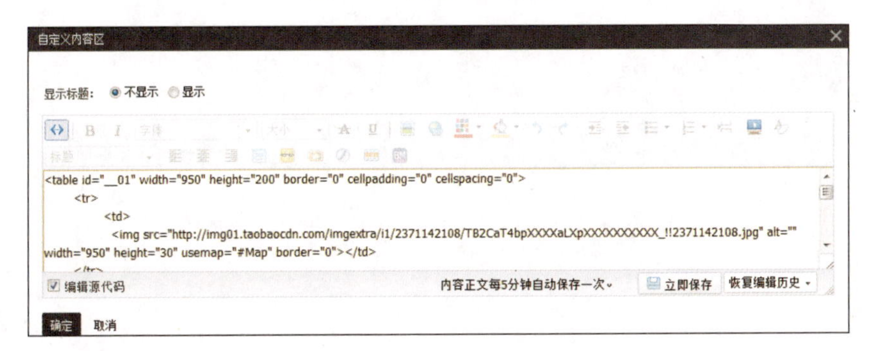

图7-49 编辑自定义区域

（6）单击“确定”按钮，完成代码的复制，效果如图7-50所示。

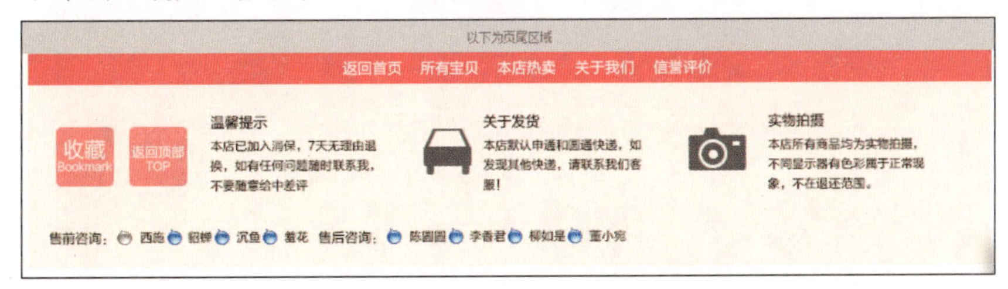

图7-50 效果预览

（7）单击右上角的“发布”按钮，即可完成页尾的装修，最终效果如图7-51所示。

图7-51 最终效果

8

第8章

旺旺导航

本章指导

旺旺导航模块在整个店铺装修中都应是重点，用户浏览店铺随时都会联系客服，而淘宝系统自带的客服中心是旺铺的功能模块之一，掌柜通过此模块，可设置本店客服的工作时间安排及具体联系方式，方便顾客咨询。

8.1 旺旺导航模块制作

卖家可以通过自定义内容区制作旺旺导航模块，优秀的店铺旺旺导航如图8-1所示。

图8-1　旺旺导航

下面我们来学习旺旺导航的制作方法。

（1）打开Photoshop软件，新建一个宽950像素、高100像素的文档，如图8-2所示。

图8-2　新建文档

（2）单击“文字工具”输入文本“CUSTOMER ”，设置文字大小为25；输入文本“SERVICE在线客服”，设置文字大小为18，字体为“方正兰亭中黑”，如图8-3所示。

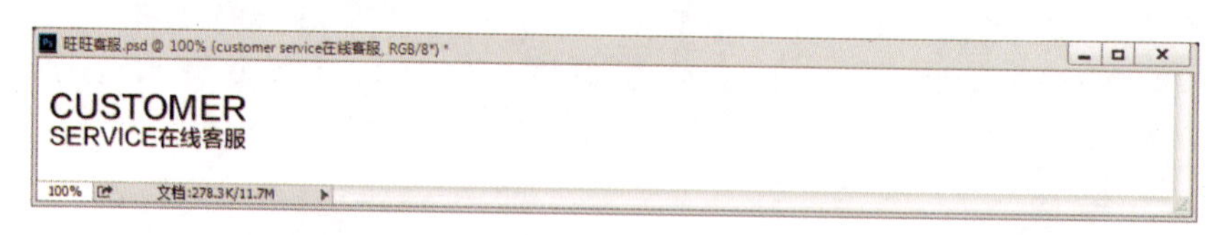

图8-3　输入文本

（3）单击“直线工具”在文档上绘制垂直线，粗细为1像素，效果如图8-4所示。

图8-4 绘制垂直线

（4）单击“文字工具”，输入“售前咨询”等文本，设置文字大小为14，字体为“方正兰亭中黑”，如图8-5所示。，

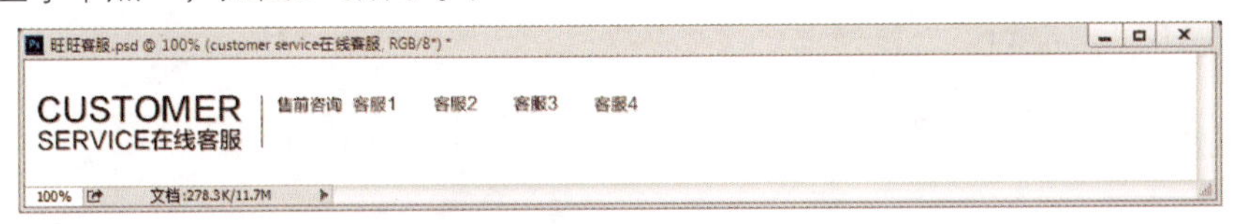

图8-5 输入文本

（5）打开旺旺图标素材，并将其拖曳到文档中，放在客服后面，如图8-6所示。

（6）复制文本和旺旺图标，并将其放置到相应的位置，如图8-7所示。

（7）单击“文字工具”，输入文本“服务时间”和”投诉电话”，如图8-8所示。

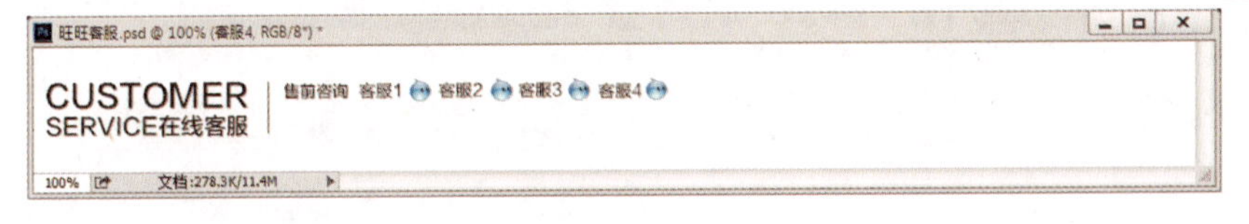

图8-6 旺旺图标素材

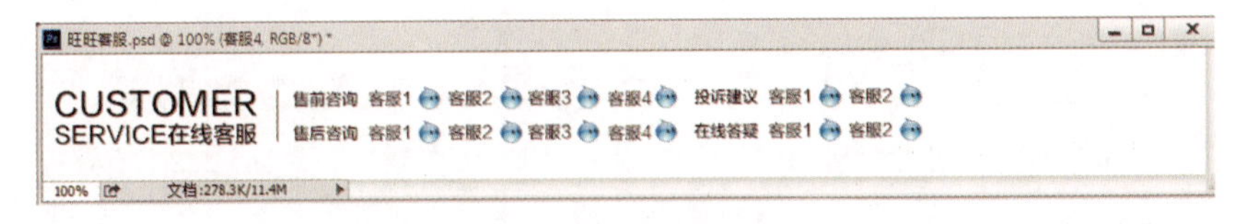

图8-7 复制内容

图8-8 输入文本

（8）保存文件，将文件命名为“旺旺客服”，文件格式保存为JPEG格式，并将图片上传到图片空间。

8.2 切片制作

本节我们来学习旺旺导航的切片制作。

（1）打开“旺旺客服”文件，按下“CTRL+R”快捷键打开标尺，如图8-9所示。

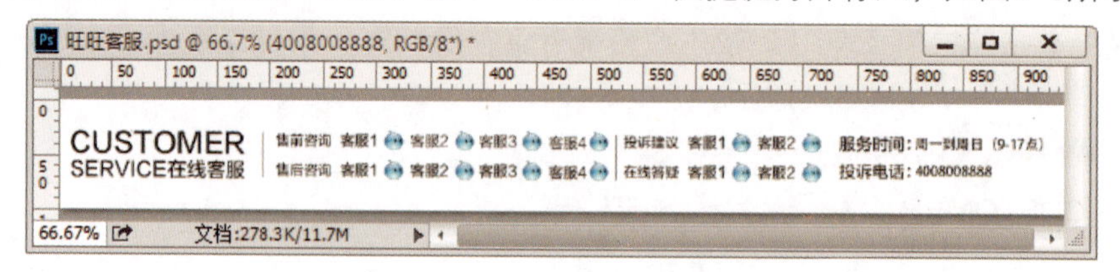

图8-9　打开标尺

（2）单击“移动工具”拖曳垂直参考线，将拖曳出的参考线分布在旺旺图标的两侧，如图8-10所示。

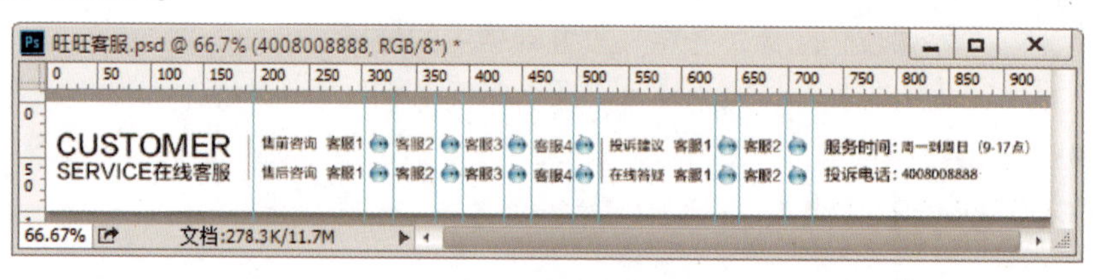

图8-10　垂直参考线

（3）单击“移动工具”拖曳水平参考线，如图8-11所示。

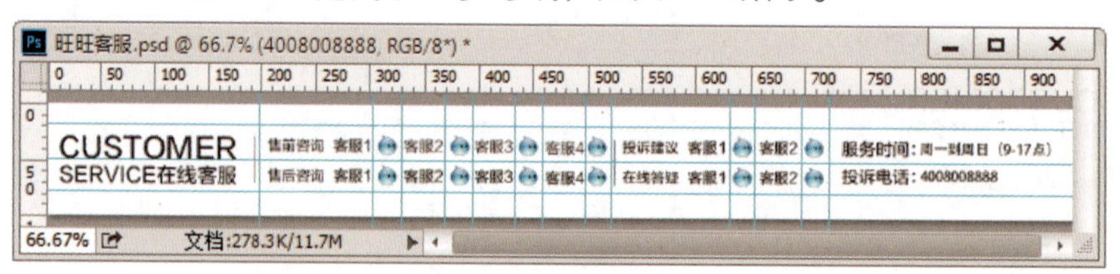

图8-11　水平参考线

（4）选择“切片工具”，在切片选项栏中单击“基于参考线的切片”按钮，效果如图8-12所示。

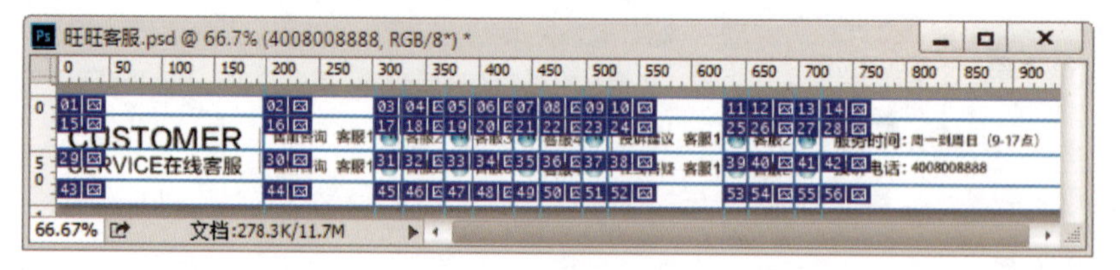

图8-12　切片效果

（5）单击“切片选择工具”，选择需要组合的切片，组合部分切片，如图8-13所示。

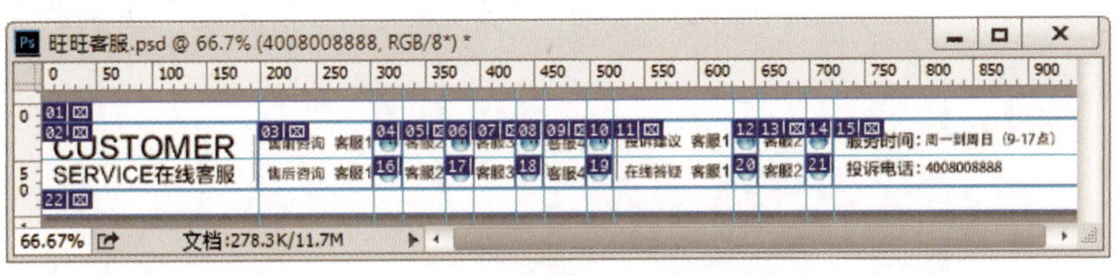

图8-13　组合切片

（6）单击“切片选择工具”，按下“Shift”键加选切片，选择所有的切片。

（7）选择好切片之后，在文档上右击，选择“编辑切片选项”，在切片类型中选择“无图像”，并单击“确定”按钮，如图8-14所示。

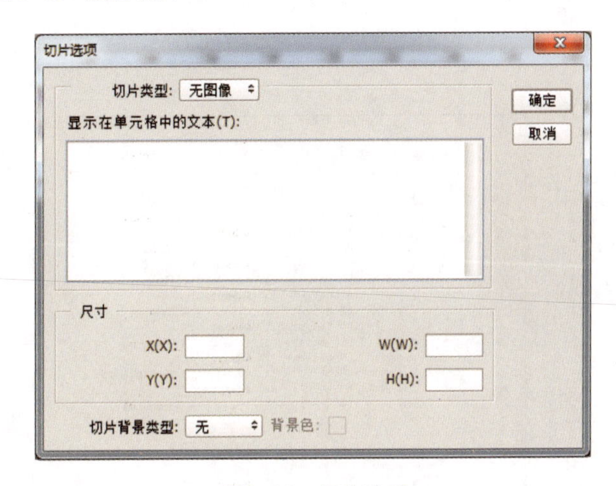

图8-14　切片选项

（8）执行“文件”>“存储为Web所用的格式”命令，弹出“存储为Web所用的格式”对话框，格式选择“仅限html”，单击“保存”按钮，完成文件的存储。

（9）执行“文件”>“存储为”命令，将文件命名为“旺旺客服”，并将这个图片上传到图片空间。

8.3　旺旺代码生成

（1）打开Dreamweaver软件，并打开“旺旺客服”页面，如图8-15所示。

（2）单击“代码”按钮切换到代码视图，删除系统生成的代码，只保留<table…</table>之间的代码，如图8-16所示。

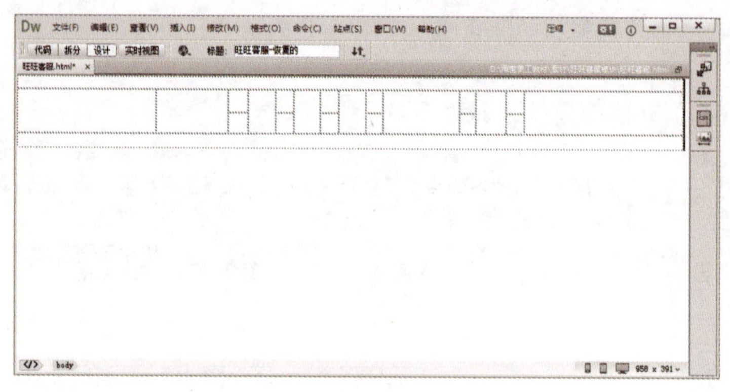

图8-15 旺旺客服页面

```
<table id="__01" width="950" height="100" border="0" cellpadding="0" cellspacing="0">
    <tr>
        <td width="950" height="18" colspan="14"> </td>
    </tr>
    <tr>
        <td width="199" height="61" rowspan="2"> </td>
        <td width="104" height="61" rowspan="2"> </td>
        <td width="28" height="32"> </td>
        <td width="39" height="61" rowspan="2"> </td>
        <td width="26" height="32"> </td>
        <td width="38" height="61" rowspan="2"> </td>
        <td width="26" height="32"> </td>
        <td width="38" height="61" rowspan="2"> </td>
        <td width="24" height="32"> </td>
        <td width="109" height="61" rowspan="2"> </td>
        <td width="23" height="32"> </td>
        <td width="43" height="61" rowspan="2"> </td>
        <td width="26" height="32"> </td>
        <td width="227" height="61" rowspan="2"> </td>
    </tr>
    <tr>
        <td width="28" height="29"> </td>
        <td width="26" height="29"> </td>
        <td width="26" height="29"> </td>
        <td width="24" height="29"> </td>
        <td width="23" height="29"> </td>
        <td width="26" height="29"> </td>
    </tr>
    <tr>
        <td width="950" height="21" colspan="14"> </td>
    </tr>
</table>
```

图8-16 代码

（3）进入卖家中心的图片空间复制旺旺图片的链接地址，如图8-17所示。

（4）进入代码视图，在table后面按下空格键，弹出代码列表，如图8-18所示。

图8-17 复制链接

<table id="__01" width="950" height="100" border="0" cellpadding="0" cellspacing="0">
<tr>
align
aria-
background
bgcolor
border
bordercolor
bordercolordark
bordercolorlight
cellpadding
cellspacing
colspan="14"> </td>
rowspan="2"> </td>
rowspan="2"> </td>
"> </td>
rowspan="2"> </td>
<td width="26" height="32"> </td>

图8-18　代码列表

（5）选择“background”，插入代码，如图8-19所示。

<table background=""id="__01" width="950" height="100" border="0" cellpadding="0" cellspacing="0">
浏览...
<tr>
<td width="950" height="18" colspan="14"> </td>

图8-19　插入代码

（6）在浏览位置处直接粘贴从图片空间复制过来的链接，如图8-20所示。

<table background=
"http://img01.taobaocdn.com/imgextra/i1/2371142108/TB2.l2jbpXXXXcQXXXXXXXXXXXX_!!
2371142108.jpg"id="__01" width="950" height="100" border="0" cellpadding="0"
cellspacing="0">

图8-20　粘贴链接

（7）切换到“设计”页面，我们将看到图片已插入，如图8-21所示。

（8）打开旺遍天下页面，风格选择“风格二”，再填写旺旺账号，单击下面的“生成网页代码”按钮生成代码，并单击“复制代码”按钮，如图8-22所示（操作方法参考第7章第4节）。

代码
拆分
设计
实时视图
标题:
CUSTOMER
SERVICE在线客服
售前咨询 客服1 客服2 客服3 客服4
售后咨询 客服1 客服2 客服3 客服4
投诉建议 客服1 客服2
在线答疑 客服1 客服2
服务时间：周一到周日（9-17点）
投诉电话：4008008888

图8-21　“设计”页面

4. 点击生成您所需的代码
<a target="_blank" href="http://www.taobao.com/webww/ww.php?ver=3&touid=mayabad_2008&siteid=cntaobao&status=2&charset=utf-8"><img border="0" src="http://amos.alicdn.com/online.aw?v=2&uid=mayabad_2008&site=cntaobao&s=2&charset=utf-8" alt="点这里给我发消息" /></a>
生成网页代码
复制代码

图8-22　旺遍天下页面

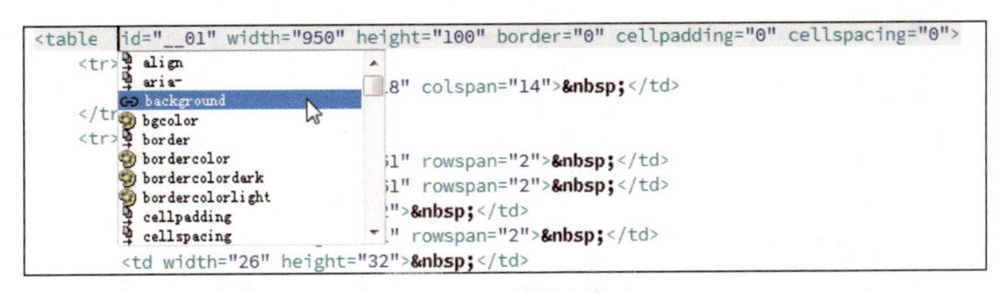

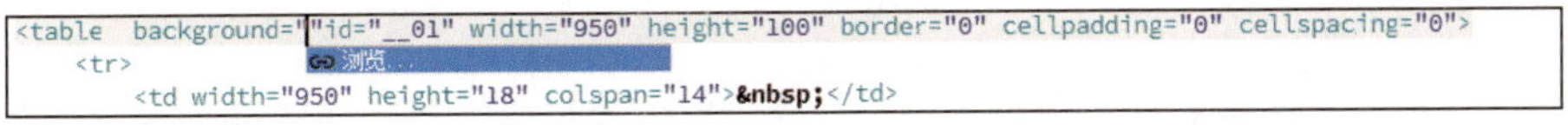

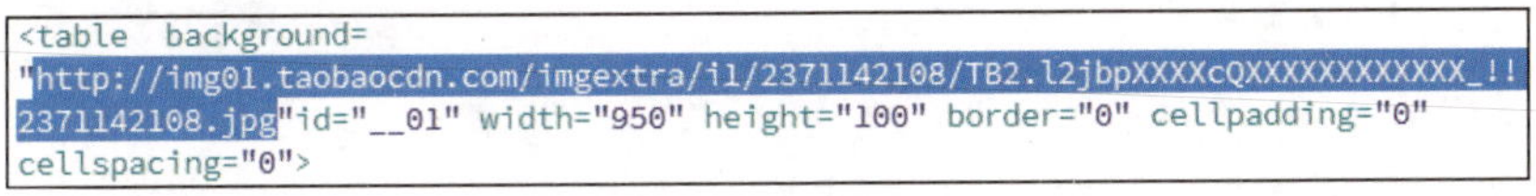

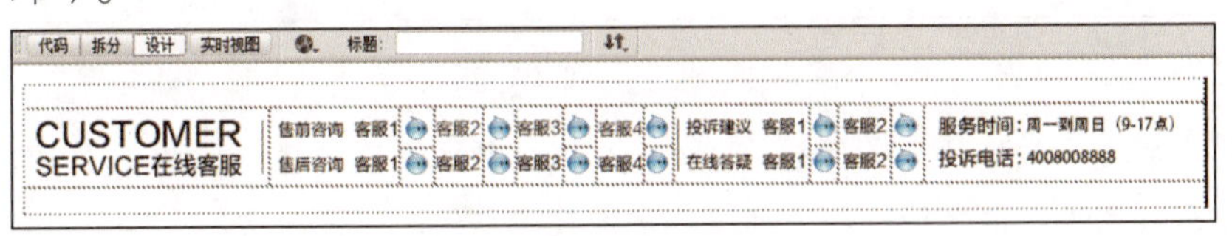

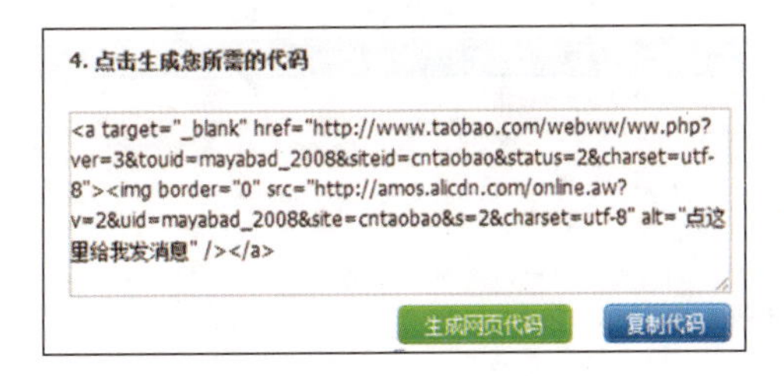

（9）进入Dreamweaver软件，将鼠标光标移动到“客服1”后面的表格，单击“拆分”按钮，切换到代码视图，在代码的右侧第8行鼠标光标的位置，粘贴在旺遍天下页面复制的代码，如图8-23所示。

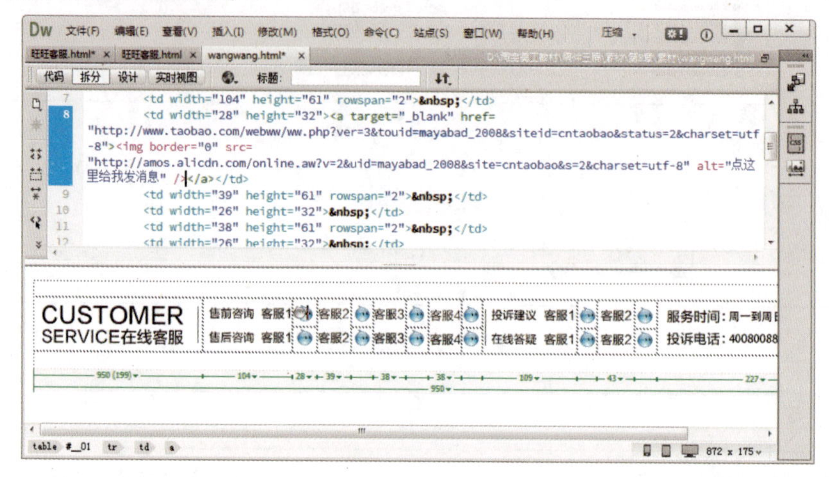

图8-23 粘贴代码

（10）在网页上面能够看到客服1后面有个旺旺的小图标，使用同样的方法在客服后面添加对应的旺旺号生成的代码，如图8-24所示。

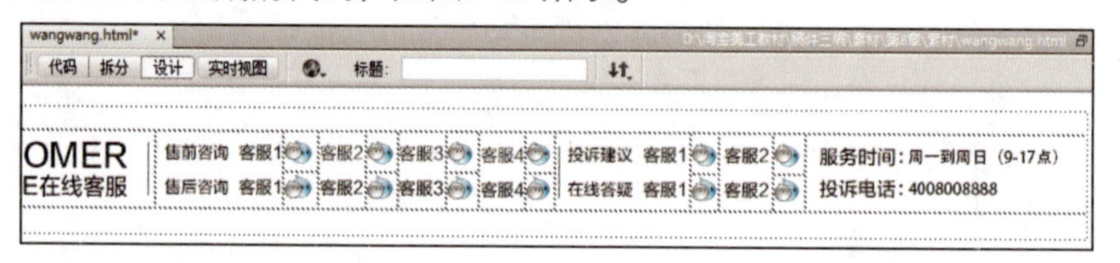

图8-24 旺旺链接

（11）我们会发现旺旺图标重叠了，一个图标是之前在Photoshop中制作好的，另一个图标是在旺遍天下上生成的。下面我们需要将图片的旺旺图标去掉，打开Photoshop软件，打开“旺旺客服.psd”文件，进入图层面板，把对应的旺旺图标图层关闭，如图8-25所示。

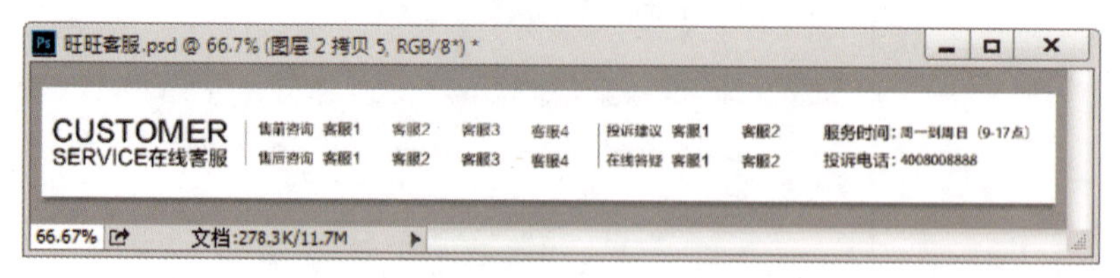

图8-25 关闭旺旺图标图层

（12）将文件保存为JPEG格式文件，进入图片空间，选中旺旺客服图片，单击“替换”按钮，替换图片。

（13）进入Dreamweaver软件，现在的背景图片已经被替换，如图8-26所示。

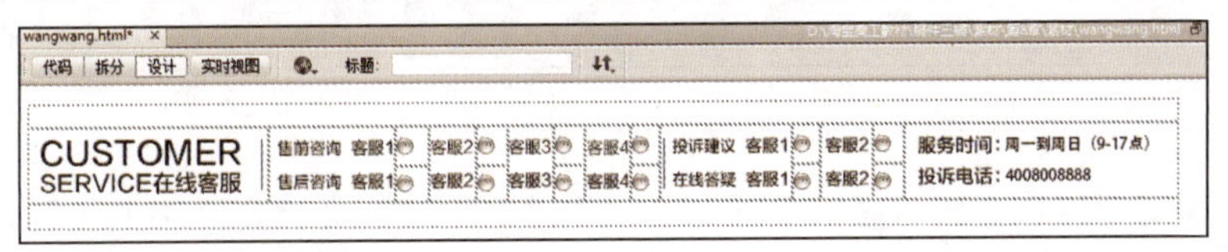

图8-26 背景被替换

（14）保存旺旺客服网页文件。

8.4 后台装修

下面我们来学习后台装修，将旺旺客服模块添加到店铺首页。

（1）进入卖家中心进入店铺装修页面，选择任意一个模块并单击右下角的“添加模块”按钮，如图8-27所示。

图8-27 添加模块

（2）将模块下的“自定义区”拖曳到页面中，如图8-28所示。

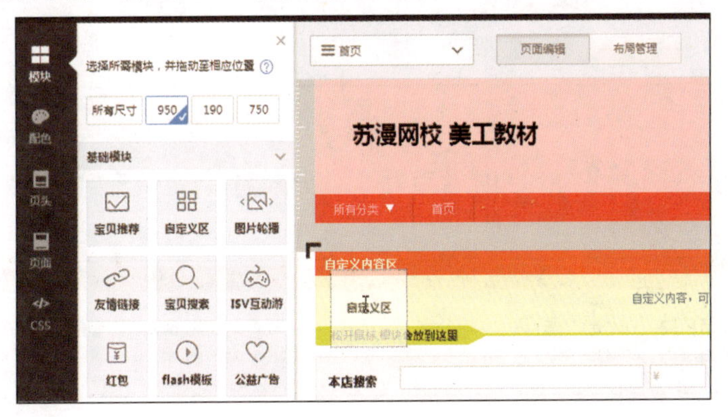

图8-28 自定义模块

（3）在“自定义内容区”上面单击“编辑“按钮，如图8-29所示。

图8-29　编辑

（4）弹出“自定义内容区”面板，在“显示标题“后面选择“不显示”，单击下方的“源码”按钮，进入Dreamweaver并复制旺旺客服代码，将其粘贴到自定义内容区，如图8-30所示。

（5）单击“确定”按钮，完成代码复制，自定义内容区将显示自定义的页尾，如图8-31所示。

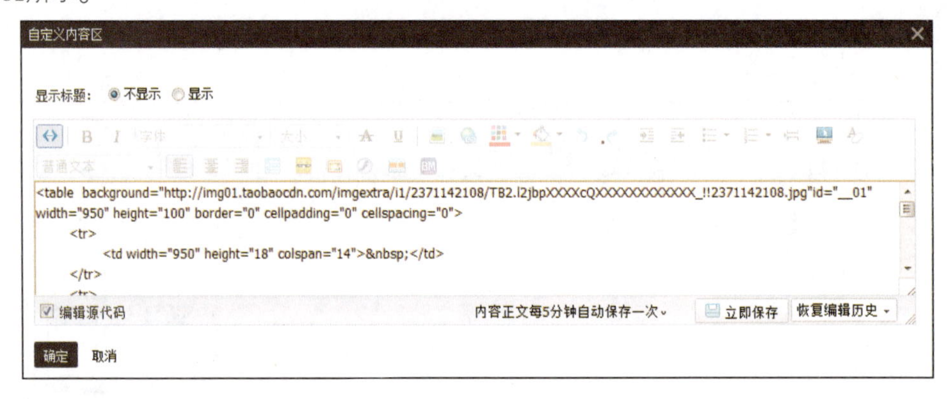

图8-30　粘贴代码

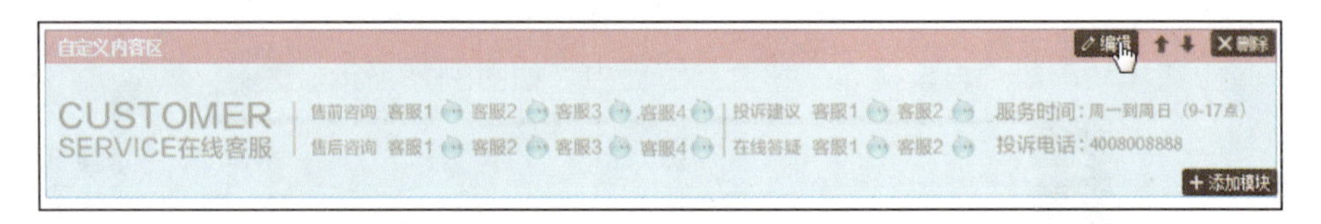

图8-31　自定义内容区

（6）单击“发布”按钮，完成首页发布，我们将在首页中看到旺旺客服模块，效果如图8-32所示。

图8-32　最终效果

9

第9章

促销海报

本章指导

在淘宝店铺的默认模块中只能添加宽度为950像素的海报，而很多店铺的首页均添加了宽度为1920像素的全屏海报，其震撼的视觉效果，让店铺更加炫目，下面我们来学习海报的制作。

9.1 海报的设计方法

淘宝的海报分为全屏海报、海报轮播、促销广告等，每张海报图片的大小不一。

每张海报必须有一个明确的主题，海报的内容可以是促销宝贝，也可以是主推款宝贝，所有的元素都围绕着这个主题展开。

每张海报由背景、文案、产品信息三个元素组成，在制作海报前我们要对宝贝有一个整体的了解与认知。比如这款产品是羽绒服，那我们在设置海报色调和装饰元素时，就要紧扣“冬季”这个主题氛围。

9.1.1 构图

在海报设计过程中，版式的平衡感极为重要，同时还要处理好不同物体之间的对比关系。比如文案字体的大小对比、粗细对比、模特的远近对比等。这就好比我们画素描静物时，静物的摆放也是前后层次分明的，有主物体、陪衬物的对比。

设计师要养成收集图片的好习惯，要对图片进行分类与整理，下面我们来了解构图。

1. 左图右字构图

左图右字构图是最常见的构图方式之一，图片与文字各占海报同等的区域，如图9-1所示。

海报展示如图9-2所示。

图9-1 左图右字构图　　图9-2 海报展示

海报右边的文案排版非常典型，字体上粗下细，上大下小，上下主次分明，对比鲜明，文案四四方方，架构非常稳重，非常平衡。这种构图的文案要能高度概括活动主题。缺点在于略显呆板，缺乏变化，容易千篇一律。

2. 右图左字构图

和左图右字构图相比互换了模特与文案的位置，如图9-3所示。

海报展示如图9-4所示。

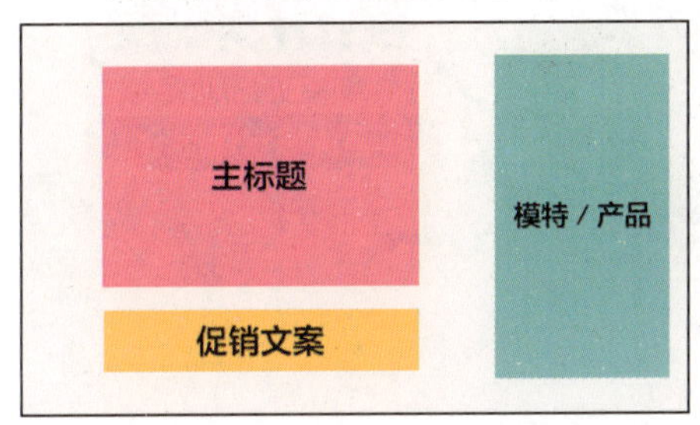

图9-3 右图左字构图

图9-4 海报

这张海报属于右图左字，也是很典型的，是淘宝官方引导的典型排版之一。字体也是上粗下细，上大下小，下面的促销部分排版也很稳重、结实。

3. 对称式构图

对称式构图给人稳定、庄重、理性的感觉。对称又分为绝对对称和相对对称，一般多采用相对对称以避免过于严谨，还能增加动感和观赏度，如图9-5所示。

效果如图9-6所示。

图9-5 对称式构图

图9-6 海报效果

这张海报用的是两边图、中间文字的排版形式，常见于多模特海报中，一般是一边近景另外一边远景，产生对比和呼应。

9.1.2 字体

在海报中，文案一般包含主标题、副标题和附加内容，设计的时候可以分为三段，段间距要大于行间距，上下左右要有适当的留白。

对于主标题和副标题，使用的字体不能超过3种。字体使用过多的海报看上去乱，而且画面不统一。主标题可以用粗大的字体，副标题适当小一些。字体不要有过多的描边，也不要用与主体风格不一致的字体，如图9-6所示。

图9-6 海报字体

9.1.3 颜色

一张海报或同一位置的多张海报中，尽量不要有3种以上的颜色，针对重要的文字信息，可以用高亮醒目的颜色来强调，如图9-7所示。

图9-7 海报颜色

9.2 制作全屏海报

下面我们来学习全屏海报的制作方法和技巧。

（1）打开Photoshop软件，新建一个宽度为1920像素、高度为500像素的文档，设置背景色为蓝色，如图9-8所示。

图9-8　新建文档

（2）单击“矩形工具”绘制两个矩形，设置填充色为紫色，执行“编辑”>“自由变换”命令，调整其倾斜效果。

（3）单击“多边形套锁工具”，新建图层，在图层上绘制三角形，设置填充色彩为黄色，如图9-9所示。

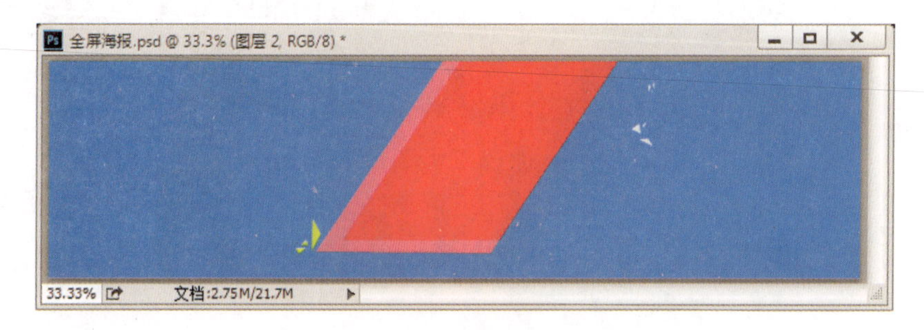

图9-9　绘制图形

（4）打开衣服等素材，将其拖曳到文档中，并通过“自由变换”命令调整素材的大小，如图9-10所示。

图9-10　打开素材

（5）打开鞋的素材，将其拖曳到文档中，调整至合适的位置，复制鞋图层，执行

“滤镜”>“模糊”>“运动模糊”命令，可以将复制的图层产生运动模糊的效果，效果如图9-11所示。

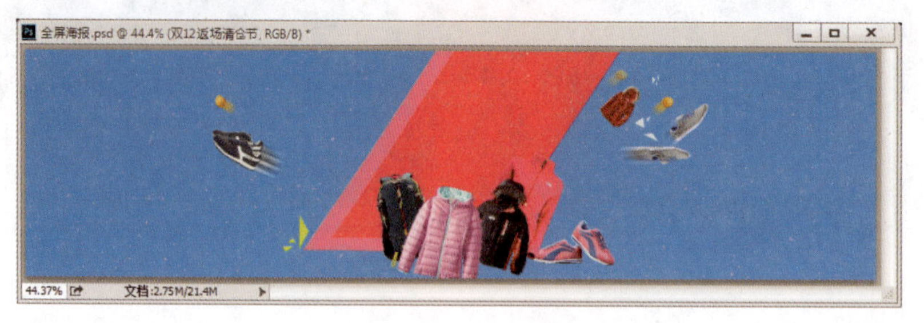

图9-11 打开素材

（6）打开人物素材，单击“钢笔工具”将人物抠出，如图9-12所示。

图9-12 钢笔抠图

（7）将抠出的人物拖曳到文档中，执行“编辑”>“操控变形”命令，调整其形状，如图9-13所示。

图9-13 操控变形

（8）调整好人物姿势，打开自行车素材，将自行车从素材中抠出，并将其拖曳到合适的位置，如图9-14所示。

图9-14 放置自行车

（9）单击“矩形工具”，绘制矩形，设置填充色为白色，单击“自由编辑”命令调整矩形的倾斜度，单击“圆角矩形工具”，绘制圆角矩形，设置填充色为蓝色，如图9-15所示。

图9-15 新建图层

（10）单击“文字工具”，输入文本“双12返场清仓节”、“全场金币抵扣5%起”和“6号开售”，调整字体大小和颜色，如图9-16所示。

图9-16 输入文字

（11）选择“双12返场清仓节”层，执行“文字”>“转换为工作路径”命令，将文字图层转换为形状图层，单击“直接选择”工具调整文字形状，如图9-17所示。

图9-17　转换为工作路径

（12）全屏海报制作完成后，将文件保存为JPEG格式，并将图片上传到图片空间。

9.3　全屏海报轮播

海报制作完成后，想要在店铺中实现全屏轮播效果，就需要代码的帮助，本节我们将学习如何添加代码实现海报轮播的效果。

下面为全屏海报图的代码，在装修店铺时将其粘贴到自定义内容区即可实现海报全屏效果。

```
<div style="height:500px;">
    <div class="footer-more-trigger" style="left:50%;top:auto;border:
    none;padding:0;">
        <div class="footer-more-trigger" style="left:-960px;top:auto;
        border:none;padding:0;">
<a href="图片链接" target="_blank">
<img src="全屏海报 " width="1920px" height="500px" border="0" />
</a>
        </div>
    </div>
</div>
```

下面对代码的含义进行解释。

height：第1行代码中height是指图片的高度。

left：第2行代码中left是指左偏移。这里设置的是-960像素，即所设置的图片宽度的一半。

top：第2行代码中的top是控制上移位置。

width：第7行代码中的width是控制图片的宽度。

border：第5行代码中的边框控制，设置为none，也就是把边框设置为无。

a href=“图片链接”：图片链接就是单击图片后所跳转的页面网址。

img src=“全屏海报”：粘贴图片空间里的全屏海报地址。

进入“店铺装修”页面，添加“自定义区”，单击右上角的“编辑”按钮，进入对话框，单击“源码”图标，粘贴编写的源码即可，最终的装修效果如图9-18所示。

图9-18 最终效果

10

第 10 章

宝贝展示设计

本章指导

宝贝展示在店铺装修中起到支撑店面的作用，买家进店后最关注的当然是宝贝，不论是新货上架，还是特价包邮，店铺中都必须添加宝贝的信息，将宝贝最好的视觉效果展示出来，本章我们将学习宝贝展示模块的装修。

10.1 宝贝展示图设计

在店铺首页，宝贝展示图占据了很大的比重，这样做一方面是为了宣传，提高顾客的购买欲；另一方面则是让整个页面看起来更加生动精美。宝贝的展示图设计分为以下两种。

1. 并列展示商品

在淘宝网中，大多数商品都可以并列展示，这种排列方式可以最大化地展示商品，而且店铺整体也显得整洁干净，如图10-1所示。

图10-1 并列展示商品

2.错乱有致

错开的排列方式并不是按规则的上下左右并列呈现的方式来展示宝贝。这种排列可以给人一种商品琳琅满目的感觉，如图10-2所示。但是若处理不当，会使整个页面杂乱拥挤。

图10-2 错乱有致

10.2 展示模块制作

本节我们将学习在Photoshop中制作展示图，这里只讲解一组宝贝展示图的制作，读者可以根据实际情况举一反三。

（1）打开Photoshop软件，新建一个宽度为950像素、高度为530像素的文档，设置前景色RGB为(255，67，103)，按下“Alt+Delete”快捷键填充前景色，如图10-3所示。

（2）单击“矩形工具”，在文档上绘制一个高度为50像素的矩形导航形状，将导航对齐到顶部，如图10-4所示。

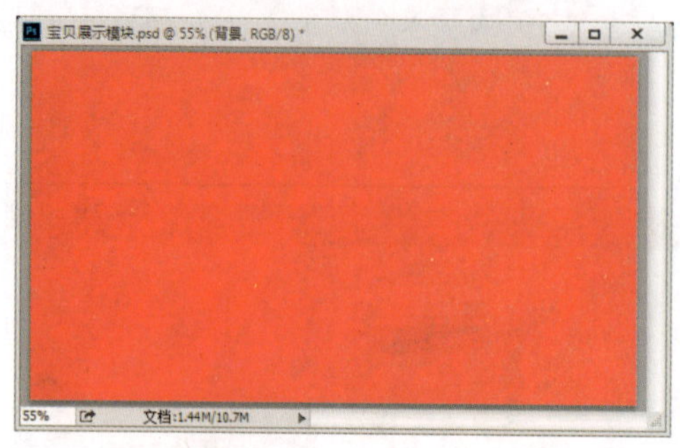

图10-3 新建文档

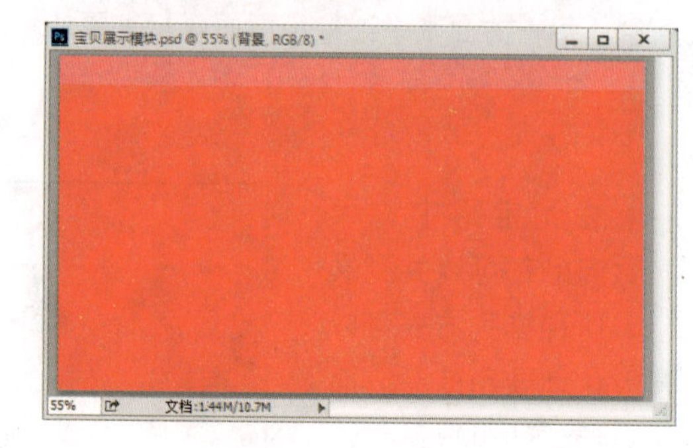

图10-4 绘制导航

（3）单击“文字工具”输入文本，在文本前面使用“矩形工具”绘制符号，如图10-5所示。

图10-5 输入文本

（4）单击“矩形工具”绘制宝贝展示区域，设置填充为白色，在白色区域上绘制矩形宝贝底图，如图10-6所示。

（5）打开服装素材图片，单击“快速选择工具”选择白色背景，按下反选快捷键“Ctrl+Shift+I”选中商品，如图10-7所示。

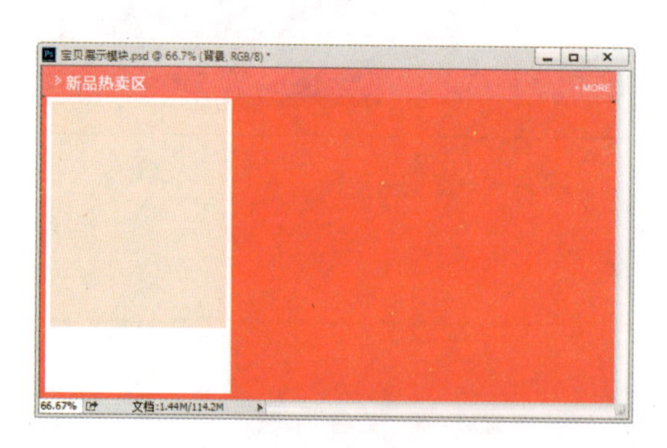

图10-6 绘制白底

图10-7 抠图

（6）单击“移动”工具将商品图片移动到宝贝展示模块的底图上，单击“自由变换”命令或按下快捷键“Ctrl+T”调整图片大小，如图10-8所示。

（7）单击“矩形工具”绘制促销标签，使用文本工具输入“NEW！”，使用多边形工具和矩形工具绘制“！”，如图10-9所示。

图10-8　调整图片大小

图10-9　绘制标签

（8）单击“文字工具”，输入“商品名称”、“销量”、“价格”的文本，如图10-10所示。

（9）单击“形状工具”绘制形状，绘制“分享”、“收藏”、“喜欢”图标，输入文本“分享”、“收藏”、“喜欢”，如图10-11所示。

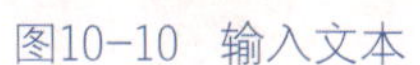
图10-10　输入文本

图10-11　绘制图标、输入文本

（10）选中商品的图层并使用快捷键“Ctrl+G”对其进行编组，复制组并调整商品位置，替换商品的名称、价格、销量，如图10-12所示。

图10-12 复制组

制作完成后，保存文件格式为PSD格式。

10.3 切片的高级编辑

在首页上要想给图片添加链接，一种方法是给图片添加热点区域，另一种方法是通过图片切片添加链接，本节我们来学习切片的高级编辑。

（1）打开图片，按下“Ctrl+R”快捷键打开标尺，如图10-13所示。

图10-13 打开标尺

（2）单击“移动工具”，在标尺上拖曳参考线，如图10-14所示。

图10-14 拖曳参考线

（3）选择“切片工具”，单击切片工具栏的属性“基于参考线的切片”，效果如图10-15所示。

（4）单击文件菜单的“另存为Web格式”，保存为“html和图像格式”。

（5）进入卖家中心的图片空间，将保存的图片上传到图片空间，如图10-16所示。

图10-15　切片效果

图10-16　图片空间

10.4　展示图片装修

本节我们学习将切片后的图片替换成图片空间链接，以及给图片添加链接，并上传到店铺首页。

（1）打开Dreamweaver软件，打开宝贝展示模块的网页文件，如图10-17所示。

（2）单击“代码”按钮，切换到代码视图，删除系统生成的代码，仅保留<table…</table>之间的代码，如图10-18所示。

图10-17　展示页面

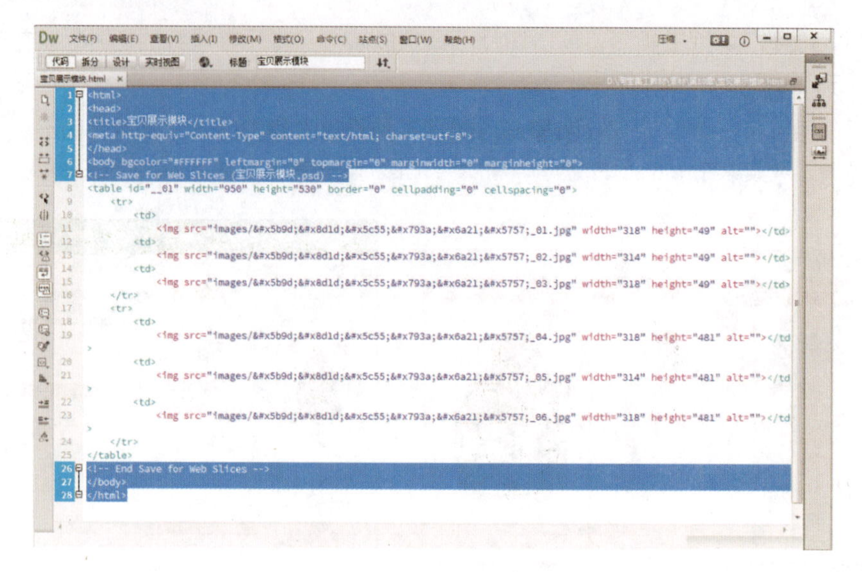

图10-18　代码

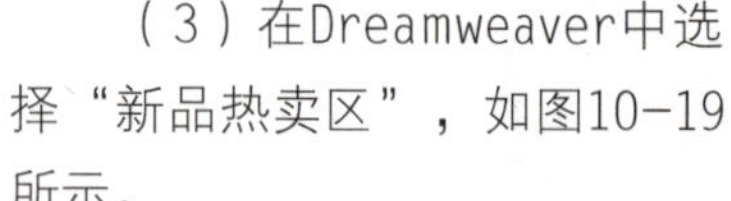
（3）在Dreamweaver中选择“新品热卖区”，如图10-19所示。

图10-19　选择“新品热卖区”

（4）进入卖家中心，选中图片，复制其链接，如图10-20所示。

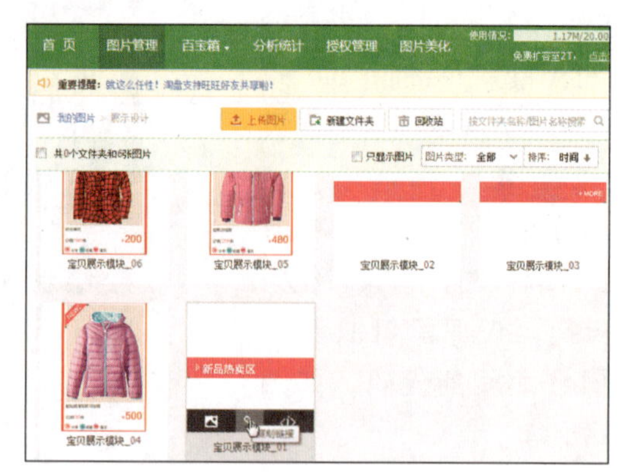

图10-20　复制链接

（5）进入Dreamweaver软件，在“新品热卖区”属性面板Src后面的文本框中替换素材地址，如图10-21所示。

图10-21　替换链接

（6）给“新品热卖区”添加链接，如图10-22所示。

图10-22　添加链接

（7）使用同样的方法，替换其余的图片，并添加新链接，如图10-23所示。

图10-23　添加链接

（8）保存文件，单击“代码”按钮，切换到代码视图，按下“Ctrl+A”快捷键选中全部代码，复制代码，进入卖家中心，单击“店铺装修”，进入店铺装修页面，单击“自定义区”并拖曳到自定义页面，如图10-24所示。

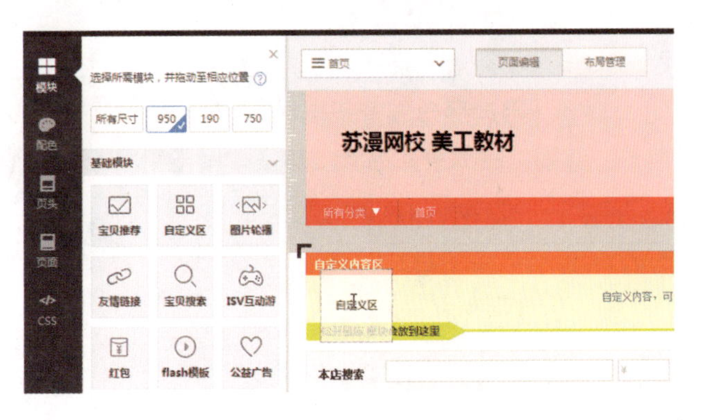

图10-24　添加自定义区

（9）在“自定义内容区”面板“显示标题”后选择“不显示”，单击“源码”按钮，粘贴代码，如图10-25所示。

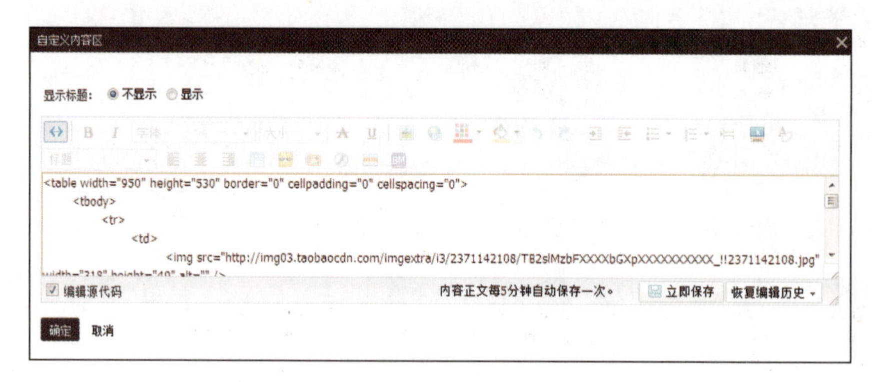

图10-25　自定义内容

（10）单击“确定”按钮，再单击“发布”按钮，如图10-26所示。

（11）最终效果如图10-27所示。

展示模块是店铺最重要的模块，能够让买家快速了解店铺推荐的宝贝并影响其购买决策，店主可以根据店铺的产品对展示模块进行个性化设计。

图10-26　发布

图10-27　最终效果

11

第 11 章

店铺导航和悬浮导航

本章指导

当消费者进入一家线下商场，通常有两种方式找到自己的目标商品：一种是找商场导购；另一种是商场将商品划分为若干个区域，消费者可以通过标识直接找到目标商品所在的区域。

淘宝店铺同样也需要客服导购和网店导航。想要买家在店铺内顺利找到自己想要的商品并下单，导航是重中之重。

默认状态下的导航，如图11-1所示。

图11-1 店铺导航

11.1 店铺导航

淘宝店铺导航是买家访问店铺的快速通道，可以方便地从一个页面跳转到另一个页面查看店铺的各类商品及信息。下面我们来学习店铺导航的设置。

（1）进入卖家中心的店铺装修页面，选择导航处的“编辑”选项，如图11-2所示。

图11-2 编辑导航

（2）单击“编辑”按钮后，弹出导航设置面板，如图11-3所示。

（3）单击“添加”按钮，弹出添加导航面板，可以添加宝贝分类，也可以添加页面或者自定义链接，如图11-4所示。

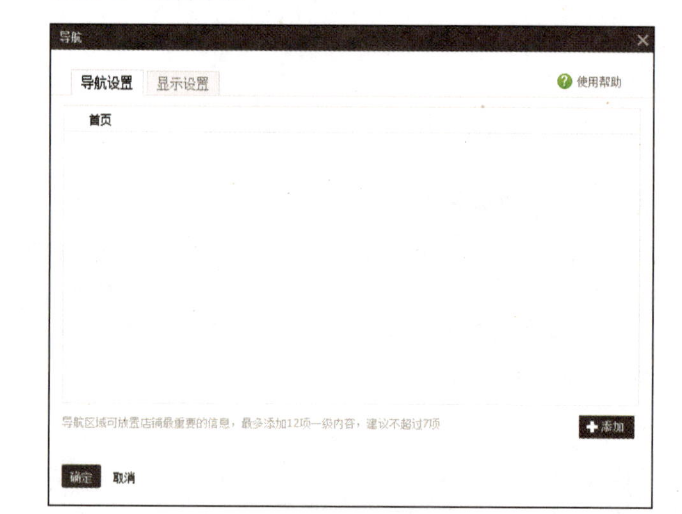

图11-3 导航设置面板

（4）勾选宝贝分类后，单击“确定”按钮，可以将宝贝分类添加到导航，如图11-5所示。

（5）单击添加导航内容上的“页面”，勾选自定义页面下的“品牌故事”，单击“确定”按钮，将“品牌故事”页面添加到导航，如图11-6所示。

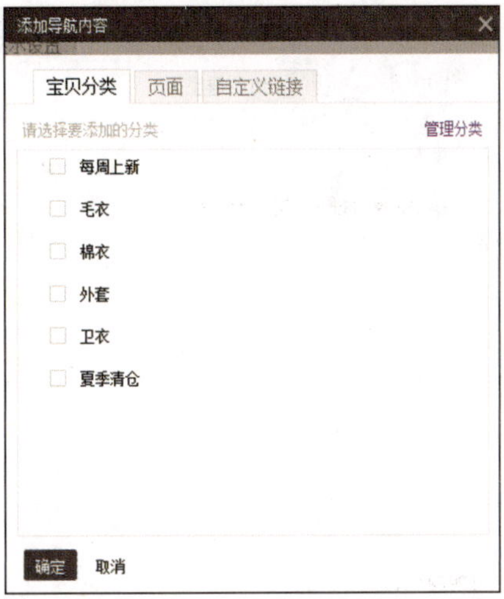

图11-4　添加导航内容

图11-5　勾选宝贝分类

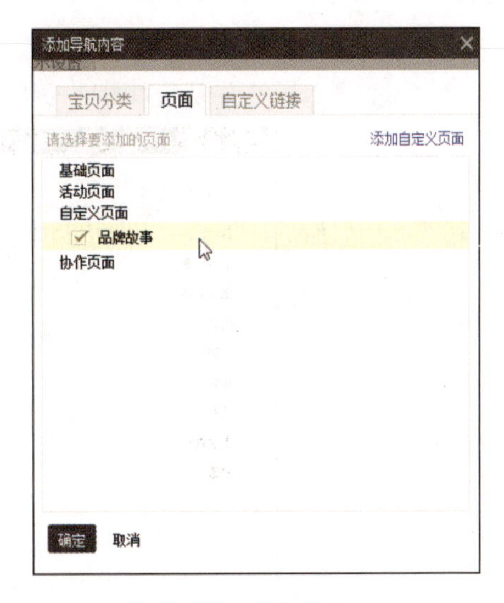

图11-6　添加品牌故事

（6）单击“自定义链接”选项，可以在导航里添加链接，如图11-7所示。

（7）单击“添加链接”选项，在“链接名称”中输入“收藏”，在“链接地址”中粘贴店铺的收藏链接地址，如图11-8所示。

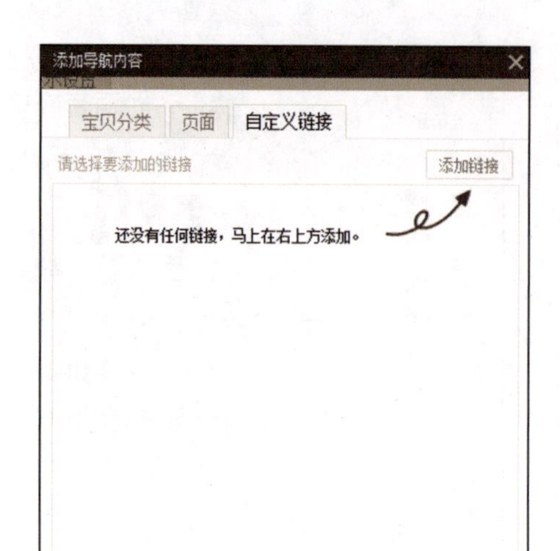

图11-7 自定义链接

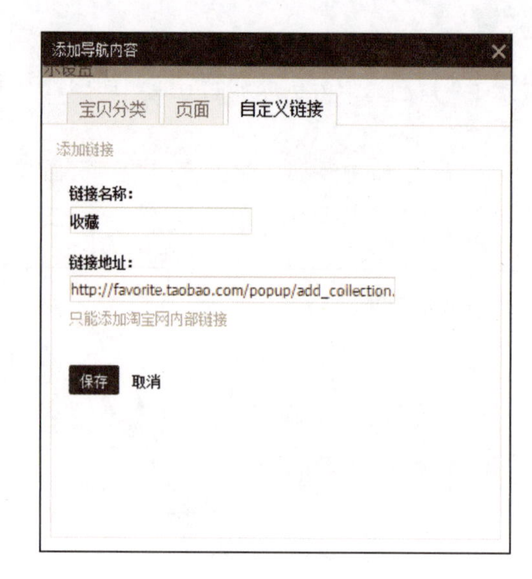

图11-8 添加链接

（8）单击“保存“按钮，可以继续添加自定义链接。

（9）进入导航面板，如图11-9所示。

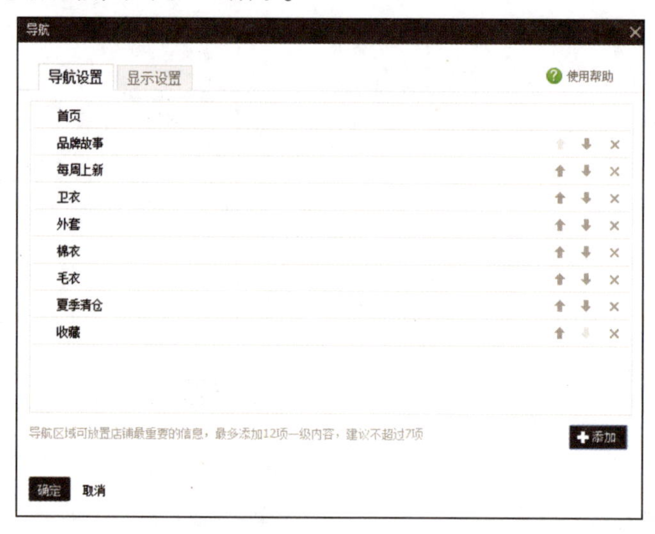

图11-9 导航

（10）可以通过右侧的上下箭头调整导航菜单的前后位置，也可以删除某个菜单，单击“确定”按钮，完成导航的设置，最终效果如图11-10所示。

图11-10　最终效果

（11）单击“发布”按钮，我们就完成了店铺导航的设置。

11.2　修改导航颜色

新旺铺导航是可以更换颜色和样式的。进入店铺装修页面，单击“导航”上面的“编辑”按钮，弹出对话框，单击“显示设置”，可以在文本区域输入代码，改变导航的设置。

店铺导航CSS设定可以让卖家通过CSS来自定义颜色、字体等效果，CSS 也叫层叠样式表，最主要的目的是将文件的内容与显示分隔开来。系统会自动给CSS选择器统一添加前缀——#page#content.tshop-pbsm-shop-nav-ch。前缀，指的是这个样式只能作用在导航上面，而不会影响到其他模块样式。

1. 修改背景色

```
/* 导航条背景色*/
.skin-box-bd .menu-list{background:red;}

/*首页/店铺导航背景色*/
.skin-box-bd .menu-list .link{background: red;}
/*所有分类的背景颜色*/
.all-cats .link{background:red;}
/* 导航条背景色，修补导航右侧缺口*/
.skin-box-bd{background:red;}
```

2. 修改分割线颜色

```
/*所有分类右边线*/
.all-cats .link{border-right:1px red solid;}
/*首页等分类右边的分隔线颜色*/
.menu-list .menu{border-right:1px red solid;}
```

3. 修改文字颜色

```
/*所有分类文字颜色*/
.skin-box-bd .all-cats .title{color:red}
```

上述代码作用于导航条的背景色，颜色代码可以用英文单词表示，如红(red)、绿（green）、蓝（blue），也可以用十六进制表示，如白色为 # ffffff、红色为 # ff0000等，也可以用图片替换，图片代码为{background:url(图片地址);}。

11.3 高级导航制作

本节我们来学习高级导航的制作，我们将店招和导航做在一起，用切片分开并添加链接。

11.3.1 店招制作

下面我们开始制作店招。

（1）打开Photoshop软件，新建一个宽度为950像素、高度为150像素的文档，设置前景色为RGB（190，35，40），按下“Alt+Delete”快捷键填充前景色，如图11-11所示。

图11-11 新建文档

（2）新建一个宽度为10像素、高度为10像素的文件，设置前景色为RGB（190，35，40）。单击“矩形工具”，创建矩形，描边为1像素，如图11-12所示。

（3）执行“编辑”>“自定义图案”命令来定义图案。

（4）选择文档，新建图层，执行“编辑”>“填充”命令选择“图案”，填充图案到文档上，设置图层的不透明度为50%，如图11-13所示。

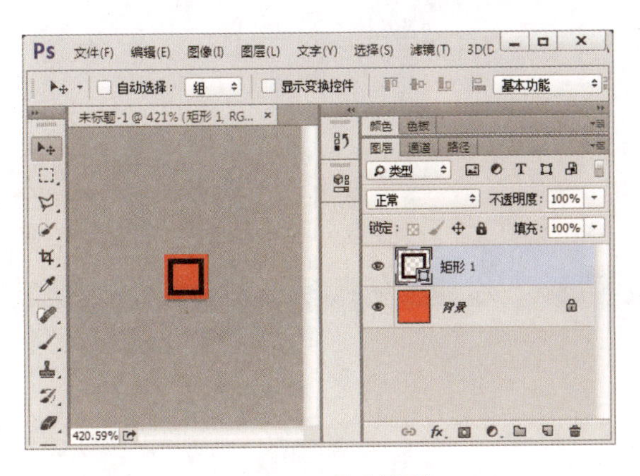

图11-12　创建矩形

图11-13　填充图案

（5）单击“矩形工具”命令，绘制一个宽度为950像素、高度为30像素的矩形作为导航，设置填充色为紫色，如图11-14所示。

图11-14　导航

（6）单击“矩形工具”和“椭圆工具”，绘制Logo，如图11-15所示。

图11-15　绘制Logo

（7）单击“圆角矩形”和“自定义形状”工具，绘制“关注”按钮，如图11-16所示。

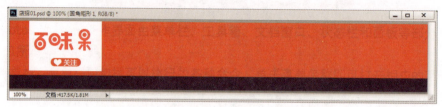

图11-16 绘制关注

（8）单击“文字工具”，输入广告文案“2013-2014年货销量领先品牌”，如图11-17所示。

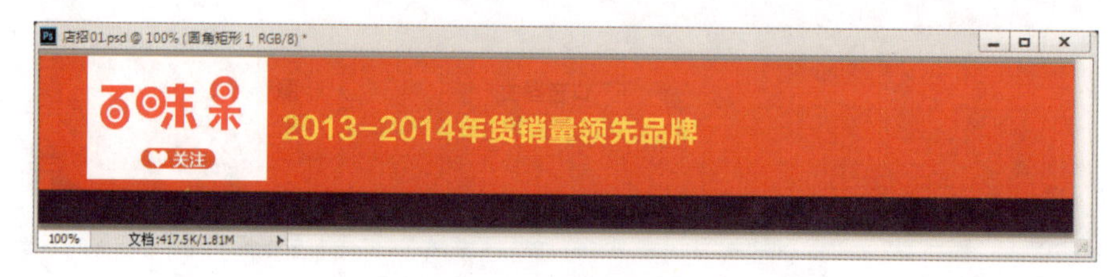

图11-17 输入文本

（9）单击“文字工具”，输入导航文本，如图11-18所示。

图11-18 输入导航文本

（10）单击“矩形工具”，绘制“NEW”图标，如图11-19所示。

图11-19 绘制图标

到此，我们就完成了店招的制作。

11.3.2　切片制作

本节我们来学习店招切片制作。

（1）按下“Ctrl+R”快捷键打开标尺，如图11-20所示。

图11-20　打开标尺

（2）单击“移动工具”，拖曳参考线，如图11-21所示。

图11-21　参考线

（3）选择“切片工具”，单击选项栏里的“基于切片参考线”按钮进行切片，如图11-22所示。

图11-22　切片

（4）选择“切片组合工具”组合切片，效果如图11-23所示。

（5）完成切片的制作，将文件存储为html和图像格式。

图11-23　切片组合

（6）进入卖家中心的图片空间，将图片上传到图片空间。

11.3.3　添加链接

本节我们来学习通过Dreamweaver软件添加链接。

（1）打开Dreamweaver软件，打开店招网页文件，如图11-24所示。

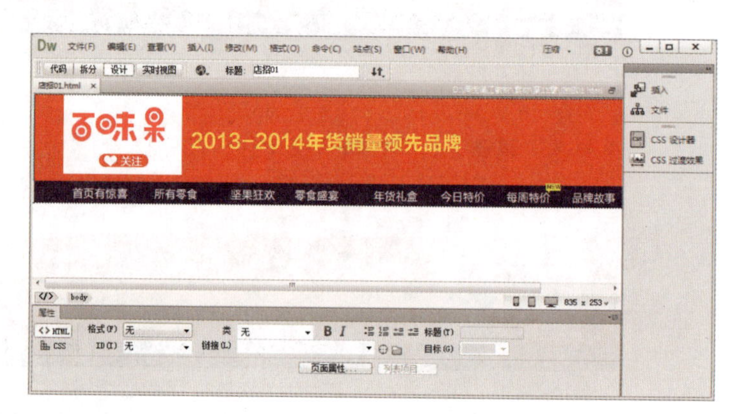

图11-24　网页文件

（2）单击“代码”按钮，切换到代码视图，删除系统自带的代码，仅保留<table…</table>之间的代码。

（3）进入图片空间，复制图片空间里的图片链接。

（4）进入Dreamweaver软件，在属性面板Src后面替换图片链接，并且给导航添加链接，如图11-25所示。

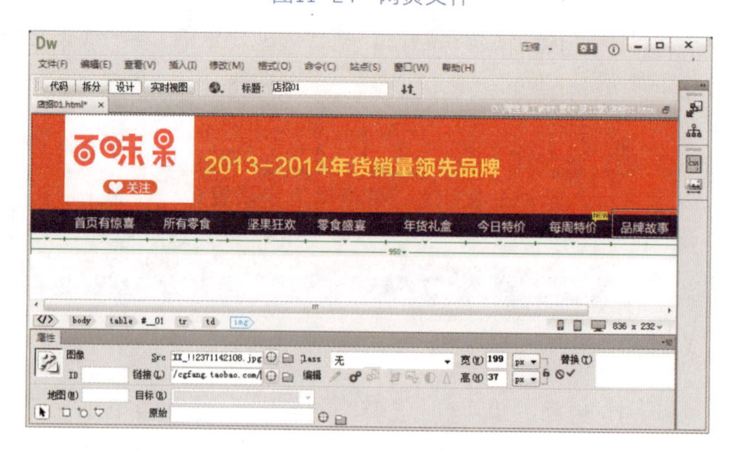

图11-25　添加链接

（5）单击“代码”按钮，进入代码视图，复制代码。

（6）进入卖家中心的店铺装修页面，单击店招栏的“编辑”按钮，打开“店铺招牌”面板，单击“源码”按钮，粘贴代码，将高度设置为150像素，如图11-26所示。

图11-26　设置高度

（7）单击“保存”按钮，单击右上角的“发布”按钮，查看店铺，店招效果如图11-27所示。

图11-27　最终效果

11.3.4　制作店招背景

下面我们来学习店招背景的制作。

（1）打开Photoshop软件，打开店招文件，如图11-27所示。

图11-27　打开文档

（2）单击“裁剪工具”，对店招进行裁剪，如图11-28所示。

（3）按下“回车键”确定，完成裁剪，保存图片并将其命名为“店招背景”，保存文件格式为JPEG格式。

（4）进入卖家中心，单击“页面装修”，单击左侧的“页头”，在页头设置中更换背景图片，如图11-29所示。

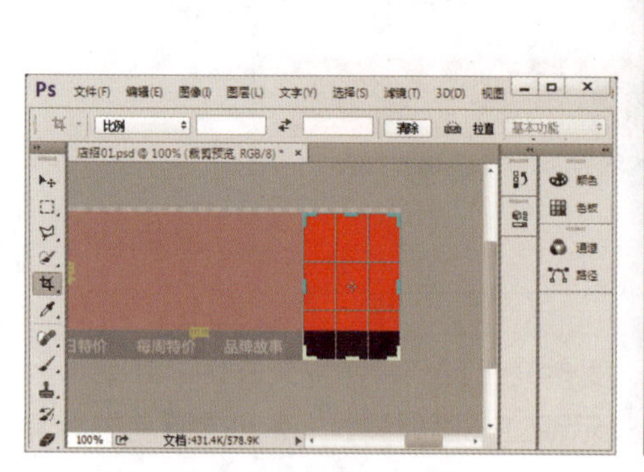

图11-28　裁剪文档

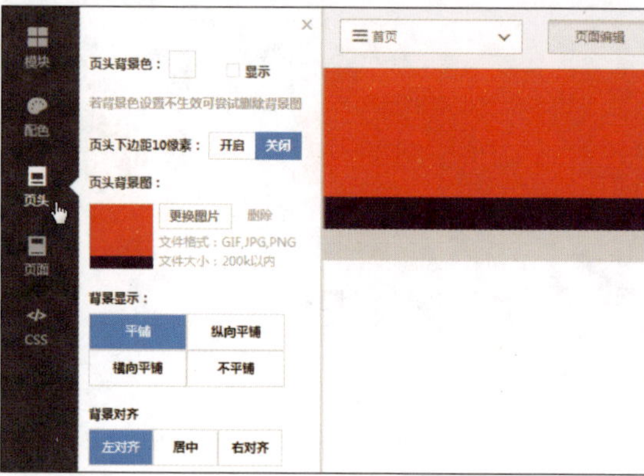

图11-29　页头背景图设置

（5）单击“保存”按钮，发布店铺，效果如图11-30所示。

图11-30　最终效果

除了给导航制作切片，也可以通过热点区域给导航添加链接。

11.4　悬浮导航

每次大促活动如“6·18”或“双11”，我们会看到很多的设计非常好的店铺，这些店铺都会在首页设置引导层，快速定位页面，这个我们称作为悬浮导航，如图11-31所示。

悬浮导航可以设置在店铺的左侧或者右侧，里面可以添加优惠券或促销商品等推荐信息。

图11-31　悬浮导航

11.4.1　悬浮导航制作

我们下面来学习如何制作悬浮导航

（1）打开Photoshop软件，新建一个文档，尺寸宽度为155像素，高度为600像素。

（2）选择矩形工具，在文档中绘制一个红色的长方形。

（3）选择椭圆工具，在文档上绘制两个黄色圆形，一个放置在矩形上面，一个放置在矩形的下面，如图11-32所示。

（4）选择文字工具，在第一个圆形上输入文本“新品首发”和“先领券再下单”并且调整字体大小，如图11-33所示。

（5）选择多边形套索工具，沿着文字周围绘制不规则的多边形，并填充为红色，如图11-34所示。

（6）选择文字工具，输入文字“TOP”，选择多边形工具，在文字下面绘制四边形，并填充为深红色，如图11-35所示。

（7）选择矩形工具，在红色区域绘制一个白色的矩形，如图11-36所示。

（8）选择文字工具，输入文字“￥10元”、“满100减10”和“优惠券”，调整文字大小、颜色和位置，如图11-37所示。

（9）选择直线工具，在属性栏选择为形状，填充颜色关闭，描边颜色为深红色，描边选项选择虚线，在优惠券下面绘制一条虚线，如图11-38所示。

（10）复制优惠券文字并修改优惠券的金额，再复制虚线，摆放至合适的位置，如图11-39所示。

图11-32 效果1　图11-33 效果2　图11-34 效果3　图11-35 效果4

图11-36 效果5　图11-37 效果6　图11-38 效果7　图11-39 效果8

（11）选择文字工具，在下面红色区域输入文字“热卖商品”、“新品推荐”、“夏日上新”、“T恤推荐”、“衬衫帽子”、“连衣裙”、“亲子装”和“夏日精品”，如图11-40所示。

（12）选择直线工具，属性为形状，描边颜色为深红色，描边选项选择虚线，在文字下面绘制一条虚线，然后复制虚线到下面的文字之间，如图11-41所示。

（13）选择文字工具，设置颜色为深灰色，输入文本“关注店铺”，将文字移动到最下面的黄色圆形上，如图11-42所示。

（14）选择文字工具，设置颜色为黄色，选择合适的字体，输入文本“2017夏上新”和“SUMMER”，如图11-43所示。

图11-40　效果9

图11-41　效果10

图11-42　效果11

图11-43　效果12

（15）选择文件菜单保存文件为悬浮导航，文件格式为PSD格式。

同样，我们再来保存一个透明效果的图片，关闭背景图层（最下面的白色图层），选择文件菜单，执行“导出”>“快速导出PNG”命令，保存文件为PNG格式，这样制作好的悬浮导航为透明效果，这样我们就完成了悬浮导航的制作。

悬浮导航文件的尺寸宽度要小于200像素，高度小于600像素，文件格式为JPEG、PNG和GIF格式。

11.4.1　悬浮导航装修

目前我们的店铺是专业版，悬浮导航需要在智能版上使用，我们需要在店铺装修后台单击左上角“升级到智能版”按钮，单击之后进入智能版购买页面。购买之后进入店铺装修，店铺装修的后台界面将会发生变化，左侧的所有模块中多了一个“悬浮导航”模块，右侧页面装修全屏海报的位置多了一个区域，可将【悬浮导航】模块拖动至此处进行编辑，如图11-44所示。

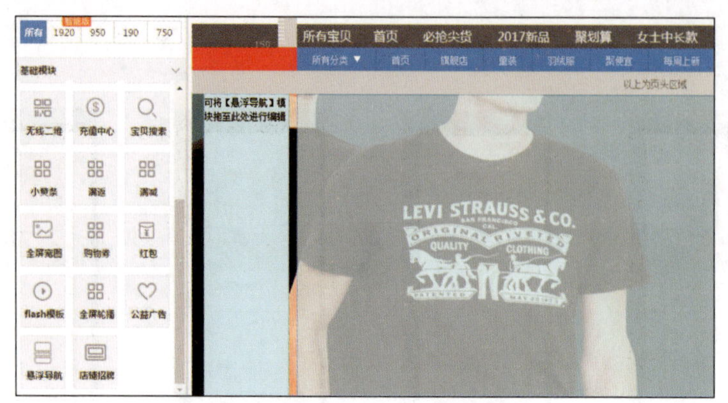

图11-44　编辑悬浮导航

我们下面需要将制作好的悬浮导航装修到店铺中去。

（1）单击左侧的“悬浮导航”并拖曳到右侧悬浮导航区域，然后单击悬浮导航上的“编辑”按钮，弹出悬浮导航设置，悬浮导航分为“位置设置”和“内容设置”，如图11-45所示。

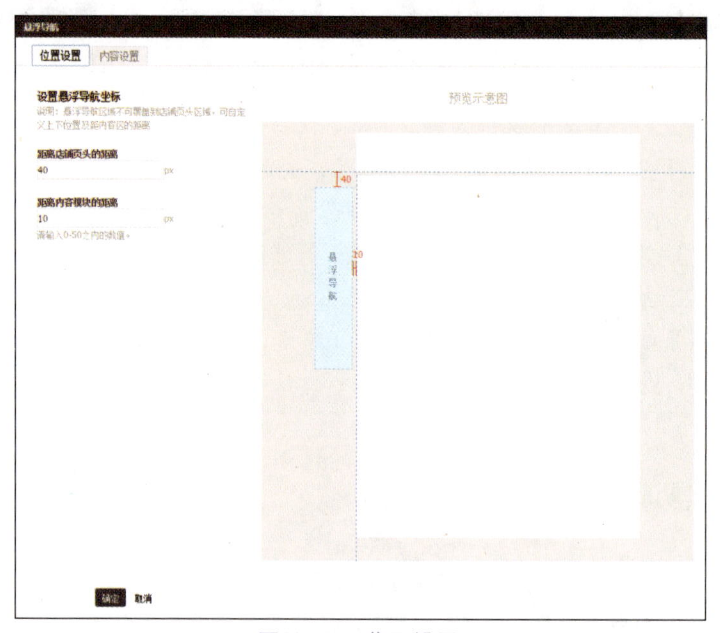

图11-45　位置设置

（2）在悬浮导航面板中，单击“内容设置”标签，在内容设置界面上单击“更换图片”按钮，上传我们制作好的悬浮导航图片，如图11-46所示。

（3）单击“添加点击热区”按钮，左侧图片上弹出一个浅蓝色的矩形，这个矩形位置可以移动，我们移动到优惠券位置，如图11-47所示。

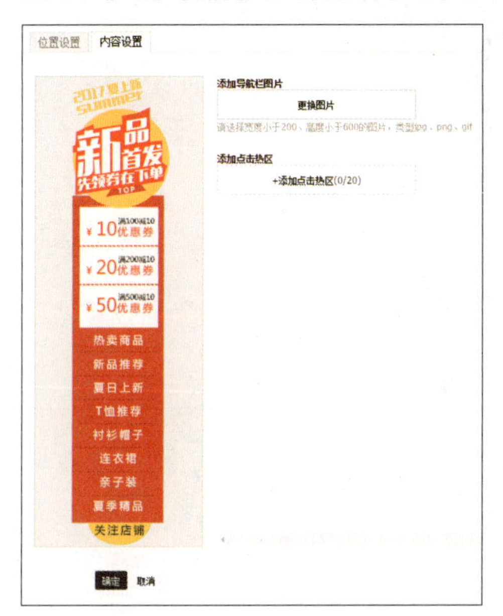

图11-46　内容设置1

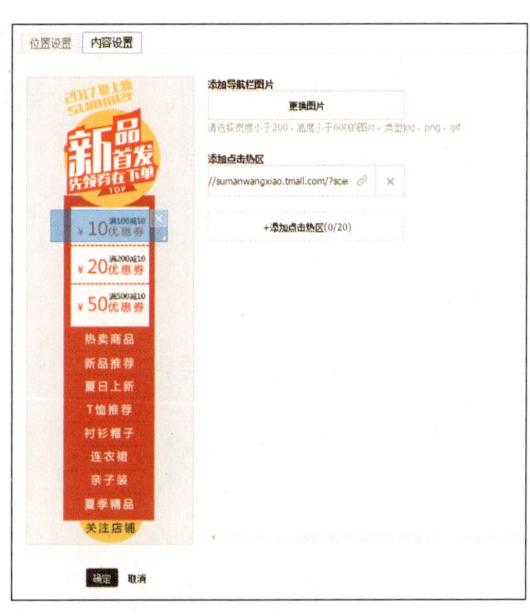

图11-47　内容设置2

（4）在右侧我们可以添加链接，在热点区域链接里可以直接粘贴优惠券链接（在商家营销中心>淘宝卡券>店铺优惠券中复制链接），如图11-48所示。

图11-48　复制链接

（5）单击“添加点击选区”，在左侧添加一个浅蓝色区域，位置移动到10元优惠券上，然后在右侧粘贴优惠券链接。这样我们就添加了优惠券。

（6）下面我们来添加商品链接，单击“添加点击选区”，在左侧添加一个浅蓝色区域，移动位置，在右侧单击链接图标，可以在下面列表中选择我们需要的链接，可以选择自定义页面、宝贝分类和单个宝贝链接，如图11-49所示。

图11-49　添加点击选区

用相同的方法，在左侧导航上添加链接。

（7）单击“添加点击选区”，在左侧添加一个浅蓝色区域，移动位置到“关注店铺”，在右侧粘贴“关注店铺”的链接。

（8）打开店铺首页，在右上角“收藏店铺”右击并选择“属性” 如图11-50所示。

图11-50　打开属性窗口

（9）弹出属性窗口，复制链接地址，如图11-51所示。

（10）在悬浮导航区域粘贴关注店铺链接，如图11-52所示。

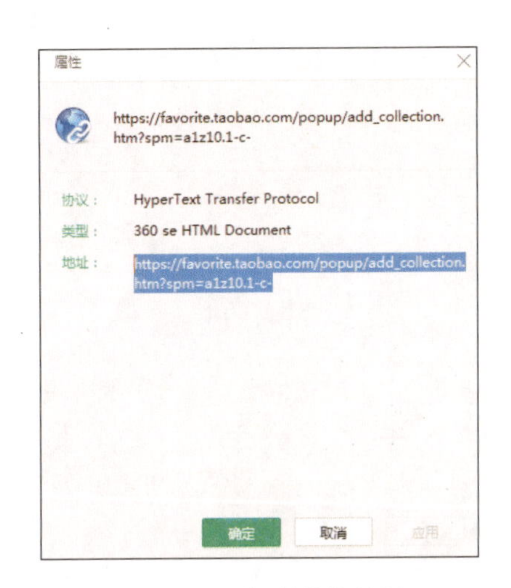

图11-51　复制链接地址

图11-52　粘贴店铺链接

这样我们就完成了店铺悬浮导航的装修，单击右上角“发布站点”按钮，进入到店铺首页，效果如图11-53所示。

图11-53　最终效果

我们制作的悬浮导航是透明的背景，上传到店铺上也是透明的，大家可以掌握我们讲解的方法，进行举一反三，制作更适合我们店铺的悬浮导航来引导买家购买。

12

第 12 章

主图设计

本章指导

制作一张主图，主要目的就是将宝贝推广出去。所以在主图中，一定要包含宝贝，而且要突出宝贝，让买家对宝贝形成一个直观的认知，让买家精准地知道，这就是他想要的宝贝，继而促成交易。

12.1 主图设计规范

在主图中适当添加品牌信息、产品特点或折扣信息，能为宝贝增添附加价值，促销折扣信息可以增强买家的点击欲望，如图12-1所示。

图12-1 主图设计

上面的图，前两款给买家的第一感觉就是这是在卖什么产品？是在卖连衣裙还是在卖包？这就形成了一个主次不分的问题。而第三款，直接把细节图贴在模特的旁边，就避免了上述问题，可以看出三个宝贝的销量有着天壤之别。

主图不要出现“牛皮癣”广告，这样的图片根本抓不住消费者的心理，如图12-2所示。

图12-2 “牛皮癣”广告

这两张图，除主次不分，让买家分不清卖点外，更像是在打广告，广告比主体还要大，这是坚决不可取的。

一张色调和谐、画面精致的图片，能为客户带来美的享受，让客户对宝贝产生良好的印象。

12.2 主图制作

一张高点击量的主图，要表现出宝贝的特色，吸引客户的关注，使其产生购买欲望。下面我们来学习制作主图。

（1）打开Photoshop软件，新建一个宽度为800像素、高度为800像素的文档。

（2）打开素材，将素材拖曳到主图文档中，如图12-3所示。

（3）打开Logo素材，将其拖曳到文档的左上角，并单击“自由变换”命令缩放Logo的大小，如图12-4所示。

图12-3 打开素材

图12-4 缩放Logo

（4）打开促销标签，将其拖曳到文档的右下角，如图12-5所示。

（5）可以输入宝贝的促销价格，如图12-6所示。

图12-5 促销标签

图12-6 输入文本

完成了主图的制作。

想要设计一个好的淘宝主图，以下三点必须注意。

1. 主次要分明，不要服装、配饰和道具一起展示。
2. 不要把“清仓大甩卖”的视觉促销做得比商品还要显眼。
3. 特别是针对女性的行业，主图第一眼一定要吸引买家，抓住买家的眼球。

12.3　服饰主图制作

下面我们来学习裤子主图的制作，主要掌握Photoshop的使用技巧。

打开Photoshop软件，打开素材，选择“快速选择”工具，选择图片中的灰色。按“Ctrl+Shift+I”快捷键反选图片，单击属性栏“调整边缘”，如图12-7所示。

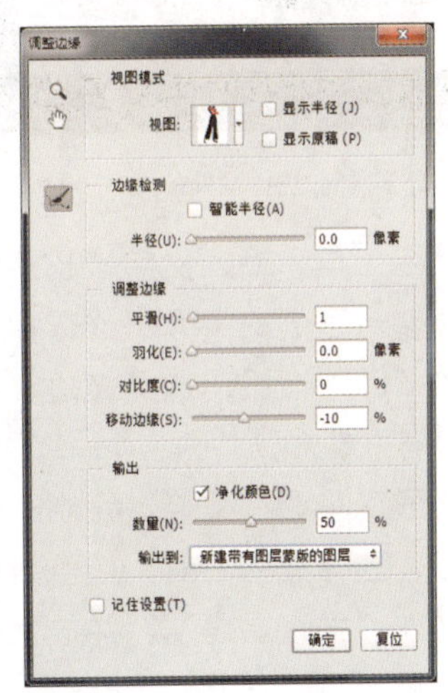

图12-7　调整边缘

在调整边缘面板上调整平滑参数为“1”，移动边缘为“-10”，输出勾选“净化颜色”，输出到“新建带有图层蒙版的图层”，按“确定”按钮。

新建一个宽度为800像素、高度为800像素的文档，选择颜色为淡黄色（R=211　G=199　B=187），填充在背景上，将抠图好的素材拖曳到文档上，如图12-8所示。

在工具栏选择“椭圆工具”，属性栏选择“形状”，颜色为红色，描边为浅红色，在右下角绘制圆形。

在工具栏选择“直线工具”，属性栏选择“形状”，关闭填充颜色，描边为白色，描边选项选择“虚线”，在圆形上画一条虚线。

选择文字工具，在圆形上输入文字“南韩丝面料”和“88元”，并且调整文字大小，如图12-9所示。

图12-8 新建文档 拖曳素材

图12-9 圆形工具绘制

选择文字工具，输入文字“超垂阔腿裤”，调整合适的文字大小，选择图层面板上的“FX”按钮，选择描边，并给文字添加描边效果。

选择矩形工具，在文档上绘制一个黑色的矩形，选择文字工具，颜色为白色，输入文本“垂直显瘦”，并放置在黑色的矩形上，如图12-10所示。

这样我们就完成了裤子的主图制作，在服饰主图制作过程中，一般我们主要处理拍摄好的服饰的颜色，对颜色进行校正，在主图上添加产品的卖点等内容。

图12-10 输入文本

12.4　直通车主图制作

直通车让你的宝贝出现在手机淘宝/淘宝网搜索页显眼的位置，以优先的排序来获得买家的关注。

直通车主图建议突出宝贝的属性、功效、品质、信誉、价格优势等，同时也可以添加一些热门词。

下面我们来学习直通车主图的制作。

打开Photoshop软件，打开我们拍摄好的素材，拍摄时采用白色的背景，这样方便后期的抠图，如图12-11所示。

图12-11　打开素材

打开“快速选择”工具，在文档中选择白色的区域，选择好白色区域之后，执行“选择”>“反选”命令（快捷键为“Ctrl+Shift+I”），这样我们就选择了凉鞋部分。

执行“选择”>“调整边缘”命令，弹出调整边缘面板，我们调整参数，视图选择叠加方式，设置背景为红色，方便我们区分边缘，平滑设置为“1”，对比度设置为“2”，输出到“新建带有图层蒙版的图层”，如图12-12所示。

图12-12　调整边缘

单击“确定”按钮，我们将凉鞋抠图好了，并且是一个带有图层蒙版的图层。

新建一个文档，宽度和高度为800像素，将抠图好的凉鞋拖曳到文档中，拖曳过去的文件非常大，按“Ctrl+T”快捷键对文件进行等比例缩放，并旋转凉鞋的角度，稍微倾斜，如图12-13所示。

打开一张木板的素材，拖曳到文档中，用自由变换命令调整木板的透视，如图12-14所示。

图12-13 抠图

图12-14 打开木板素材

打开一张天空的素材，拖曳到文档中，如图12-15所示。

选择木板图层，在图层上新建一个蒙版，选择“画笔”工具，颜色设置为“黑色”，在蒙版上绘制，让木板的边缘虚化，如图12-16所示。

图12-15 打开天空素材

图12-16 蒙版渐变

选择鞋图层，按“Ctrl”键，在图层上单击，将会选择鞋的选区，新建一个图层，移动到鞋图层的下面，选择渐变工具，颜色为黑色到透明的渐变，在文档上拖曳，将会拖曳出一个黑色渐变，用自由变换调整渐变的位置，如图12-17所示。

新建一个曲线调整图层，对鞋子的整体部分提高亮度，鞋底局部的地方调暗，如图12-18所示。

图12-17　投影效果

图12-18　曲线调整

（11）选择矩形工具，颜色选择红色，在左上角绘制一个矩形，然后用直接选择工具，调整右下角的一个点，调整为倾斜的形状。

（12）选择文字工具，颜色为白色，在矩形上输入文本“头层牛皮”，如图12-19所示。

（13）用同样的方法，绘制深红色的矩形，并且调整右下角点的文字，再用文字工具输入文本“精品之作”，颜色设置为黄色，如图12-20所示。

图12-19　输入文本

图12-20　输入文本

（14）选择“椭圆工具”，颜色为红色，描边为白色，在右下角绘制圆形。调整圆形到合适的位置。

（15）选择文字工具，颜色为黄色，在圆形上输入文字“5年质保”，如图12-21所示。

（16）单击文件菜单的“保存”按钮，文件为PSD格式。

（17）我们需要将制作好的直通车主图上传到直通车后台的创意图片，后台的创意图片要求文件大小不超过500KB。执行“文件”>“导出”>“存储为Web所用格式”命令，弹

出Web格式界面，

在左下角可以看得文件的大小，我们通过修改品质的数值大小来控制文件大小，将品质修改为“95”，左下角看到的文件为458.9KB，这样我们的文件就控制在500KB以内。如图12-22所示。

图12-21 绘制圆形并输入文本

图12-22 文件存储

这样我们就完成了直通车主图的制作。大家要了解我们的制作方法、流程，多看看同品类商家的的创意图，提炼出商品的卖点。

温馨提醒：目前我们的直通车推广创意最多已经增至可以上传4张，为了您的宝贝可以更好地获得直通车和自然搜索的流量，建议您对推广宝贝上传2张或者2张以上的与自然搜索展现主图不一致的创意图片进行推广，以便有机会同时获得自然搜索和直通车展位的展现，从而避免因邻近位置创意限制而导致推广宝贝展现概率的损失。并且多创意也可以为您的宝贝测试带来的不同点击效果，可以根据测试数据更加有针对性地选择推广创意图片，吸引更多买家点击。

12.5 钻展展示图制作

钻石展位展示推广是以图片展示为基础，精准定向为核心，面向全网精准流量实时竞价的展示推广平台。

如何提高钻石展位创意点击量，我们可以从钻展文案和创意图片着手，钻展文案归纳为促销型和品牌型。

促销型就是要直白地告诉消费者促销信息，如折扣、赠品和销量，吸引消费者迅速产生购买。适合在大促期间使用，以及定向注重折扣的人群。如图12-23所示。

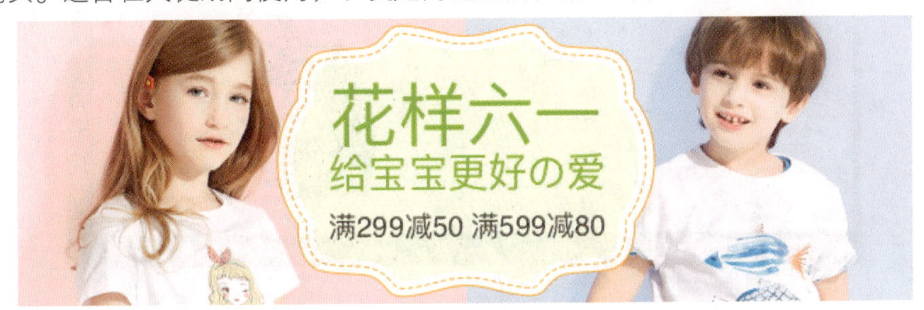

图12-23　钻展图示

品牌型主要以品牌宣传的素材适合做自有品牌的店铺，可以从视觉效果、突出正品，增加品牌知名度，是一个长期累积的过程。

钻展投放的资源位不同，所制作的图片尺寸不同。

我们下面来制作一张手淘APP的焦点图。

（1）打开Photoshop软件，打开背包素材，选择“快速选择”工具，选择白色，然后反相选择，如图12-24所示。

执行“选择”>“调整边缘”命令，调整参数，移动边缘设置为“-5”，输出选择“带有图层蒙版的图层”，这样我们就将这张图片抠图好，如图12-25所示。

图12-24　素材抠图

图12-25　抠图效果

新建文档，尺寸宽度为640像素、高度为200像素，背景填充为灰色，将抠图好的素材拖曳到文档中，按快捷键“Ctrl+T”,对素材进行自由变换，调整至合适的大小，移动到右侧，如图12-26所示。

图12-26 新建文档

选择“矩形”工具，绘制一个浅蓝色的矩形，选择“直接选择”工具，选择右下角的点，向左移动，如图12-27所示。

图12-27 绘制图形

使用同样的方法，再绘制一个灰色的图层和深蓝色的图层，并调整至合适的位置，如图12-28所示。

图12-28 绘制图形

选择“文字工具”，字体大小为62，颜色为白色，在文档中输入文本“好货精选”。

选择“文字工具”，字体大小为25，颜色为黄色，在文档中输入文本“玩转春日潮流推荐单品”，如图12-29所示。

图12-29　输入文本

选择“直线工具”，在文字间绘制一条黄色的直线。

选择“圆形工具”，颜色选择为黄色，描边为白色，绘制一个圆形，如图12-30所示。

图12-30　绘制圆形

选择“文字”工具，颜色设置为白色，字体大小为20，在文档上输入文本“50%OFF”，调整到圆形位置上，如图12-31所示。

图12-31　输入文本

这样我们就完成了钻展图片的制作，保存文件。

钻展图片是影响点击量最直接的因素，是钻石展位的生命线！

12.6 主图9秒视频制作

商品详情页首屏左侧商品图第一个位置，即商品主图位置，在这个位置出现的视频，即主图视频。由于商品主图是买家进入详情页第一眼所见，因此主图的呈现效果在整个详情页中显得尤为重要。而主图视频的9秒影音动态呈现，将有效地在短时间内提升买家对商品的了解，促使买家做出购买决定。

主图视频的影音动态呈现，能有效地将更多信息在首屏就予以呈现，且更具真实性，更富有创意性。如服饰鞋包类宝贝的主图视频，短短几秒就能通过模特动态走秀将宝贝特性及穿着效果展现出来，再配合时尚的音乐，能给用户留下深刻印象。针对数码玩具类宝贝，其使用效果的演示无疑会快速让用户对宝贝有所了解，提高宝贝的购买转化率。

主图视频使用零门槛，任何店铺版本、店铺等级均可使用（成人、内衣类目暂不开放）。

1、视频时长不得超出9秒。

2、视频画面为正方形，比例为1:1。

3、一个视频只能绑定一个商品。

4、目前仅支持集市店铺（C店），天猫店铺（B店）已在规划中，即将上线。

视频的处理手段多种多样，常用的有绘声绘影、Premiere、Vegas、Edius等，下面我们来学习如何快速剪辑和产出尺寸为540×540的主图视频。

（1）打开Premiere 软件，进入欢迎使用界面，如图12-32所示。

（2）单击欢迎界面的“新建项目”选项，弹出新建项目界面，如图12-33所示。

（3）单击“确定”按钮，进入Premiere软件，如图12-34所示。

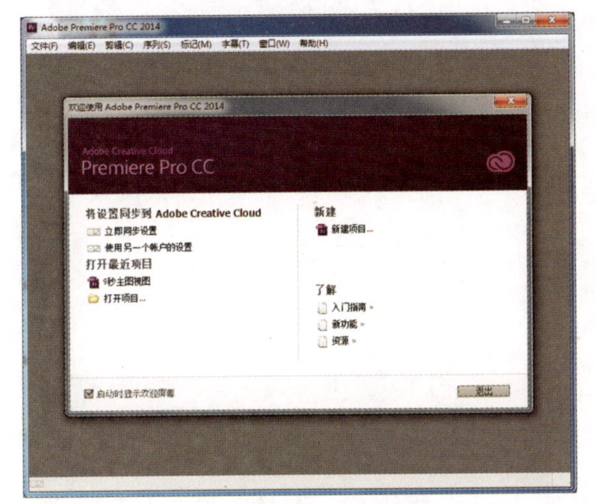

图12-32　Premiere 软件界面

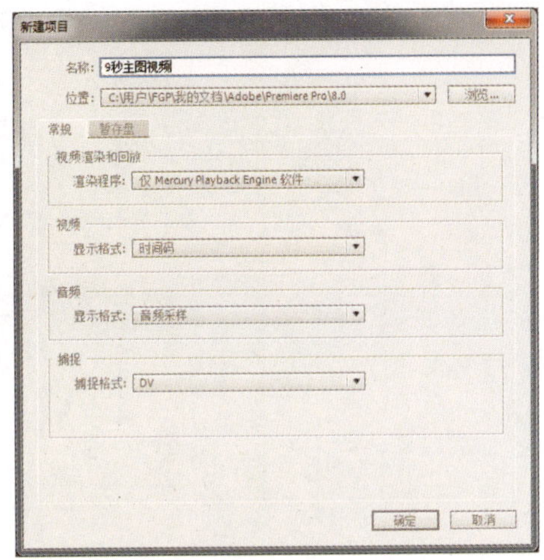

图12-33　新建项目

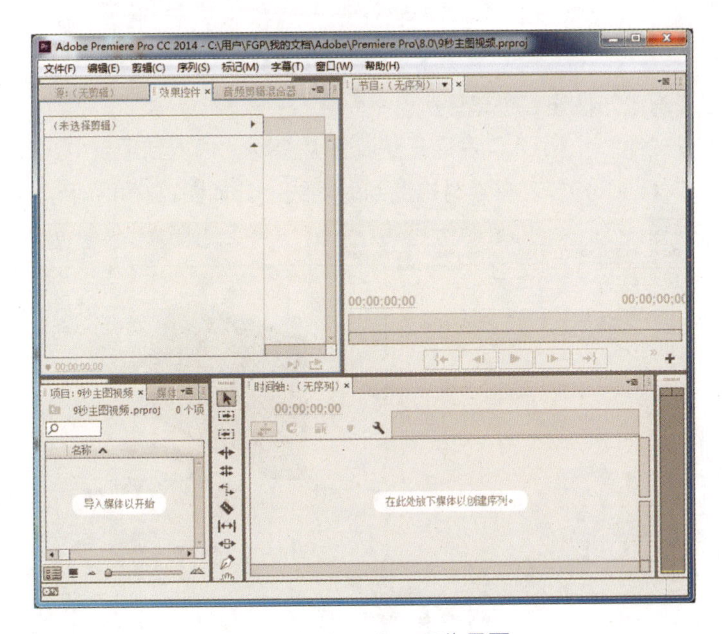

图12-34　Premiere工作界面

（4）执行“文件”>“新建”>“序列”命令，弹出新建序列面板，单击“设置”选项卡，编辑模式选择“自定义”，设置视频帧大小为540，水平为540，像素长宽比为“方形像素（1.0）”，如图12-35所示。

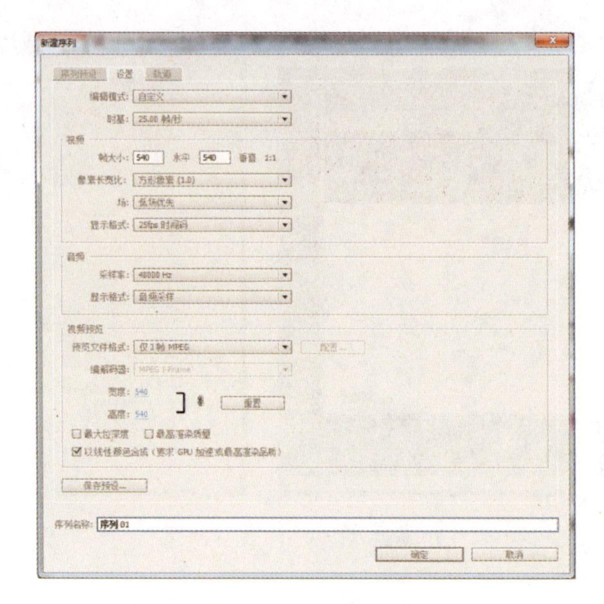

图12-35 新建序列

（5）单击“确定”按钮，创建序列。

（6）执行“文件”>“导入”命令，选择图片素材，导入到项目中。

（7）单击“移动工具”，将素材拖曳到时间线上，如图12-36所示。

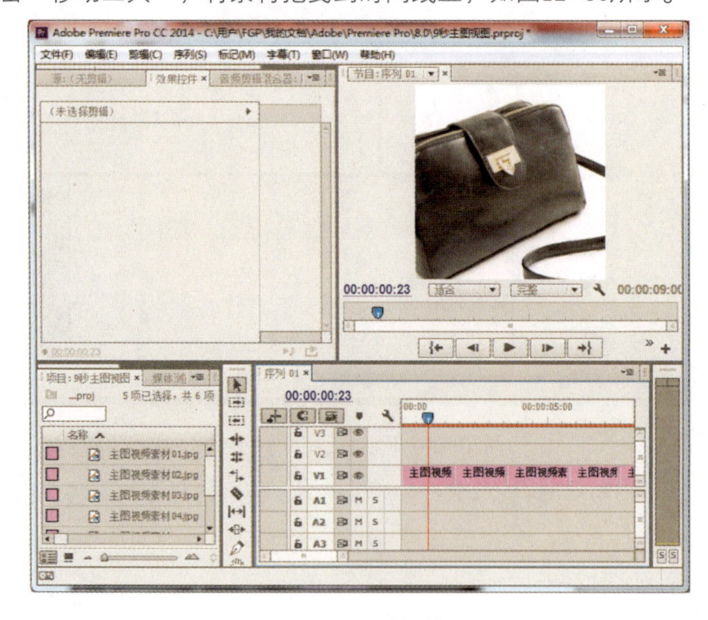

图12-36 时间线

（8）单击“波纹编辑工具”，在序列上修剪素材，将素材的时间控制为9秒，如图12-37所示。

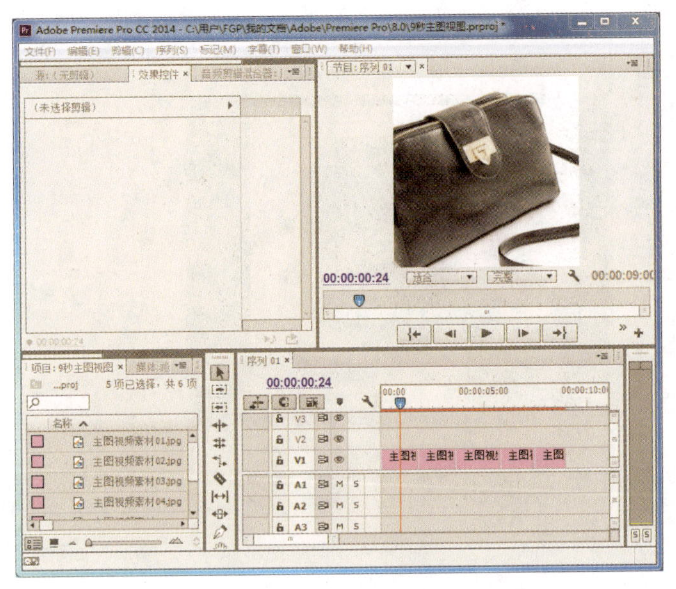

图12-37　编辑时间线

（9）在“效果”面板选择“视频过渡”下“溶解”里的“交叉溶解”，将其拖曳到素材之间，效果如图12-38所示。

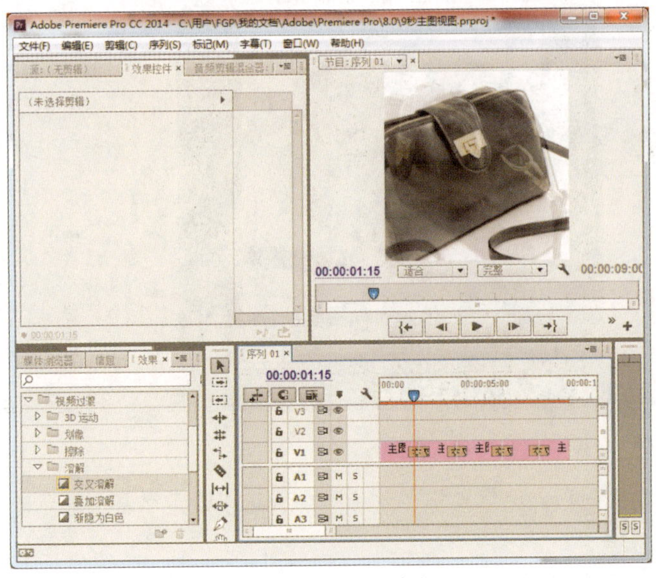

图12-38　视频过渡

（10）执行“文件”>“新建”>“字幕”命令，弹出字幕创建面板，单击“确定”按钮，弹出字幕面板，如图12-39所示。

图12-39　字幕面板

（11）单击“文字工具”，输入文本“精品”，如图12-40所示。

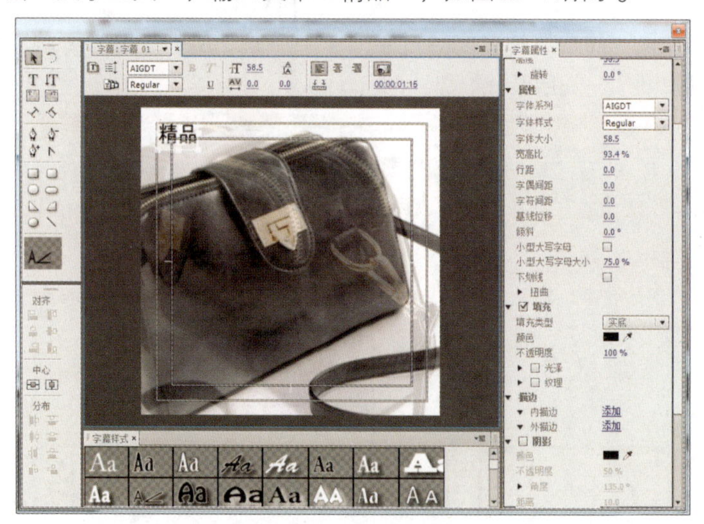

图12-40　输入字幕

（12）关闭字幕面板，将字幕拖曳到序列中，可以设定字幕的显示时间，效果如图12-41所示。

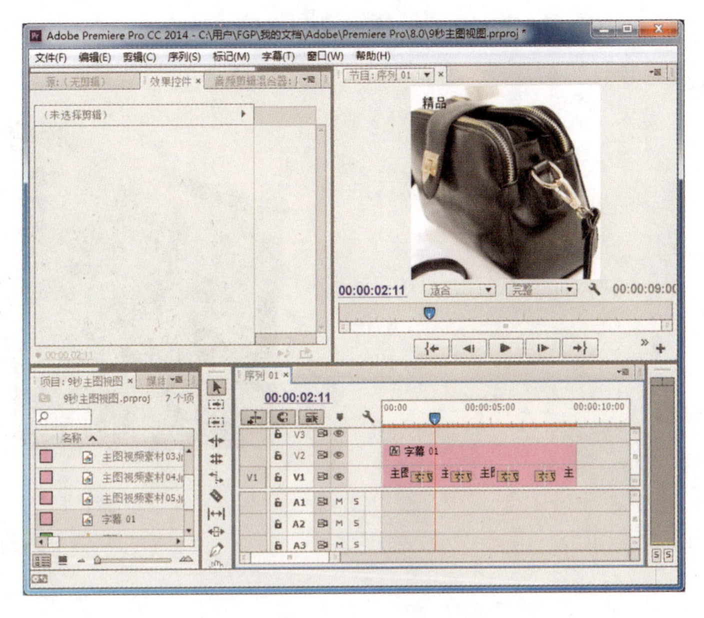

图12-41　合成效果

（13）执行“文件”>“导出”命令，设置“导出设置”，格式为AVI，预设为“自定义”，宽度为540，高度为540，长宽比为“方形像素（1.0）”，如图12-42所示。

图12-42　导出设置

（14）单击“导出”按钮导出视频，打开视频，播放效果如图12-43所示。

（15）进入卖家中心，单击“发布宝贝”选项，进入发布宝贝页面，在“宝贝图片”右侧选择“视频中心”，单击下面的“上传视频”按钮，如图12-44所示。

（16）进入视频中心，上传视频即可。

图12-43　播放效果

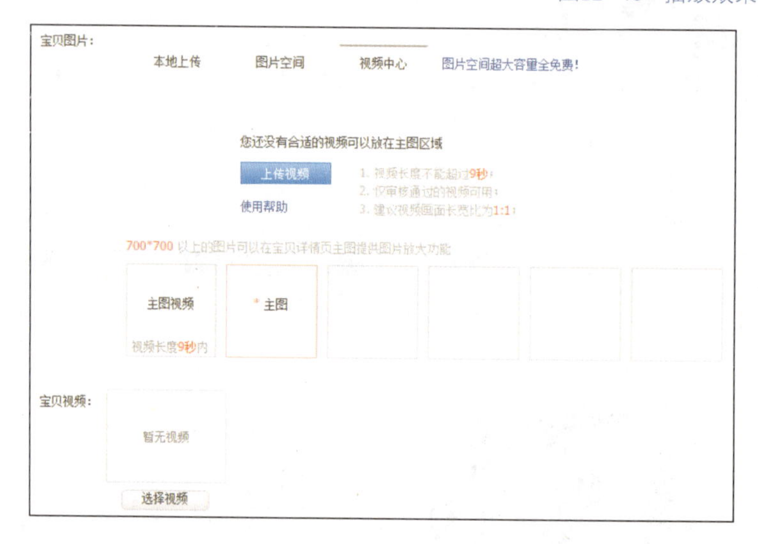

图12-44　发布宝贝

制作主图视频，能够让买家从多个角度了解产品，全方位地了解产品特点，同时制作主图视频的卖家会拥有在淘宝视频专题活动展示的机会，为自己的店铺带来更多的流量。

13

第 13 章 详情页制作

本章指导

详情页是向顾客详细介绍宝贝的页面，顾客是否喜欢这个宝贝、是否愿意购买宝贝都要看详情页，大多数订单也都是在顾客看过详情页后才下的。可以说，详情页的质量直接关系到宝贝的订单转化率。

13.1 详情页布局

详情页信息是营造良好的客户体验，把浏览者转化为消费者的前沿阵地。买家在选购宝贝时，通过浏览详情页的信息来决定买或不买。一个好的详情页要体现出买家需求，找准卖点，组织好文案，让买家感觉你的产品有多好。

好的详情页是有灵魂的，我们先来了解买家的购物心理过程是怎样的。

第一步：第一眼印象，是否喜欢这件宝贝（风格、样式等）。

关注点：整体展示（摆拍、模特展示）。

第二步：细看，这件宝贝的质量好不好，功能全不全。

关注点：细节展示，功能展示，品牌展示。

第三步：这件宝贝是否适合我。

关注点：功能展示，尺码规格。

第四步：宝贝的实际情况是否与卖家介绍相符，是否是正品，有无色差。

关注点：宝贝品牌，宝贝销量，买家评论。

第五步：宝贝价格有没优惠。

关注点：活动促销信息（打折、满减、组合价、会员价），优惠信息。

详情页的每一块组成都有它的价值，都要经过仔细的推敲和设计。如何优化详情页布局，如图13-1所示。

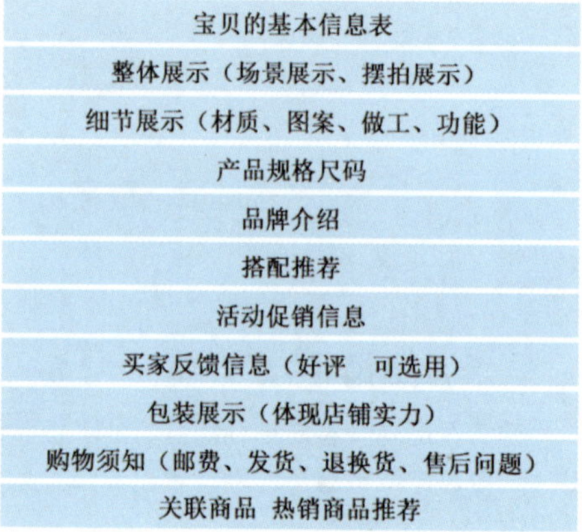

宝贝的基本信息表
整体展示（场景展示、摆拍展示）
细节展示（材质、图案、做工、功能）
产品规格尺码
品牌介绍
搭配推荐
活动促销信息
买家反馈信息（好评　可选用）
包装展示（体现店铺实力）
购物须知（邮费、发货、退换货、售后问题）
关联商品 热销商品推荐

图13-1 详情页布局

在设计宝贝描述时要消除买家的顾虑，宝贝描述一般除了商品展示图、模特实拍图、细节实拍图等，还要对以下内容进行介绍，包括材质介绍、尺寸选购建议、售后服务保障、尺码介绍、颜色介绍、真假鉴别方法、品牌介绍、洗涤保养建议、购物须知、物流介绍、配件或赠品等。卖家要根据自身的实际情况进行描述，下面总结的是一些宝贝描述的设计要领。

宝贝描述：客户进店买东西，吸引他的往往是图片而不是文字，如图13-2所示。

商品主体明确：为了让买家的注意力集中在此款宝贝上，不宜添加过多的广告和新品推荐。

图13-2　描述图

产品细节描述：网络交易摸不着看不到，描述的真实性很重要，产品的描述一定要符合实际情况，不要弄虚作假。若只看重眼前利益，对商品的信息进行夸大隐瞒，则会对店铺的信用造成不可估量的损失，如图13-3所示。

宝贝特色的突出：体现单品的卖点，吸引买家的眼球。

方便买家的信息：添加产品详情和尺码表，以及不同身高体重的人适合的尺码，可以为买家提供方便指导，如图13-4所示。

图13-3　产品细节图

尺码	M	L	XL	2XL	3XL	4XL	5XL
胸围	96	100	104	108	112	118	124
后中长	68.5	70	71.5	73	74.5	76	77.5
腰围	88	92	96	100	104	110	116
摆围	96	100	104	108	112	118	124
肩宽	42	43	45	46	48	49	51
袖长	60.5	61.5	62.5	63.5	64.5	65.5	66.5
袖口宽	10	10	10.75	10.75	11.5	11.5	12.25

（温馨提示：尺寸是纯手工测量，难免存在1-3CM误差，敬请谅解！）

图13-4　尺码表

促销信息：用促销信息吸引买家。

实物平铺图：把衣服颜色的种类展示出来，通过文字描述指引买家联想不同的颜色代表着什么性格和展示风格，如图13-5所示。

产品细节图：帽子或者袖子、拉链、吊牌位置、纽扣等细节展示，让买家看清细节，买家才能更加放心地购买商品，如图13-6所示。

图13-5　实物平铺图

图13-6　产品细节图

模特图展示：至少一张正面图、一张侧面图、一张背面图，展示不同的角度，让买家全方位地了解服装穿在身上的效果。

购物须知：邮费、发货、退换货、衣服洗涤保养、售后问题等信息的添加可以方便买家自主购物，节省咨询客服的时间，也省去了客服重复回答问题的时间，如图13-7所示。

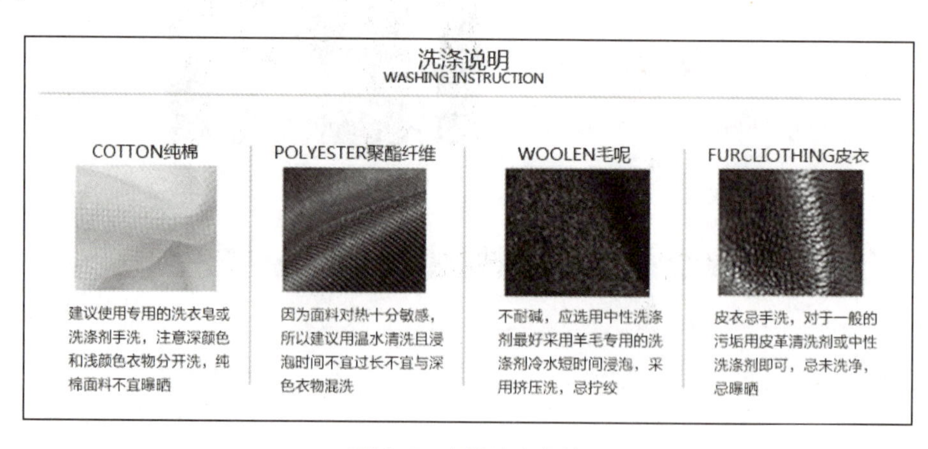

图13-7　衣服洗涤保养

品牌介绍：让买家觉得商品的质量可靠，容易得到买家的认可。

13.2　详情页制作实战

在详情页中，描述模块位于右侧，因此宽度大小不要超过750像素，天猫的宽度大小不要超过790像素，高度则可以根据需要自定。由于宝贝详情页通常较长，为了获得更好的展示效果，一般会分段制作宝贝描述模块。

1. 模特展示图

模特展示图和细节实拍效果图，可以放大部分衣服的特色，但最好不要添加太多的文字内容。

下面我们来学习模特展示图的制作。

（1）打开Photoshop软件，新建一个宽度为750像素、高度为600像素的文档，打开素材，将其拖曳到新建的文档中，如图13-8所示。

（2）单击“矩形选区”，框选右边透明区域，执行“编辑”>“填充”命令，打开“填充”对话框，我们需要在“内容使用”中选择“内容识别”，单击“确定”按钮，在文档透明区域中填充了背景内容，如图13-9所示。

图13-8　新建文档

图13-9　填充内容识别

（3）单击“文字工具”，输入文本，如图13-10所示。

（4）单击“矩形工具”，创建矩形图层，设置其填充色为黄色，将图层移动到“修身版型”文字层下面，效果如图13-11所示。

图13-10 输入文本

图13-11 最终效果

2. 细节图制作

下面我们来学习细节图的制作。

（1）新建一个宽度为750像素、高度为470像素的文档，打开素材并将其拖曳到文档中，如图13-12所示。

（2）单击“矩形工具”创建矩形，设置其填充色为白色，拖曳矩形，在矩形层上创建蒙版，单击“渐变工具”，在蒙版上拖曳渐变，效果如图13-13所示。

（3）单击“文字工具”输入文本，最终效果如图13-14所示。

图13-12 素材

图13-13 渐变效果

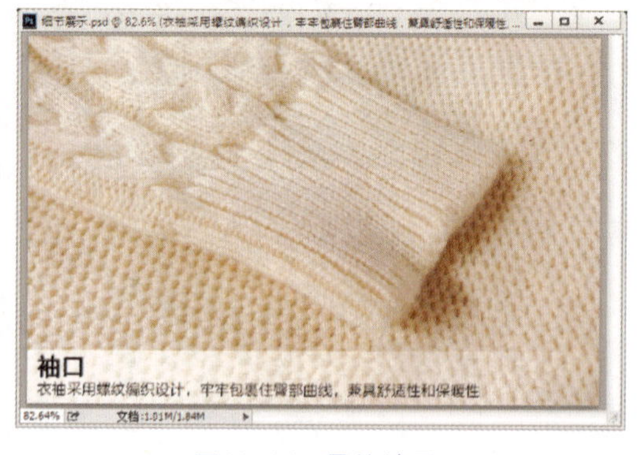

图13-14 最终效果

3. 宝贝特色描述

宝贝特色描述就是展示宝贝的细节，下面我们来学习宝贝特色描述的制作。

（1）新建一个宽度为750像素、高度为600像素的文档，打开素材并将其拖曳到文档中，如图13-15所示。

（2）单击“多边形套索工具”，选择人物左侧的区域，执行“编辑”>“填充”命令，打开“填充”对话框，我们需要在“内容使用”中选择“内容设别”，单击“确定”按钮。文档左侧区域中填充了背景内容，修复左侧背景图，如图13-16所示。

图13-15　新建文档

图13-16　填充内容识别

（3）单击“椭圆工具”，按住“Shift”键绘制一个正圆形，复制圆形图层，摆放好圆形的位置，如图13-17所示。

（4）打开素材，将素材拖曳到图层上，成为椭圆形的剪贴图层，如图13-18所示。

图13-17　绘制圆形

图13-18　剪贴图层

（5）单击“文字工具”，输入文本，如图13-19所示。

（6）单击“直线工具”，在文本下方绘制直线，效果如图13-20所示。

图13-19　输入文本

图13-20　最终效果

4. 商品信息

下面我们来学习商品信息图片的制作。

（1）新建一个宽度为750像素、高度为530像素的文档，单击“矩形工具”绘制灰色矩形，如图13-21所示。

（2）打开素材，将其拖曳到文档中，成为矩形层的剪贴蒙版，效果如图13-32所示。

图13-21　新建文档

图13-21　剪贴蒙版

（3）单击“文字工具”输入文本，调整文字行间距，如图13-22所示。

（4）单击“直线工具”，在选项栏中选择“虚线”，绘制虚线。

（5）单击“文字工具”，输入文本“厚度指数”。

（6）单击“矩形选区”，绘制形状图层，在图层上新建蒙版，单击“渐变工具”，在蒙版上拖曳渐变效果。

（7）单击“钢笔工具”，在工具选项栏中选择“形状”，绘制红色三角形。

（8）单击“文字工具”，输入文本“薄”、“适中”、“厚”、“加厚”，调整文字到合适的位置。

（9）用同样的方法制作“柔软指数”、“衣服长度”、“衣服版型”商品信息。

最终效果如图13-23所示。

图13-22　输入文本

图13-23　最终效果

5. 尺码说明

下面我们来学习尺码效果图的制作。

（1）新建一个宽度为750像素、高度为225像素的文档，打开素材，将其拖曳到文档中，如图13-24所示。

图13-24　新建文档

（2）单击“文字工具”，输入文本“尺码选择”。

（3）单击“矩形工具”，绘制矩形，设置填充色为黑色，如图13-25所示。

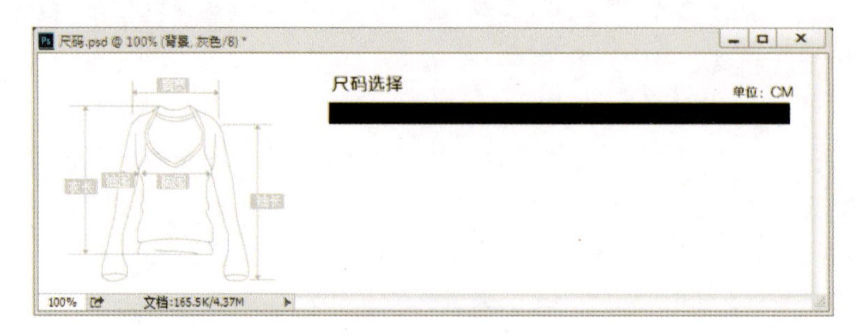

图13-25　绘制矩形

（4）单击“文字工具”，输入“尺码”等文本，使用“分布对齐”进行对齐。

（5）单击直线工具，绘制黑色直线，在直线下面输入备注信息，效果如图13-26所示。

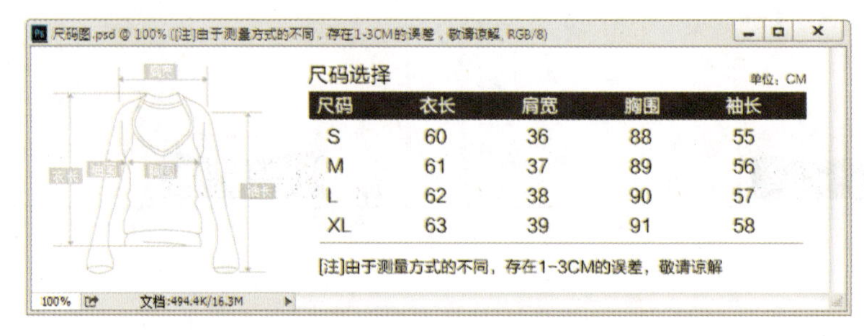

尺码	衣长	肩宽	胸围	袖长
S	60	36	88	55
M	61	37	89	56
L	62	38	90	57
XL	63	39	91	58

图13-26　最终效果

制作好详情页，通过“发布宝贝”把图片插入到详情页中。

在设计详情页时要根据消费者分析及自身卖点提炼信息，根据宝贝风格的定位，准备设计素材，确定详情页配色、字体、文案、构图、排版和氛围等元素，最后还要烘托出符合宝贝特性的氛围。

14

第 14 章

时尚潮流店铺装修

 **本章指导**

网店装修做的就是视觉营销，是吸引眼球的第一步，客户会通过网店装修第一时间了解到你店铺的活动。追求时尚的女性，对时尚的敏感度都很高。

14.1 准备工作

网店装修的准备工作包括店铺装修的设计理念、装修素材准备等，下面我们来具体学习需要做的准备工作。

14.1.1 设计理念

首页设计得漂亮与否直接决定买家对该店铺印象的好坏。

现在店铺追求的是个性、动感、潮流和风格，再也不是那个人云亦云，别人走什么路我们也跟着走的时代了，怎样布局才能跟得上这股时尚风呢？

韩流风格：韩国的电视剧让无数中国女性为之痴迷，因此韩国女性的着装风格也被许多中国女性效仿，如何将店铺装修出韩国风味，如图14-1所示。

图14-1 韩流风格

森女文艺范：文艺范中加些森女的味道，那怎样将店铺装修出这样的味道呢？如图14-2所示。

清新百搭：这样的店铺有很多，但是装修出这种味道的店铺不多，如图14-3所示。

店铺风格可以多种多样，甚至可以是促销风格，但要做好产品定位，了解自己的产品到底吸引了哪一部分的群体，产品的亮点在哪，要懂得抓亮点去营销。我们需要做的就是找到适合自己店铺的风格，然后不断地装修店铺、改善店铺，去接近自己理想的风格。

图14-2　森女文艺范

图14-3　清新百搭

14.1.2　装修素材

在店铺装修前期，我们需要准备很多素材图片以供使用。

首页背景素材要符合装修店铺的风格，本章我们要装修的是女性店铺。

在选择背景图片时切忌图片颜色过多、过花，否则会影响美感。

首页效果预览，如图14-4所示。

下面我们来学习每个模块的制作，熟练掌握其制作方法和技巧。

图14-4　最终效果

14.2　模块设计与导航

在淘宝店铺中，每一个页面都是由多个模块

组成的，我们对网店的装修就是对每个模块的装修，本节我们将学习这些模块的设计和制作。

14.2.1 店招

店招是店铺的招牌，位于网店的顶端，一般包括店名、店铺公告信息等。默认的店招和导航是分开的，且导航不能删除。本节我们来学习店招的制作。

1. 店招制作

（1）新建一个宽度为950像素、高度为120像素的文档，设置前景色RGB为（239，224，203），按下快捷键“Alt+Delete”在文档中填充前景色，如图14-5所示。

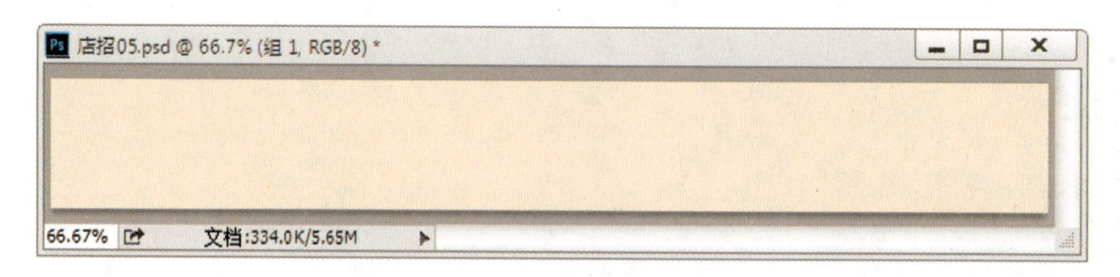

图14-5 新建文档

（2）打开素材，将其拖曳到文档中，降低图层透明度。

（3）创建“曲线”调整图层，调整预设为“增加对比度”，如图14-6所示。

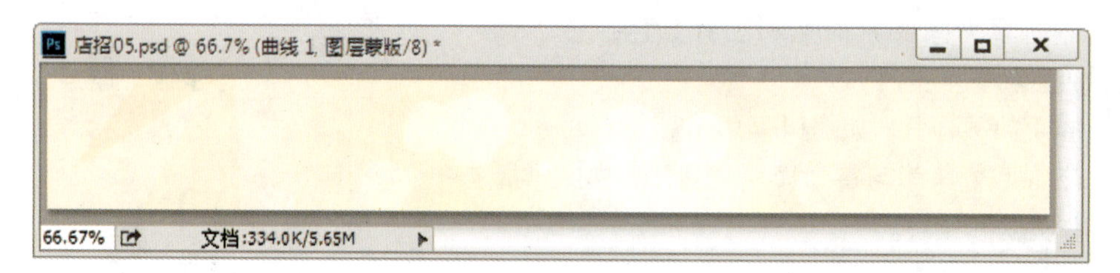

图14-6 增加对比度

（4）单击“文字工具”，输入文本“时尚新品”和“FASION,JUST FOR YOUR!”，分别调整文字大小和颜色。

（5）单击“文字工具”，输入文本“新品上架”、“热门爆款”、“特价清仓”。

（6）单击“直线工具”，绘制直线，放置在文字之间，效果如图14-7所示。

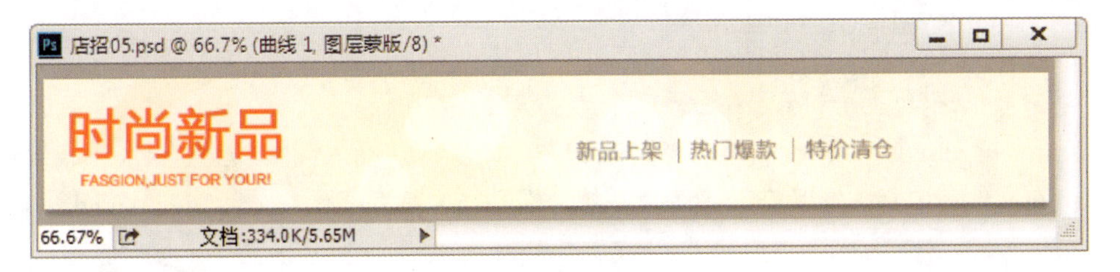

图14-7　输入文本

（7）单击“圆角矩形工具”绘制两个圆角矩形，在上面输入文字“NEW”和“HOT”，如图14-8所示。

图14-8　绘制圆角矩形

（8）单击“自定义形状”工具选择梅花形状，并在形状上绘制两个圆形，描边一个实线效果，一个虚线效果。

（9）单击“矩形工具”，绘制矩形，并调整形状，如图14-9所示。

图14-9　绘制收藏图标

（10）单击“文字工具”，输入文本“收藏”和“Book mark”，调整文本的大小、形状及颜色，如图14-10所示。

到此，我们就完成了店招的制作，存储文件，并将文件上传到图片空间。

图14-10　输入文本

2. 设置热点链接

下面我们来学习为一张图片设置多个热点链接。

（1）打开Dreamweaver软件，新建html文件，执行“插入”>“图像”命令，弹出对话框，在文件名中粘贴图片空间的图片链接，在文档中插入图像，如图14-11所示。

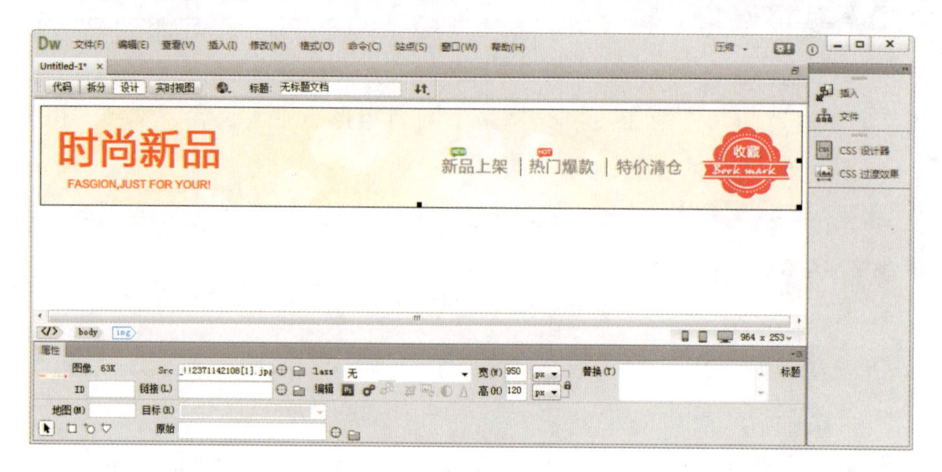

图14-11 插入图像

（2）在属性面板上输入“地图“的名称，单击“矩形热点工具”按钮，如图14-12所示。

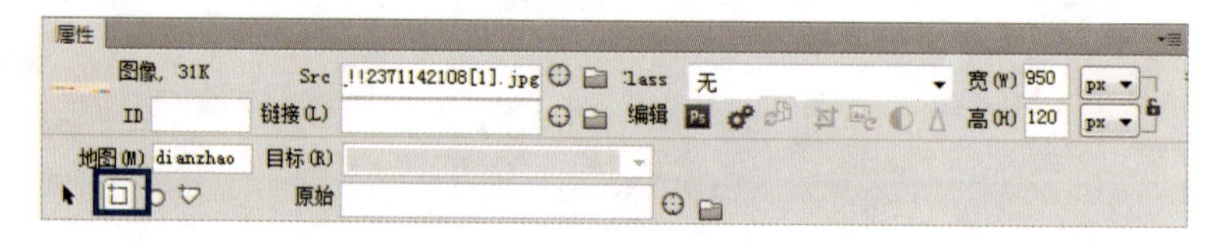

图14-12 矩形热点工具

（3）在图像上绘制热点区域，如图14-13所示。

图14-13 绘制热点区域

（4）在“属性”面板上单击“指针热点工具”按钮，选择不同的热点区域，在“属性”面板的“链接”文本框中添加链接，如图14-14所示。

图14-14　添加链接

（5）设置好所有的链接，单击“代码”按钮，切换到代码视图，删除系统生成的代码，保留店铺装修所需的代码，如图14-15所示，图中被选中的代码为保留下来的代码。

```
1  <!doctype html>
2  <html>
3  <head>
4  <meta charset="utf-8">
5  <title>无标题文档</title>
6  </head>
7
8  <body>
9  <img src="file:///C|/Users/fang/AppData/Local/Microsoft/Windows/Temporary Internet
   Files/Content.IE5/BH39K6M2/TB2qdpgbVXXXXarXXXXXXXXXXXX_!!2371142108[1].jpg" alt="" width=
   "950" height="120" usemap="#dianzhao"/>
10 <map name="dianzhao">
11   <area shape="rect" coords="15,9,391,109" href="http://cgfang.taobao.com/">
12   <area shape="rect" coords="706,88,783,115" href="http://cgfang.taobao.com/">
13   <area shape="rect" coords="788,91,867,115" href="http://cgfang.taobao.com/">
14   <area shape="rect" coords="871,89,950,115" href="http://cgfang.taobao.com/">
15 </map>
16 </body>
17 </html>
```

图14-15　代码

（6）执行“文件”>“保存”命令，将文件保存为“html”格式，方便以后店铺装修使用。

14.2.2　页头背景

根据店招的制作，下面我们来学习页头背景的制作。

（1）新建一个宽度为300像素、高度为150像素的文档，设置填充颜色RGB为（252，243，220）。

（2）单击“矩形工具”，设置填充颜色为RGB（206，49，44），创建一个高度为30像素、宽度为300像素的矩形。

（3）选择矩形层和背景层，单击“对齐工具”，进行底部对齐，效果如图14-16所示。

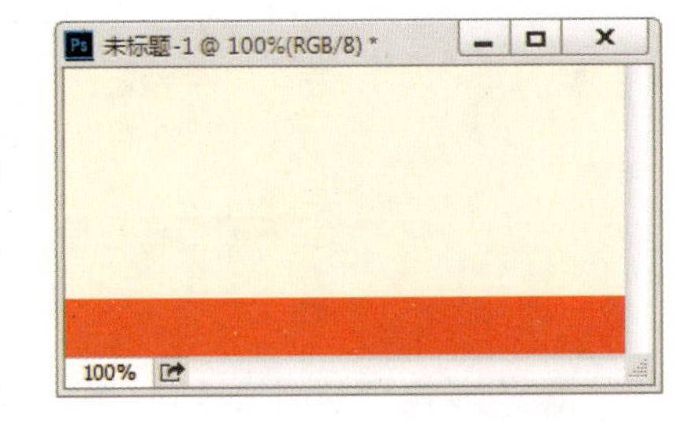

图14-16　对齐

完成了页头背景的制作，保存文件格式为JPEG格式。

14.2.3 固定背景

下面我们来学习固定背景的制作。

（1）新建一个宽度为1980像素、高度为1080像素的文档，设置背景为白色。

（2）打开二维码素材，将其拖曳到文档中，调整到合适的位置，输入文本“扫一扫更优惠”和“手机专享折扣”，如图14-17所示。

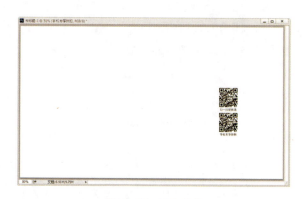

图14-17 固定背景

制作好了固定背景，保存文件并将其上传到图片空间。

14.2.4 全屏海报

下面我们来学习全屏海报的制作。

（1）新建宽度为1920像素、高度为600像素的文档，填充前景色RGB为（247，231，216）。

（2）打开素材，将素材拖曳到背景中，调整透明度，效果如图14-18所示。

图14-18 新建文档

（3）单击“椭圆工具”，设置描边颜色为白色，填充为无，在文档中绘制正圆形，执行“滤镜”>“高斯模糊”命令，设置模糊参数为10像素。

（4）将圆形图层的不透明度降低为30%，复制圆形图层，如图14-19所示。

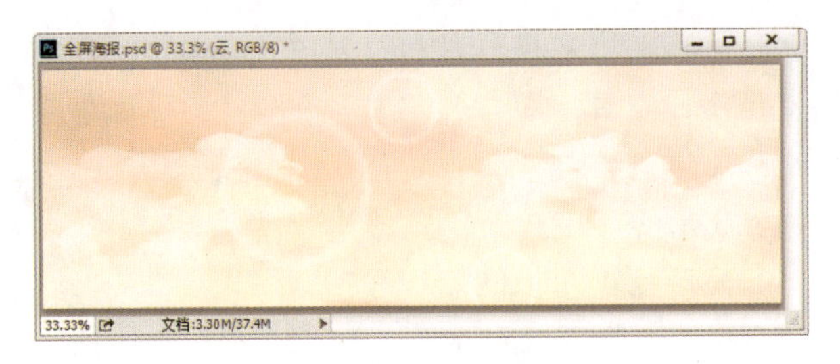

图14-19　复制圆形图层

（5）打开光效背景素材，将其拖曳到图层中，设置模式为“变亮”，不透明度为60%，如图14-20所示。

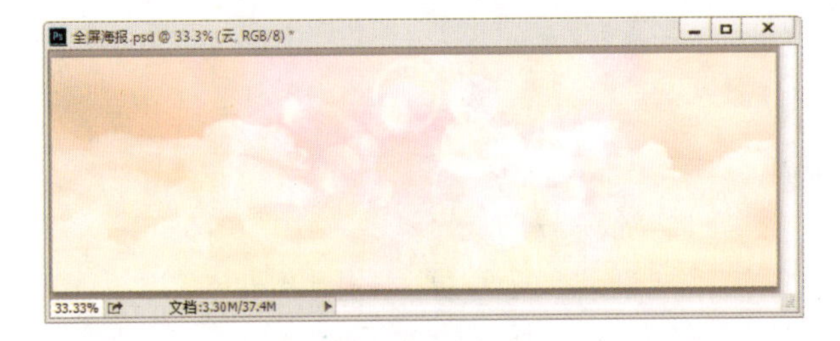

图14-20　叠加素材

（6）单击“文字工具”输入文本“2017新春特惠”。

（7）单击“矩形工具”绘制红色矩形，单击“文字工具”在矩形上输入文本“火拼到底”和“年底大促狂欢节”，如图14-21所示。

图14-21　输入文本

（8）单击“椭圆工具”绘制正圆形，复制一个正圆形并设置描边效果，单击“钢笔工具”在圆形上绘制三角形。

（9）单击“文字工具”输入文本“全民疯抢”，如图14-22所示。

图14-22　绘制促销标签

（10）打开模特素材，使用钢笔工具抠图，并将其拖曳到文档中，效果如图14-23所示。

完成全屏海报的制作，保存文件并将其上传到图片空间。

图14-23　最终效果

14.2.5　优惠券制作

下面我们来学习优惠券的制作。

（1）新建一个宽度为1920像素、高度为100像素的文档，设置填充背景色RGB为（255,37,67），如图14-24所示。

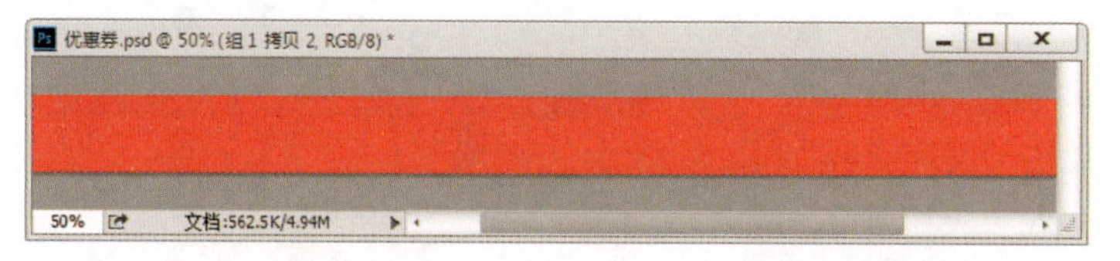

图14-24　新建文档

（2）单击“矩形工具”绘制矩形，在矩形上输入文本“活动优惠”及时间，如图14-25所示。

图14-25　输入文本

（3）单击“文字工具”，输入“优惠券”及其他文本，单击“矩形工具”，绘制“立即领取”的底部形状，如图14-26所示。

图14-26　制作优惠券

（4）复制优惠券图层，并修改优惠券信息，效果如图14-27所示。

图14-27　最终效果

完成优惠券的制作，存储文件并上传到图片空间。

14.2.6　展示模块设计

展示模块一般放在海报图片下面，可以用于推荐特价商品、热卖商品等。

1. 展示模块设计

下面我们来学习展示模块的制作。

（1）新建一个宽度为950像素、高度为440像素的文档，设置背景为白色，单击“矩形工具”，绘制5个矩形，并设置每个矩形的填充色彩，如图14-28所示。

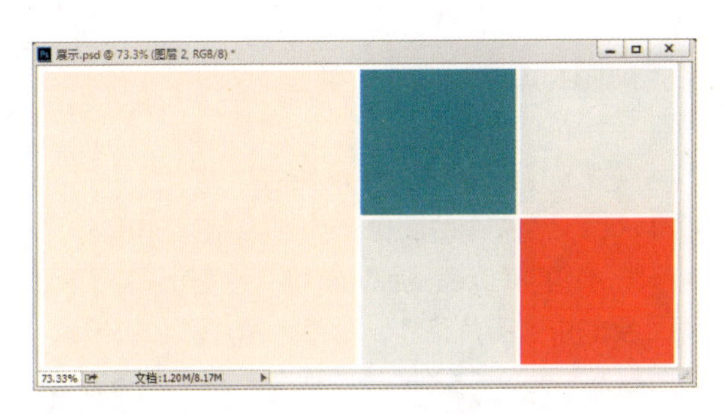

图14-28　新建文档

（2）单击“文字工具”，分别在每个矩形上输入文本，如图14-29所示。

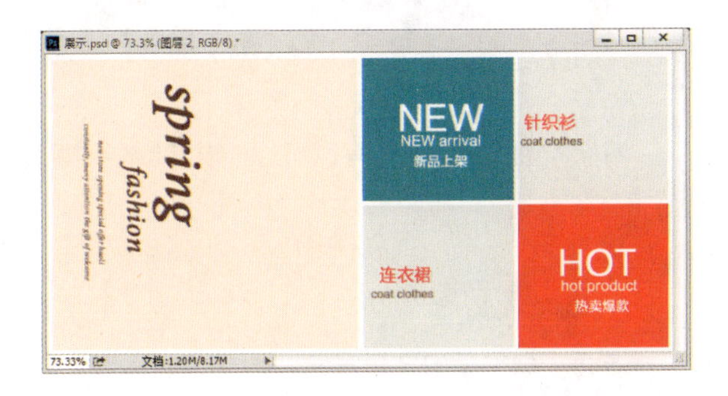

图14-29　输入文本

（3）打开素材，给素材抠图，并将其拖曳到矩形层上，成为矩形的剪贴蒙版，效果如图14-30所示。

完成展示模块的制作，并保存文件。

图14-30 最终效果

2. 切片的制作与链接的添加

（1）制作完展示模块后，选择“切片工具”对图像进行切片，如图14-31所示。

（2）执行“文件”>“存储为Web所用格式”命令，弹出对话框，单击“存储”按钮，存储文件为“html和图像”格式，单击“保存”按钮，存储文件。

图14-31 切片

（3）打开存储文件的路径，将images文件夹中的图像上传到图片空间中。

（4）打开Dreamweaver软件，打开保存的网页文件，将网页文件中的图片路径替换为图片空间中的图片路径，给每个图片添加链接。

（5）执行“文件”>“保存”命令，保存修改。

14.2.7 宝贝展示模块设计

淘宝店铺讲究小而美，可以将宝贝展示模块设计得个性化，以更好地展示店铺商品。

1. 宝贝展示模块制作

下面我们来学习宝贝展示模块的设计。

（1）新建一个宽度为950像素、高度为1050像素的文档，设置填充背景色彩RGB为（240，220，200）。

（2）单击“矩形工具”，创建矩形，设置填充色彩为白色。再创建一个米黄色的矩形，如图14-32所示。

（3）单击“矩形工具”，创建矩形“按钮”，输入“HOT”及价格等文本，如图14-33所示。

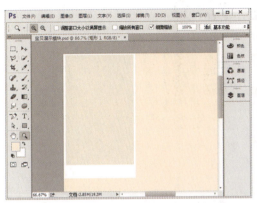

图14-32　新建文档

图14-33　输入文本

（4）打开素材，将人物从背景中抠出，并将其拖曳到矩形中，成为矩形图层的剪贴蒙版，如图14-34所示。

（5）将制作第一个宝贝所用到的图层编组，复制组并替换商品，如图14-35所示。

图14-34　宝贝素材

图14-35　复制组

（6）同样复制组，制作多行宝贝展示，最终效果如图14-36所示。

图14-36　最终效果

制作完成后保存文件。

2. 切片的制作与链接的添加

（1）制作完宝贝展示模块后，选择“切片工具”对图像进行切片，如图14-37所示。

（2）执行“文件”>“存储为Web所用格式”命令，弹出对话框，单击“存储”按钮，存储文件为“html和图像”格式，单击“保存”按钮，存储文件。

（3）打开存储文件的路径，将images文件夹中的图像上传到图片空间中。

（4）打开Dreamweaver软件，打开保存的网页文件，将网页文件中的图片路径替换为图片空间中的图片路径，并分别给每个宝贝添加链接。

图14-37　切片

（5）执行“文件”>“保存”命令，保存修改。

14.2.8　页尾设计

页尾起到店铺导航的作用，可以添加发货信息等展示。

1. 页尾制作

下面我们来学习页尾的制作。

（1）新建一个宽度为950像素、高度为170像素的文档，填充米黄色背景。

（2）单击“矩形工具”在文档中创建宽度为950像素、高度为30像素的矩形导航，并与背景顶部对齐，如图14-38所示。

图14-38 新建文档

（3）单击“文字工具”输入导航文字。

（4）单击“直线工具”绘制导航的分隔符，如图14-39所示。

图14-39 制作导航

（5）单击“文字工具”，输入“温馨提示”等文本内容，如图14-40所示。

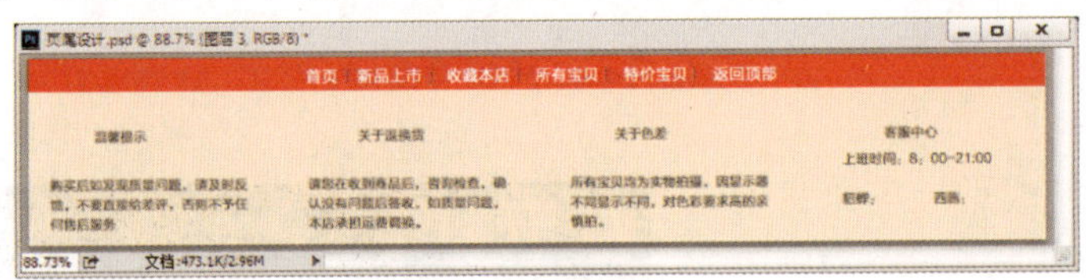

图14-40 输入文本

（6）单击“直线工具”绘制分隔符，设置填充颜色为白色。

（7）打开旺旺图标素材，将其拖曳到文档中，效果如图14-41所示。

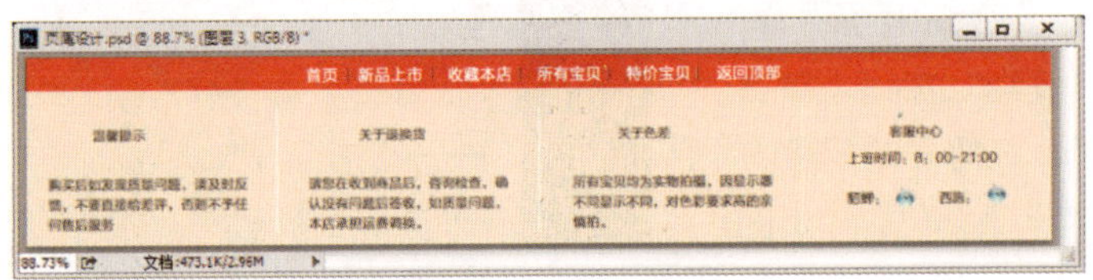

图14-41 最终效果

完成页尾的制作，存储文件。

2. 切片的制作与链接的添加

（1）制作完页尾后，选择“切片工具”对图像进行切片，如图14-42所示。

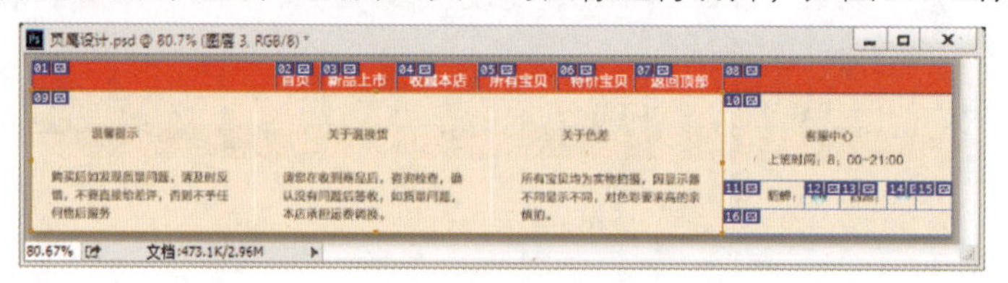

图14-42 切片

（2）执行“文件”>“存储为Web所用格式”命令，弹出对话框，单击“存储”按钮，存储文件格式为“html和图像”，单击“保存”按钮，存储文件。

（3）打开存储文件的路径，将images文件夹中的图像上传到图片空间中。

（4）打开Dreamweaver软件，打开保存的网页文件，将网页文件中的图片路径替换为图片空间中的图片路径。

（5）在旺旺图标表格中插入旺旺代码（参照第7章第3节）。

（6）执行“文件”>“保存”命令，保存修改。

14.3 装修店铺

模块制作完成后，下面我们来学习将制作的模块装修到店铺中去。

首先对店铺进行整体装修，下面我们来学习整体装修的方法。

（1）进入“店铺装修”页面，单击“页面装修”按钮，单击左侧的“配色”，在打开的配色方案中选择“粉红色”样式，如图14-43所示。

图14-43 选择配色

（2）单击左侧“页头”按钮，在“页头设置”选项卡中，单击“更换图片”按钮，在弹出的对话框中选择前面制作的页头背景，如图14-44所示。

图14-44　背景设置

（3）单击“保存”按钮完成页头背景设置。

（4）单击“装修”下拉菜单中的“页面管理”选项，在店招模块的右上角单击“编辑”按钮，如图14-45所示。

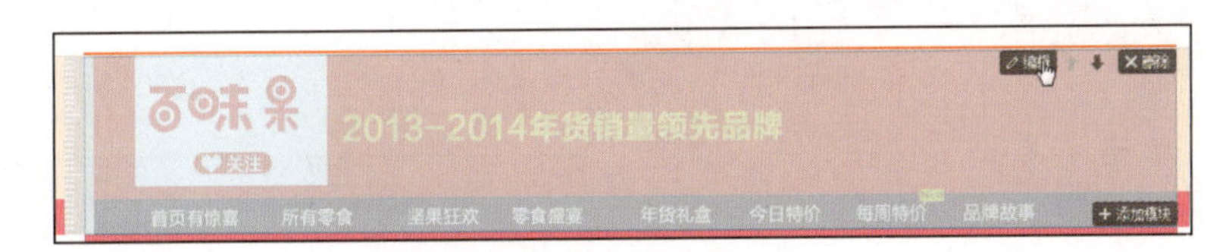

图14-45　编辑

（5）在弹出的对话框中单击“源码”图标，将里面的所有代码删除，并粘贴之前生成好的店招代码，效果如图14-46所示。

图14-46　店招模块

（6）单击“保存”按钮，完成店招模块的制作。

（7）在导航菜单上单击“编辑”按钮，弹出“导航”对话框，选择“显示设置”，在文本框中输入固定背景的代码，在图片地址处粘贴图片空间里背景图片的链接，如图14-47所示。

（8）单击“自定义区”，并拖曳到页面编辑中，如图14-48所示。

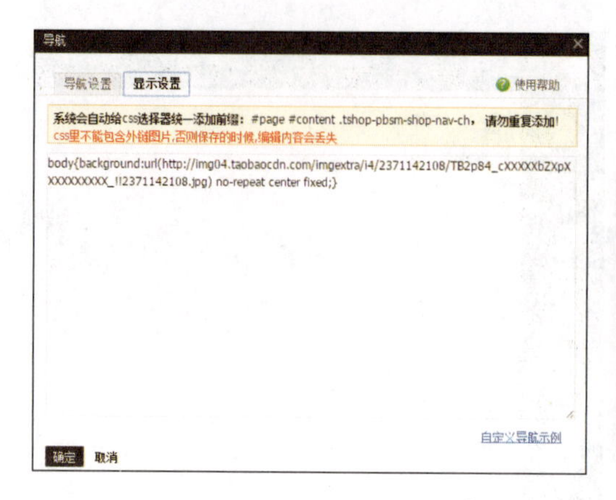

图14-47　显示设置

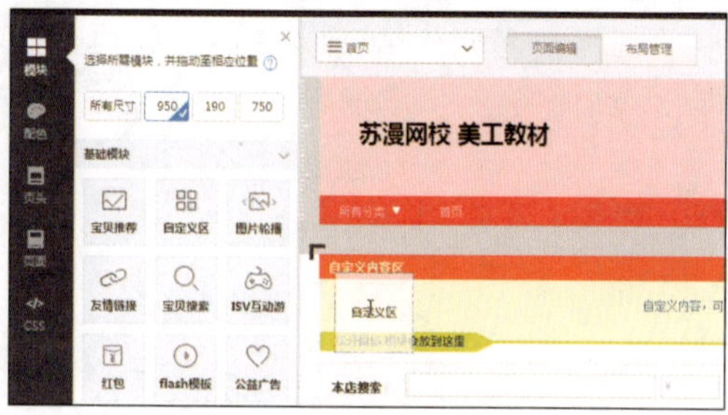

图14-48　添加模块

（9）单击“自定义内容区”右上角的“编辑”按钮，如图14-49所示。

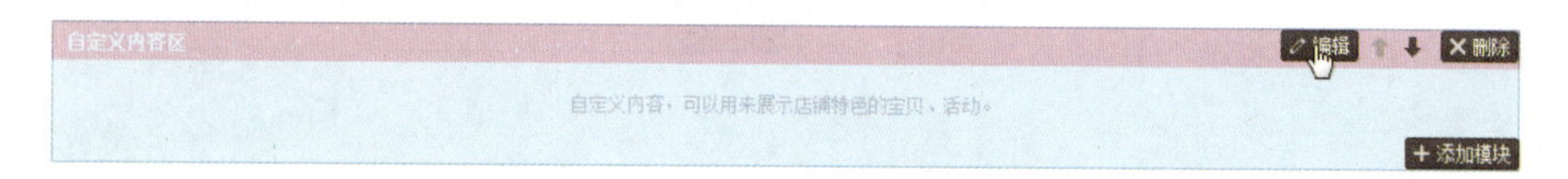

图14-49　编辑自定义内容区

（10）单击“源码”按钮，在文本区域中输入全屏海报代码和优惠券代码，单击“确定”按钮，效果如图14-50所示。

（11）再次添加“自定义内容区”模块，将展品的展示代码粘贴到源码文本区域中，效果如图14-51所示。

（12）用同样的方法添加商品展示，将商品的展示代码粘贴到源码文本框中，效果如图14-52所示。

图14-50　全屏海报和优惠券

图14-51　自定义内容

图14-52　商品展示

（13）最后将页尾的代码装修到店铺中，效果如图14-53所示。

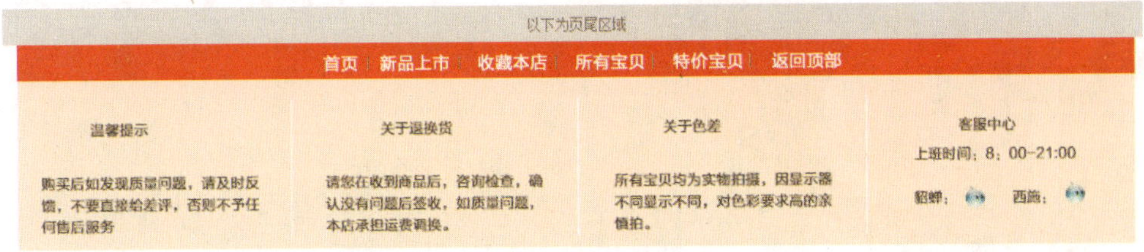

图14-53　页尾

本章我们学习了店铺装修中每个模块的制作，并将制作好的模块装修到店铺中。但这还不够，我们仍需要定期地修改模块，不断地完善店铺。

15

第 15 章

产品修图

修图是一门专业的技术，如果一张图片中包含不同元素、不同材质的内容，我们需要对图片的不同元素、不同材质进行分块修图处理，以达到完美的效果。

15.1　产品修图

不同的材质在光影和颜色上会互相影响，因此各部分之间就会多多少少有些偏色，各部分之间还会映射周围其他部分的影子，修图时哪些部分需要保留，哪些部分需要去除，都是需要考虑的重点。如果只是照着原结构去画而不考虑原始光影，做出来的结果会比较怪异。

下面我们来学习产品的修图。

（1）打开我们拍摄好的图片，如图15-1所示。

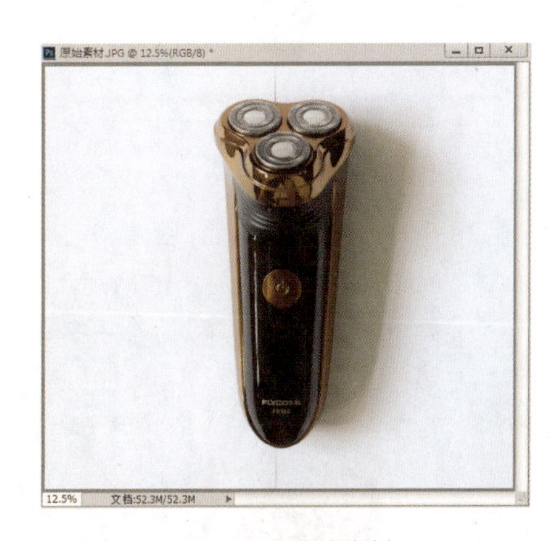

图15-1　原始素材

原始素材存在三个问题：

一是我们没有正对着拍，我们需要保持剃须刀的结构清晰，剃须刀上的文字会在后期重新制作。

二是照片的偏色问题，我们在修图过程中勾勒出来的线和光带是无偏色的，我们会逐步修正原始照片的颜色，并且在最后一步还会进行整体调色。

三是产品上部分有缝隙，我们会在后期进行优化。

修图最重要的是看结构，图中已经用箭头标明，这个剃须刀分为五部分。

我们修图的方向是，先认清产品的结构是什么，然后分三大步完成，校正形状，塑造各部分轮廓，塑造各部分表面。

我们先要把剃须刀的五部分用钢笔工具抠取出来，形成5个各自不同的工作路径，每次需要修改各部分时，就选择各自的工作路径。

（2）按快捷键“Ctrl+R”打开标尺，拖曳参考线，拖曳出中心线，然后在左右两边拖曳出竖向的参考线，在从顶部和底部拖曳出横向参考线。

（3）我们看的图片有点倾斜，选择图片层，按快捷键“Ctrl+T”，对图片进行选择，如图15-2所示。

（4）打开路径面板，单击新建路径。双击路径层修改名称为“顶部结构”。

（5）选择钢笔工具，我们下面对产品进行路径选区制作。如图17-3所示。

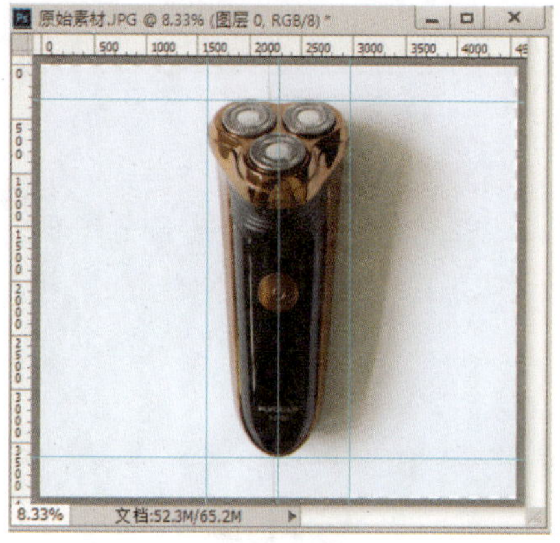

图15-2　添加参考线　　　　图15-3　绘制顶部金属形状路径

（6）打开路径面板，新建路径。修改名称为“两侧结构”。选择钢笔工具，我们下面对产品进行抠图。如图15-4所示。

（7）同样的方法，我们绘制中间部分、中间圆形结构和刀头结构路径，如图15-5所示。

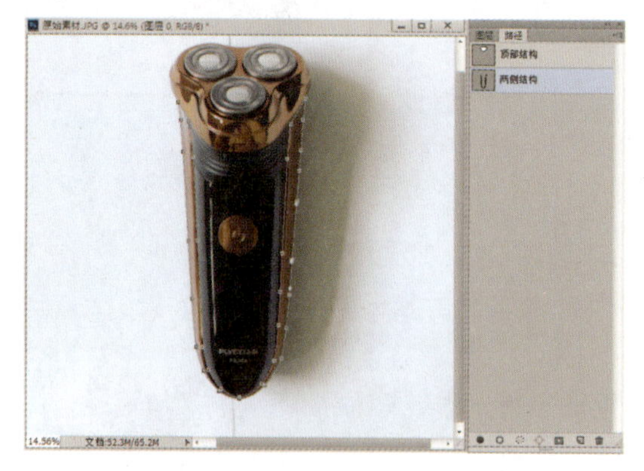

图15-4　绘制两侧路径　　　　图15-5　绘制其他部分路径

（8）在路径面板中选择顶部结构层，按“Ctrl”键，单击顶部路径层，执行“选择”>“修改”>“羽化”命令，将羽化数字调整为0.5，单击图层面板，选择素材层，按快捷键“Ctrl+J”将选区复制为单独的图层，如图15-6所示。

（9）同样的方法，我们复制中间部分和两侧部分为单独的工作图层，也要将其羽化0.5像素，这样边缘既不模糊，也不会显示得太生硬。

（10）关闭背景图层，新建纯色层，颜色为深褐色，如图15-7所示。

图15-6　复制图层

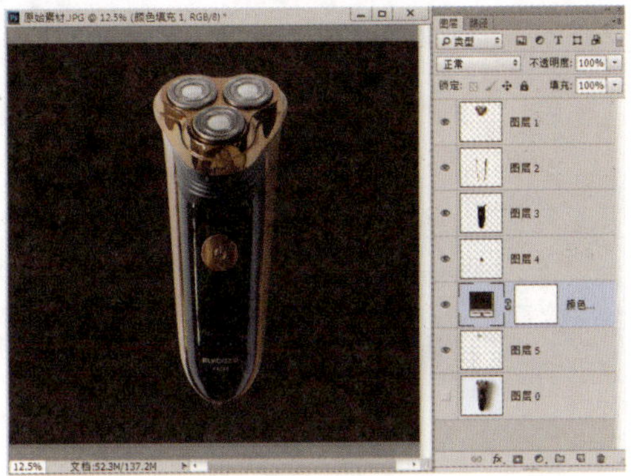

图15-7　复制路径图层

（11）新建曲线调整图层，将其设置为顶部图层的剪贴蒙版，这样调整颜色只对顶部的形状起作用，然后我们调整曲线，对RGB曲线提高，分别对每个通道进行调整，效果如图15-8所示。

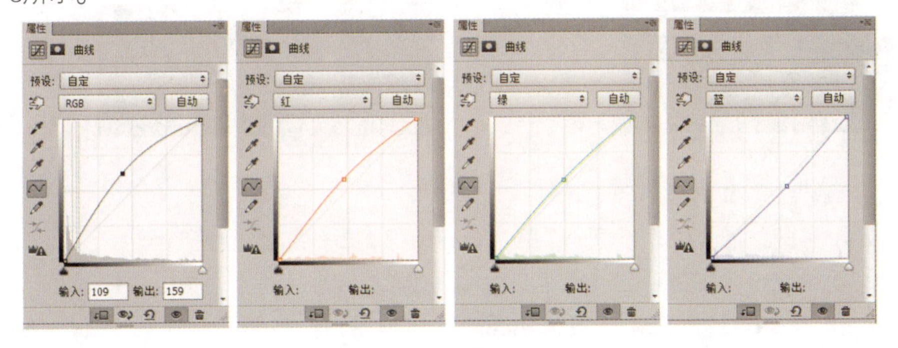

图15-8　曲线调整颜色

（12）调整后的效果如图17-9所示。

（13）我们看到剃须刀头部是金属，金属的反射很强，右侧有一块很暗，中间一块反射很强，我们需要对这块选区进行修复。复制图层1和曲线调色图层，然后按“Ctrl+E”快捷键进行合并，执行“滤镜”>“模糊”>“高斯模糊”命令，数字设置为15，我们对复制的图层进行模糊，如图15-10所示。

（14）单击画笔工具，在图层上面绘制，将暗的部分画亮些，将反射的区域绘制统一，效果如图15-11所示。

（15）单击蒙版按钮，在图层上创建蒙版，用画笔在蒙版上绘制，让暗部和中间反射区域显示出来，其他不显示，效果如图15-12所示。

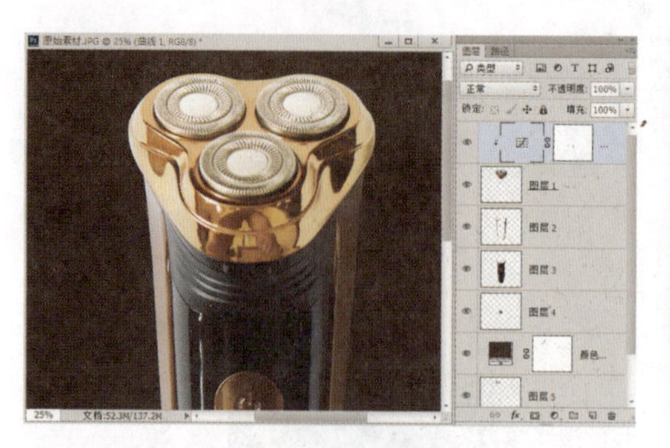

图15-9 曲线调整后的效果

图15-10 高斯模糊

图15-11 画笔绘制

图15-12 图层蒙版

（16）打开路径面板，新建一个路径，在顶部转折的结构绘制路径。

（17）新建一个图层，选择画笔，大小为3像素，颜色选择淡黄色，打开路径面板，按下“Alt”键并单击描边（描边按钮在路径面板下面一排第二个按钮），弹出描边选项，工具选择画笔，勾选模拟压力，如图15-13所示。

（18）描边后的效果如图15-14所示。

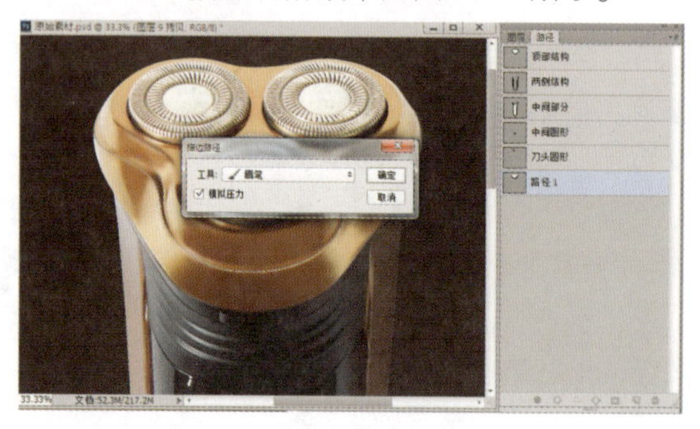

图15-13 路径描边

图15-14 路径描边后的效果

（19）最上面的转折边缘有些暗，我们要对它进行处理，新建图层，选择画笔工具在边缘绘制，效果如图15-15所示。

（20）复制上面边缘的描边图层，向下移动，添加高斯模糊10像素，图层模式修改为叠加，效果如图15-16所示。

图15-15　描边效果

图15-16　添加高斯模糊效果

（21）选择“渐变工具”，渐变颜色设置为黑色到白色到灰色，如图15-17所示。

（22）新建图层，在图层上绘制一个渐变效果，创建蒙版，选择画笔在蒙版上绘制，让正面的金属光泽显示，如图15-18所示。

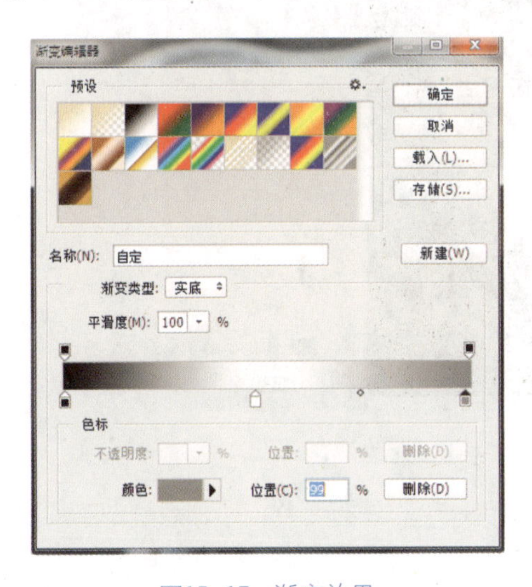

图15-17　渐变效果

图15-18　添加渐变

（23）将顶部修图的图层选中，按快捷键“Ctrl+G”，对图层进行编组。打开金属拉丝纹理，拖曳到组上，单击剪贴蒙版，图层属性修改为叠加。

（24）创建图层蒙版，单击画笔，在蒙版上绘制，让局部位置显示金属拉丝效果。这样顶部的修图就完成了。如图15-19所示。

图15-19　叠加金属纹理

（25）将顶部刀头的单独的图层移动到最上面，如图15-20所示。

图15-20　移动刀头图层到最上面

（26）选择刀头的三个图层，按快捷键“Ctrl+E”，进行合并，添加色阶调整图层，对刀头的对比度进行调整，输入色阶调整为38、1.49、219，如图15-21所示。

（27）这样就完成了刀头的调整，如图15-22所示。

（28）下面我们调整两侧的金属效果，找到两侧结构的单独图层，添加曲线调整图层，执行“菜单”>“剪贴蒙版”命令，创建剪贴蒙版，调整曲线，效果如图15-23所示。

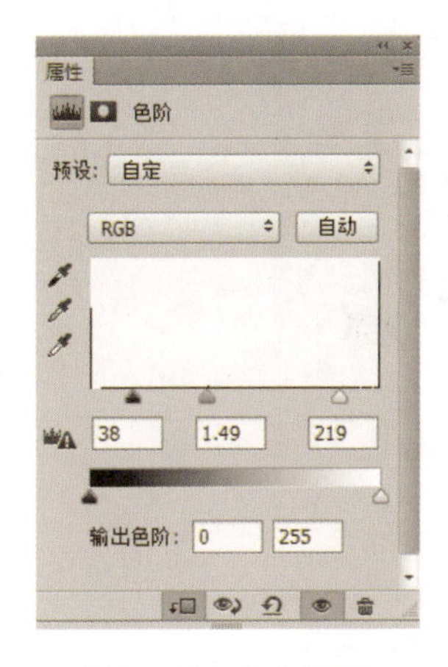

图15-21　色阶调整

图15-22　调整刀头效果

（29）两侧上面的结构偏亮，下面我们来加暗，新建图层，创建剪贴蒙版，单击渐变工具，在图层上绘制渐变，调整编辑的颜色为从深黄色到黄色的渐变，如图15-24所示。

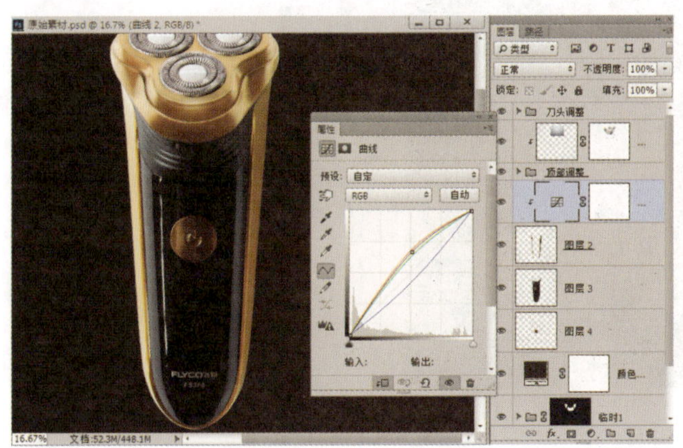

图15-23　创建剪贴蒙版

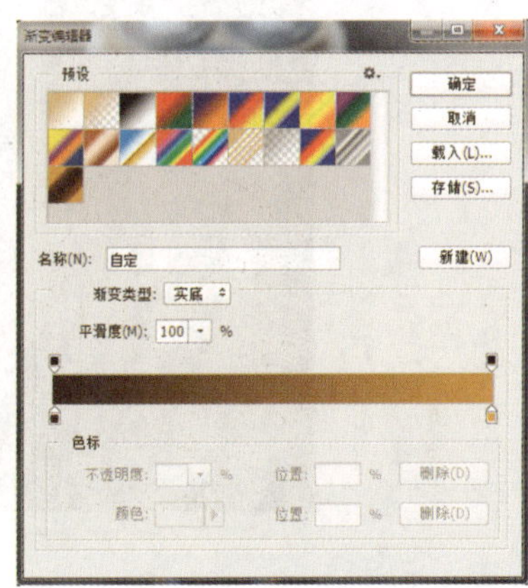

图15-24　调整渐变

（30）在图层上拖曳渐变，创建图层蒙版，选择黑白渐变，在蒙版上拖曳，这样的两侧上面的结构就加暗了，效果如图15-25所示。

（31）选择渐变工具，设置颜色为黄色到黑色的渐变，在图层上拖曳渐变。这样就加了一个黄色到深黄色的渐变效果。

（32）在图层上创建蒙版，选择黑白渐变，在蒙版上拖曳，这样的两侧上面的结构就加暗了，效果如图15-26所示。

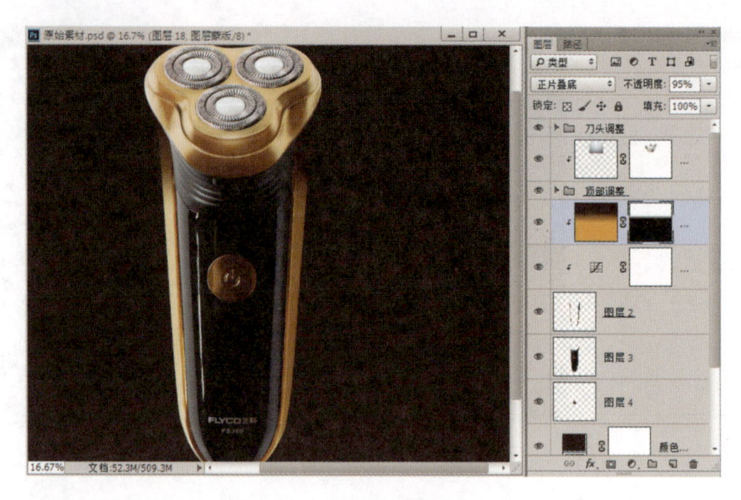

图15-25 渐变效果

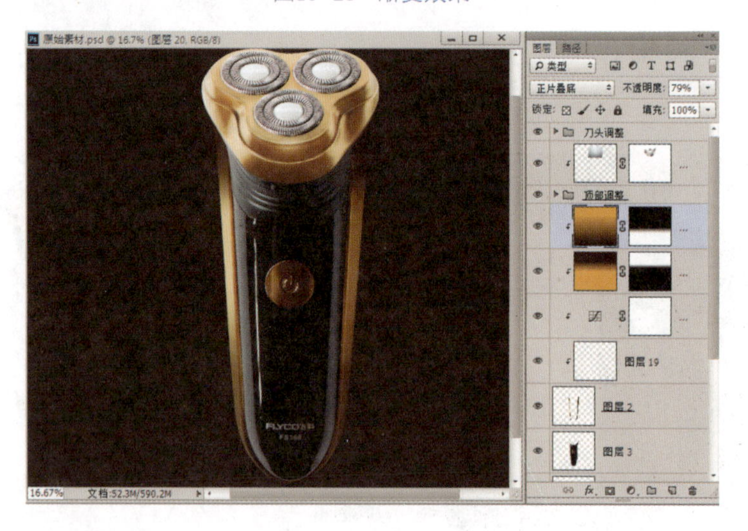

图15-26 底部加渐变

（33）打开路径面板，新建一个路径层，选择钢笔工具，在路径层上绘制转折结构，如图15-27所示。

（34）新建图层，选择画笔工具，画笔大小设置为3像素，单击路径面板上的描边按钮，给转折结构进行描边。

（35）新建图层，选择画笔工具，画笔大小设置为50像素，单击路径面板上的描边按钮，给转折结构进行描边。

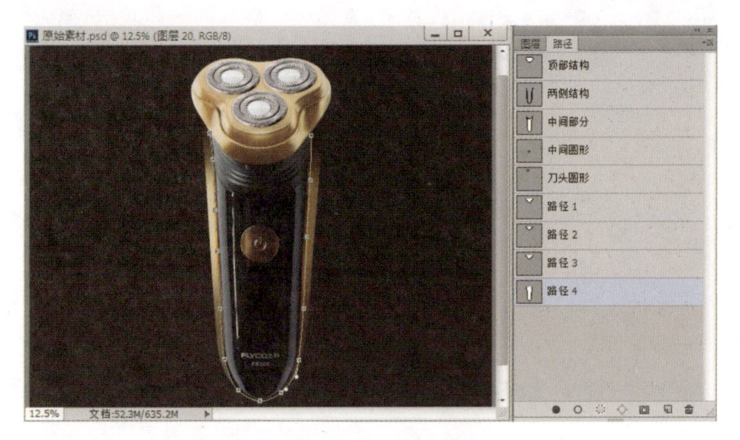

图15-27　钢笔绘制路径

（36）由于描边的像素比较大，按下“Ctrl”键并单击路径4，出现选区，然后反选，按下“Delete”键删除选区外的像素，效果如图15-28所示。

（37）选择图层，创建蒙版，给图层创建蒙版，选择画笔工具，颜色设置为黑色，在蒙版上绘制，效果如图15-29所示。

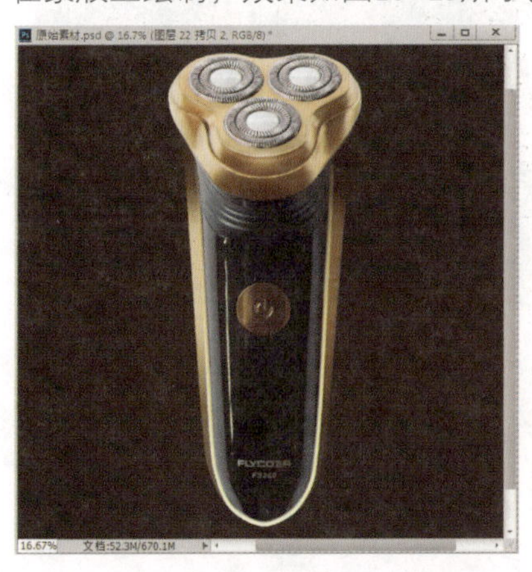

图15-28　路径描边

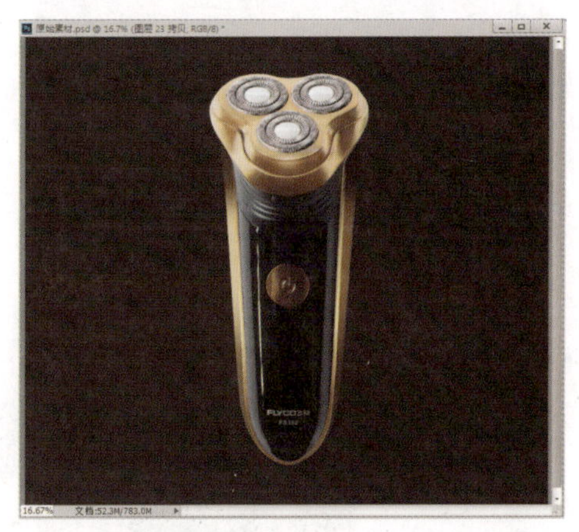

图15-29　修改描边效果

（38）在路径面板上新建路径层，选择钢笔工具，绘制一个路径，如图15-30所示。

（39）新建图层，选择画笔工具，颜色设置为淡黄色，单击路径面板上的描边按钮，给图层进行描边。

（40）新建图层，选择画笔工具，颜色设置为深黄色，单击路径面板上的描边按钮，给图层进行描边。按下快捷键“Ctrl+T”，对形状进行自由变换，调整位置，创建蒙版，使用画笔在蒙版上绘制，让局部受光区域显示。效果如图15-31所示。

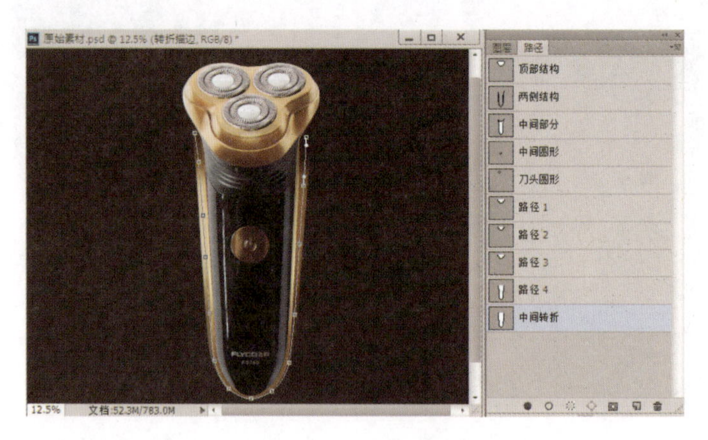

图15-30 钢笔绘制路径

我们对两侧结构修复的图层进行编组，这样就完成了两侧结构的修复，下面我们需要对中间部分进行修复。

（41）新建曲线调整图层，将中间的黑色材质调整暗些，效果如图15-32所示。

（42）新建图层，选择画笔工具，在图层上绘制，把局部亮的区域绘制暗些。把下面的文字也覆盖。如图15-33所示。

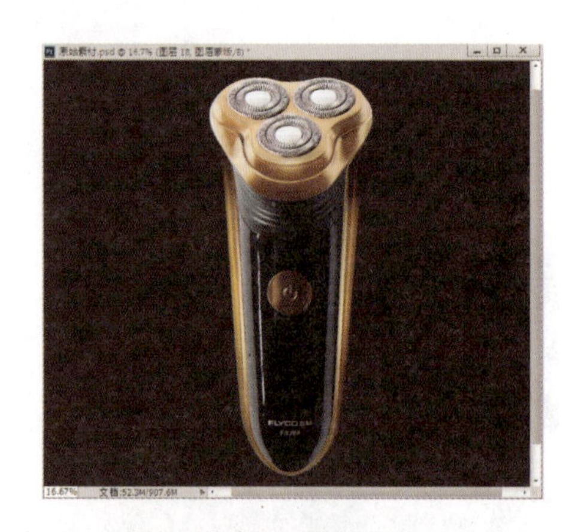

图15-31 路径描边

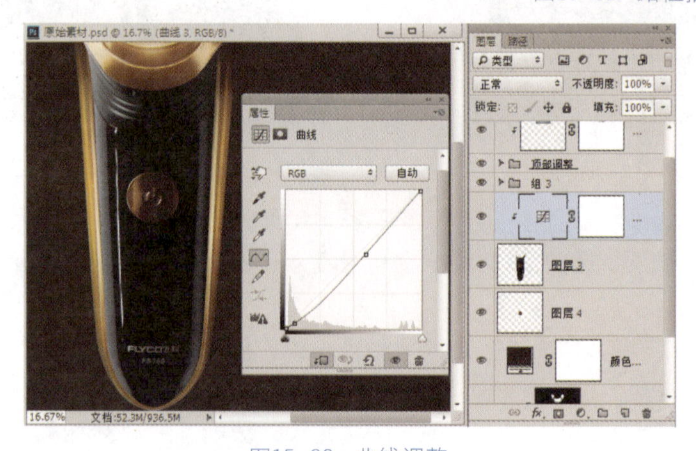

图15-32 曲线调整

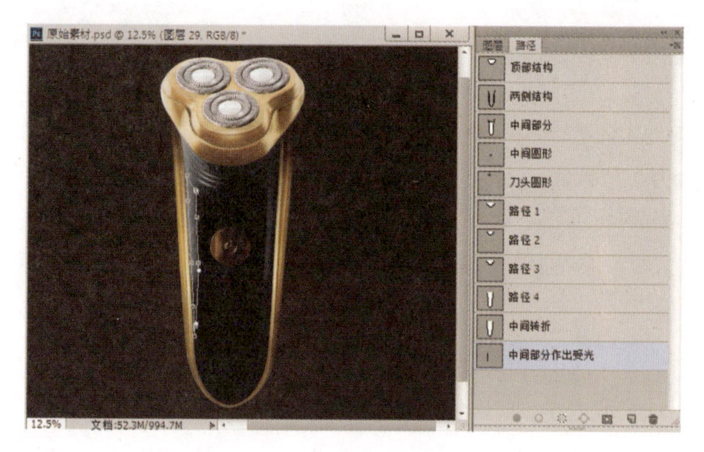

图15-33　绘制路径

（43）新建图层，在图层上绘制黑白渐变，然后使用蒙版，让局部的区域不显示，如图15-34所示。

（44）在右侧绘制反光区域，新建路径图层，选择钢笔工具，绘制反光的路径。

（45）新建图层，选择渐变工具，在上面拖曳渐变，创建蒙版，选择画笔工具在蒙版上绘制效果，让底部的颜色弱化，如图15-35所示。

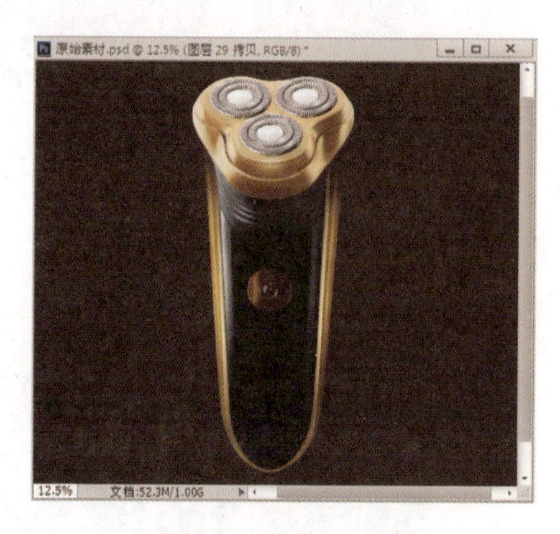

图15-34　添加白色渐变

图15-35　右侧添加反光渐变

（46）在路径面板绘制中间受光区域，效果如图15-36所示。

（47）按“Ctrl”键单击路径，生成选区，在图层面板上新建图层，选择画笔工具，绘制中间受光区域，或者使用简便工具和画笔结合，效果如图15-37所示。

（48）用同样方法绘制底部反光区域，效果如图15-38所示。

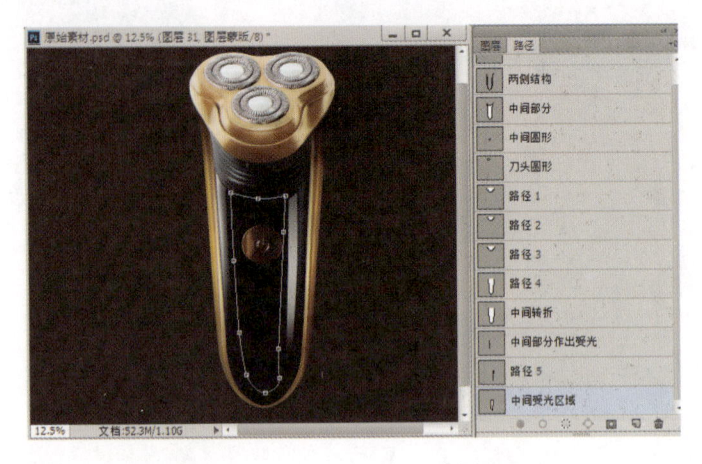

图15-36　绘制中间路径

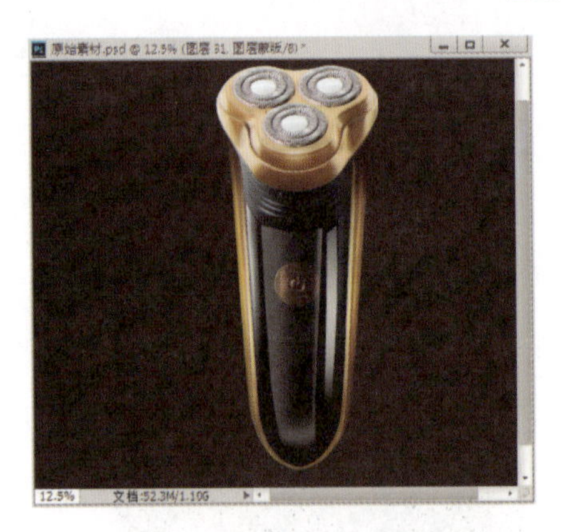

图15-37　绘制中间受光效果

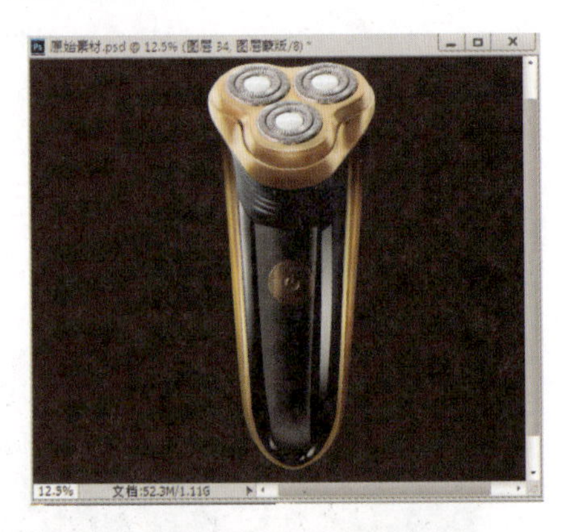

图15-38　绘制反光区域

（49）左侧部分的光照效果比较强，有三条高光结构线，右侧没有光照，我们复制选区，然后粘贴进行调整，如图15-39所示。

（50）这样完成了中间部分的修图，选择中间部分修图的图层，我们下面制作中间按钮，将中间按钮的图层移动到最上面，选择修补工具把上面的杂点修复，如图15-40所示。

（51）新建曲线调整图层，单击创建剪贴蒙版，调整曲线，将按钮亮度提高，效果如图15-41所示。

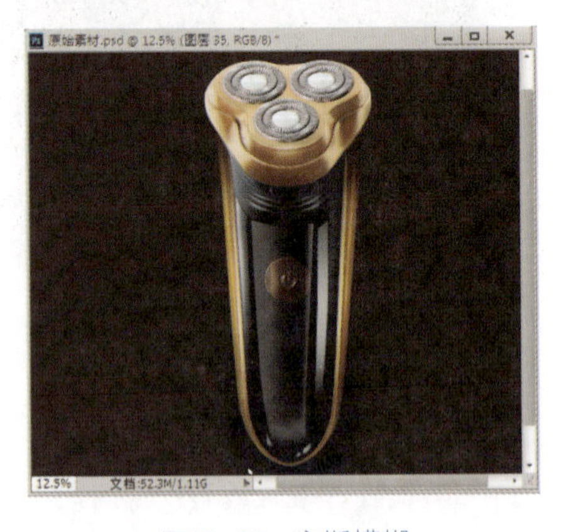

图15-39　高斯模糊

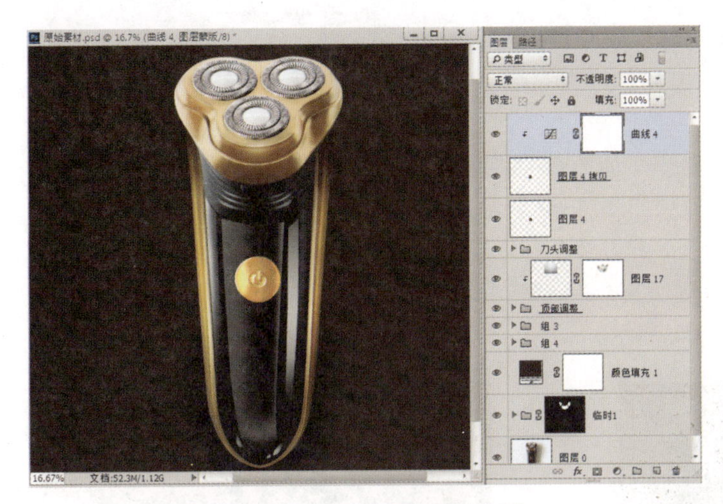

图15-40　按钮图层移动到上面

（52）选择圆形工具，填充颜色为黑色，描边颜色为白色，绘制圆形，设置投影效果，如图15-42所示。

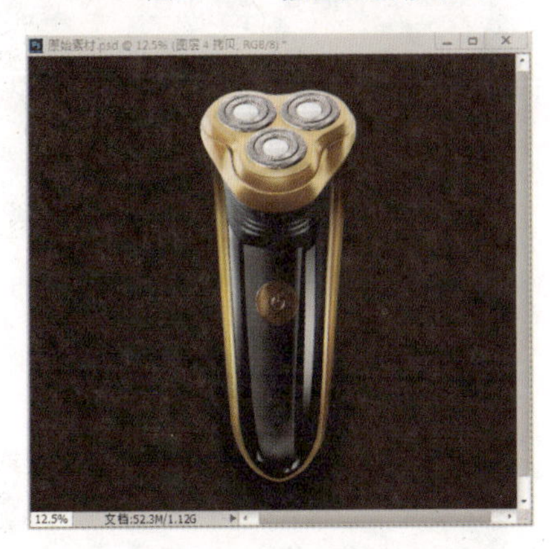

图15-41　曲线调整

图15-42　绘制圆形描边

（53）用同样方法绘制一个圆形，我们只设置描边为白色，填充关闭，绘制一个圆形图层，在图层上创建蒙版，选择画笔，将上面的描边擦除，效果如图15-43所示。

这样我们就完成了圆形按钮的修复。选择圆形按钮的制作图层，然后进行编组。

下面我们加入文字部分，文字部分可以选择相同的字体，直接输入文字，如果没有字体的话而是LOGO，我们需要使用钢笔工具描绘出形状，

图15-43　按钮效果

进行填色，也可以使用Illustrator软件中把形状勾出来，然后进行填充颜色。

（54）选择钢笔工具，勾出文字“FLYCO飞科”的形状，然后进行填充白色，移动到下面文字的位置。

（55）选择文字工具，选择字体为微软雅黑，输入文字“FS360”，按下快捷键“Ctrl+T”对文字进行倾斜，效果如图15-44所示。

（56）刀头上的文字太亮了，打开刀头的图层组，选择刀头图层，选择多边形工具，绘制文字部分选区，执行“编辑填充”>“填充”命令，在填充面板选择填充内容识别，这样就把文字覆盖了。如图15-45所示。

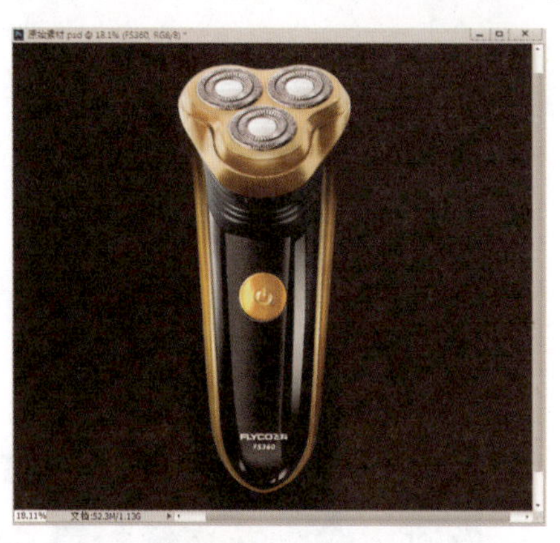

图15-44　添加文字

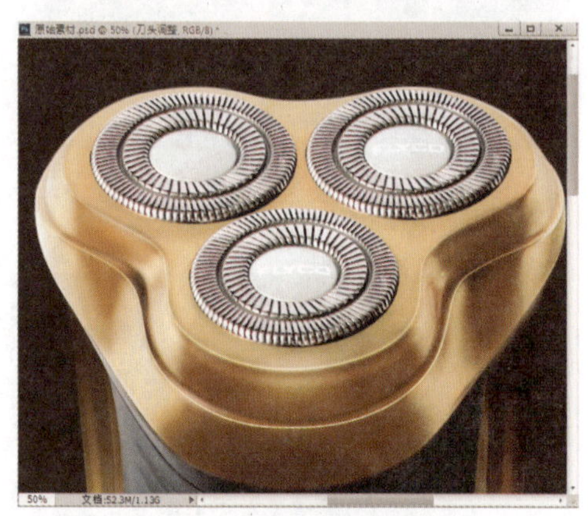

图15-45　填充内容识别

（57）把下面文字“FLYCO”复制一个图层，移动到最上面，按下快捷键“Ctrl+T”，对文字进行透视调整，修改颜色，如图15-46所示。

图15-46　调整文字透视

（58）用同样方法对其他两个刀头的文字进行调整，这样刀头的文字更明显。如图15-47所示。

（59）这样就对每部分都修复好了，下面要对整体进行调整，我们观察整张图片，最上面的部分饱和度有些低，选择最上面图层的组，在上面加一个调整图层，对颜色进行调整，效果如图15-48所示。

这样我们就完成了产品的修图。

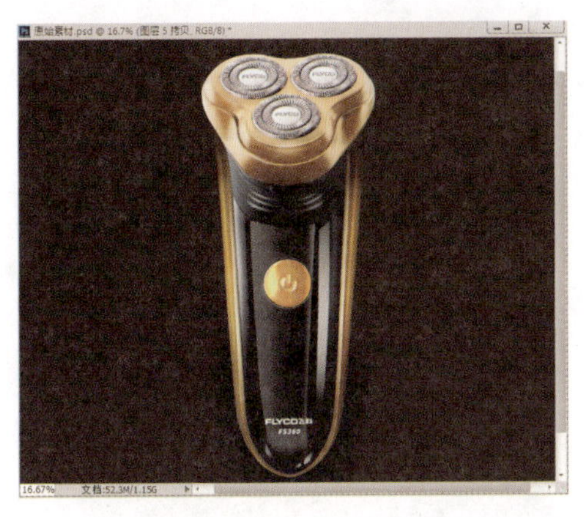

图15-47　文字修改完成

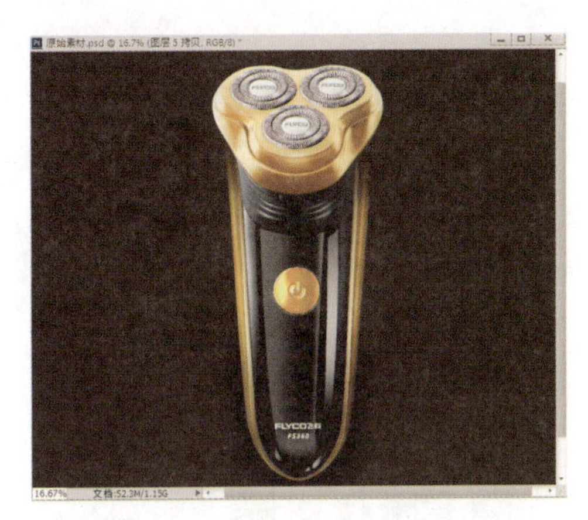

图15-48　最终效果

15.2　直通车主图

本节主要通过产品和文字效果的结合对直通车主图进行修图。

下面我们来学习直通车主图的制作。

（1）打开Photoshop软件，新建文档，长度和高度设置为800像素，选择渐变工具，颜色设置为黄色到深黄色的渐变，在文档上拖曳，渐变效果如图15-49所示。

（2）将我们修好图的文件拖曳到文档上，这里需要关闭背景，如图15-50所示。

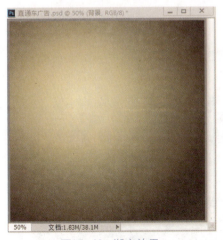

图15-49　渐变效果

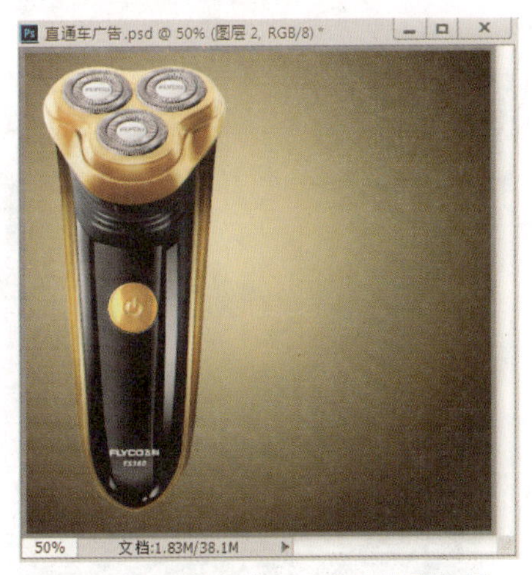

图15-50　拖曳修好图的文件到文档

（3）选择矩形工具，设置颜色为褐色，在文档的下面绘制矩形。

（4）用同样方法绘制一个矩形，颜色为浅褐色，执行“编辑”>“变换”>“倾斜”命令，对矩形进行倾斜，给图层加投影效果，如图15-51所示。

（5）选择文字工具，颜色设置为黄色，输入文本“55”和“万台”，如图15-52所示。

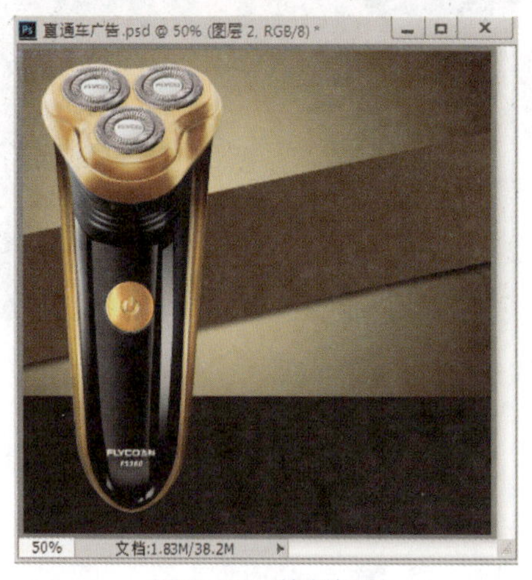

图15-51　绘制矩形

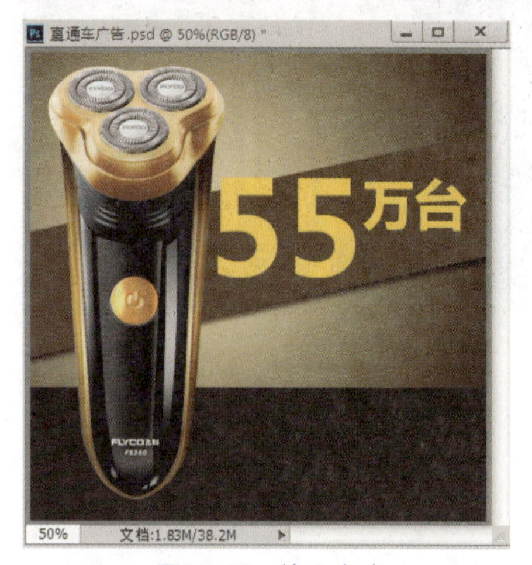

图15-52　输入文本

（6）选择文字图层，按下“Ctrl”键并在图层上单击，这样选择文字选区，新建图层，将图层移动到文字图层下面，选择褐色，按下快捷键“Ctrl+Del”进行填充颜色。

（7）同时按下“Alt”键+向下和向左方向键，每按一次将会复制一个图层，这样就制作出文字的投影，如图15-53所示。

（8）选择文字工具，设置字体为白色，输入文本“整月续航”，调整文字为合适的大小，如图15-54所示。

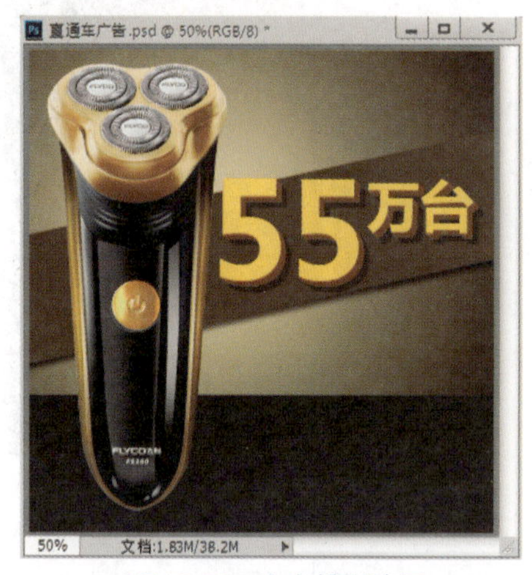

图15-53　文字投影效果

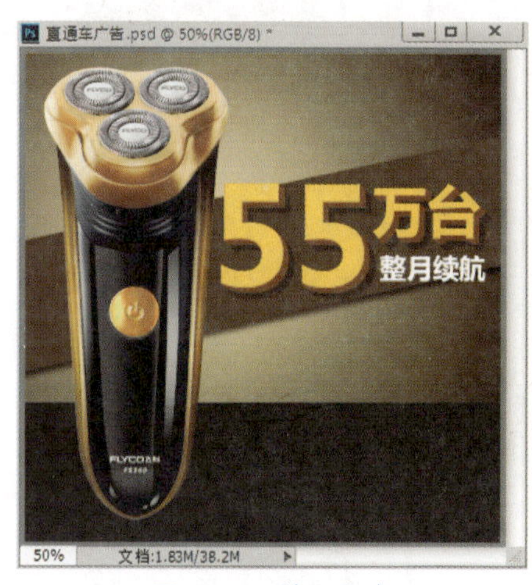

图15-54　输入文本

（9）选择所有文字图层，对文字图层进行变换，调整倾斜效果，如图15-55所示。

（10）选择垂直文字工具，颜色设置为白色，输入文本“爆售”，给文字图层加投影效果，如图15-56所示。

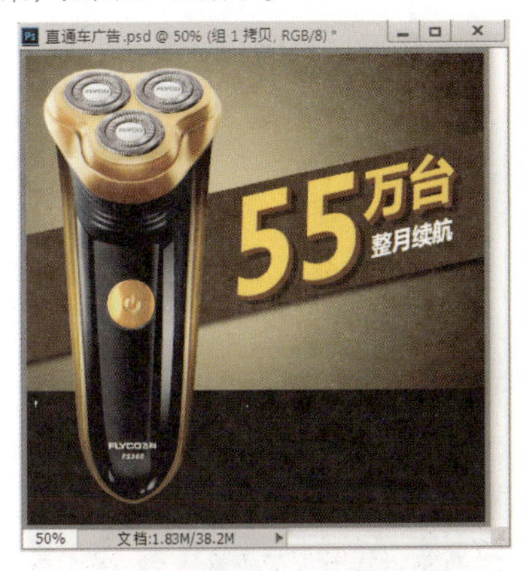

图15-55　调整倾斜效果

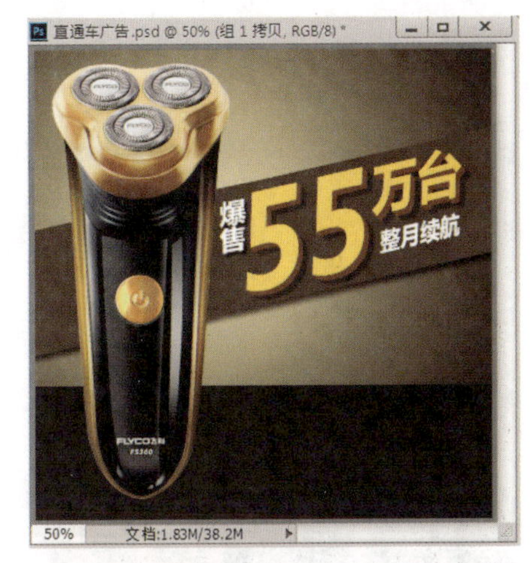

图15-56　输入文本

（11）选择文字图层，输入文本“三头浮动剃须”，给图层加上投影和渐变效果，渐变的颜色为淡黄色到褐色的渐变，如图15-57所示。

（12）选择文字工具，输入人民币符号“¥”，颜色为黄色。

（13）选择文字工具，输入文本“85”，调整至合适的大小，给文字图层添加渐变效果，颜色为白色到黄色的渐变，如图15-58所示。

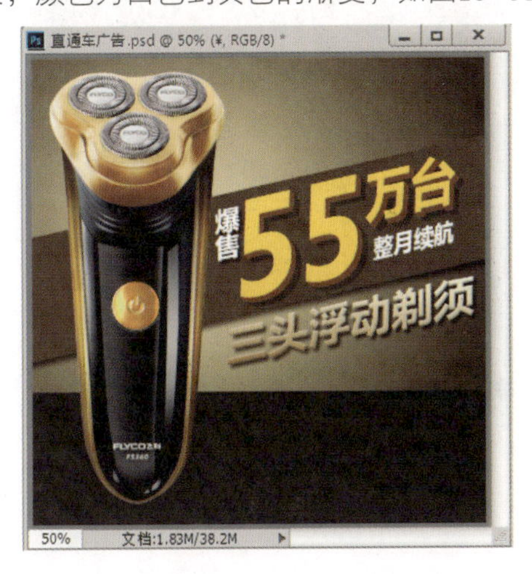

图15-57　文本效果

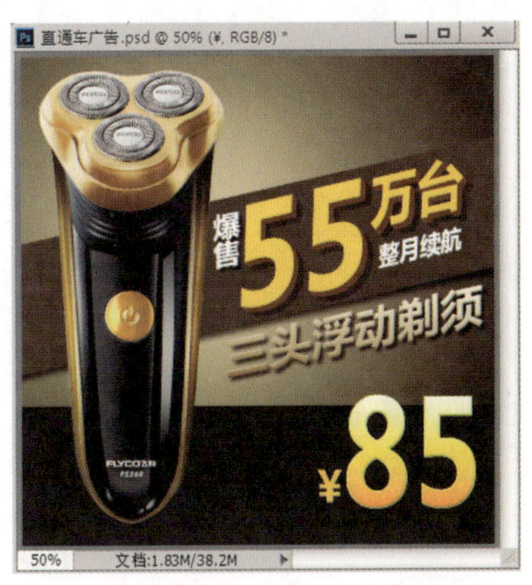

图15-58　添加文本

（14）打开LOGO素材，我们添加到文档上，调整至合适的大小，如图15-59所示。

（15）选择剃须刀层，复制一个层，按下快捷键“Ctrl+T”，将图层垂直翻转，移动到最下面。

（16）在图层上添加蒙版，选择黑白渐变，在蒙版上拖曳渐变，效果如图15-60所示。

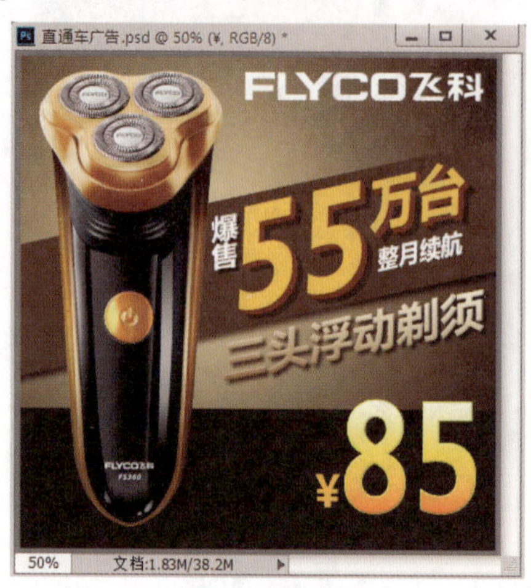

图15-59 添加LOGO

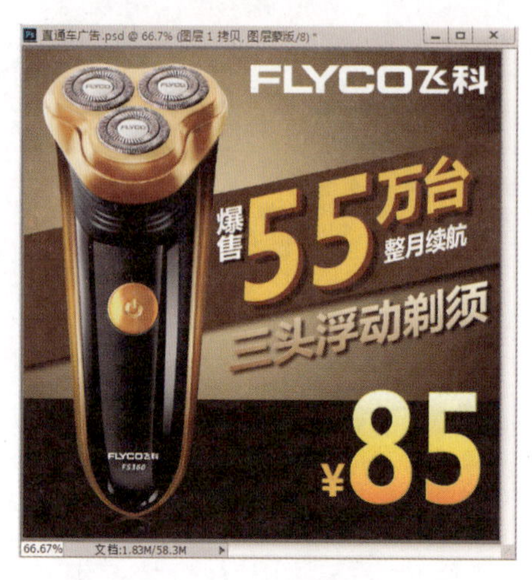

图15-60 添加投影

（17）打开素材光效，拖曳到文档上，移动到合适的位置，创建蒙版，让光效局部显示，如图15-61所示。

这样我们就完成了直通车主图的制作。修好的产品图可以用于制作直通车主图，海报、详情页和产品宣传页等。

在日常生活中我们会经常碰到亚光和金属材料的产品，这些材料在摄影灯光下拍摄不时会出现高光和反射的问题，同时也会造成产品光感不明显，产品表现得很平淡或者对比很强，因此我们需要通过修图，塑造出它的立体效果。

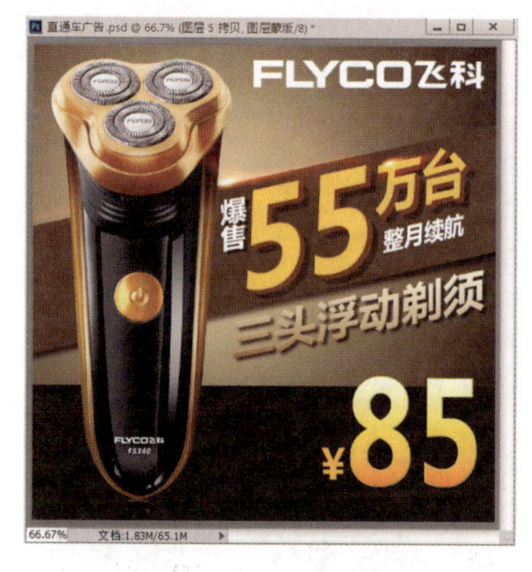

图15-61 添加投影

16

第 16 章

无线店铺装修

本章指导

手机淘宝的增长势头是2016年“双11”数据的最大亮点，“双11”全天的移动端成交数字定格在1207亿，无线交易额占比81.87%，覆盖235个国家和地区。2014年6月上线无线运营中心，手机淘宝无线店铺在短短几年的时间里，已经覆盖了超过1000万名商家。随着无线端市场份额的不断扩大，越来越多的商家开始关注无线店铺的日常运营，而店铺装修则是其中不可忽视的一环。

16.1 无线店铺运营

随着手机的发展，越来越多的人用手机淘宝进行购物，因此，我们需要装修好我们的无线店铺，减少客户的流失，促进买家下单。

新版的无线运营中心整合了“微淘”的后台、无线店铺装修，以及“一阳指”的后台，卖家可以在无线运营中心进行操作。无线运营中心包括店铺装修、多媒体中心、自定义页面、手机海报、发微淘、自定义菜单、码上淘推广等功能，如图16-1所示。

16.1.1 认识无线店铺装修后台

下面我们来学习无线店铺装修页面的宝贝添加。

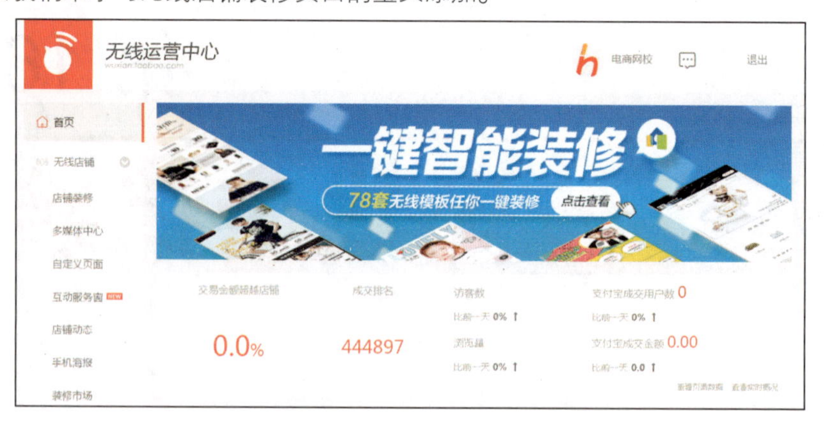

图16-1　无线运营中心

（1）进入无线运营中心页面，单击“店铺装修”按钮，进入“装修手机淘宝店铺”页面，如图16-2所示。

图16-2　无线装修

（2）在装修手机淘宝店铺页面中，单击“店铺首页”后面的“去装修”链接，进入手机淘宝店铺首页，如图16-3所示。

图16-3 手机淘宝首页装修

（3）左侧有模板和模块2个部分，模板目前只有1套。模块则有4个分类，宝贝类、图文类、营销互动类和智能互动类模块。

> **提示**
>
> 宝贝类有5个模块，智能单列宝贝、智能双列宝贝、宝贝排行榜、搭配套餐模块和猜你喜欢。
>
> 图文类包括美颜切图模块、定向模块、视频模块、标签图、标题模块、文本模块、单列图片模块、双列图片模块、多图模块、辅助线模块、轮播模块、左文右图模块和自定义模块，共13个模块。
>
> 营销互动类包括倒计时模块、优惠券模块、店铺红包模块、电话模块、活动组件模块、专享活动模块和活动中心模块，共7个模块。
>
> 智能类包括智能海报、新客热销、潜力新品和新老客共4个模块。

（4）拖曳左边的模块到中间预览位置，在右侧可以编辑，这就是我们无线店铺的装修后台。

16.1.2 自定义页面

进入无线运营中心页面，单击“无线装修”按钮进入“页面管理”，单击“自定义页面”后面的“新建页面”按钮，输入页面名称，新建活动页面。

活动页的所有模块内容与编辑方法都与首页装修一致。最多可编辑20个模块。

> 注意
> 1. 自定义页面的信息传达需一致。
> 2. 无须繁多模块，简单直接最好。
> 3. 整体协调，产品陈列突出重点。
>
> 手机店铺作为一个全新的渠道，只有开拓自有市场，提升自己的流量才能带来更多的转化。加大活动宣传力度，扩大外部引流路径，拟定有吸引力的老顾客召回方案，沉淀无线用户的粘性度，缺一不可。

16.2 手机淘宝首页布局优化

我们先要了解顾客浏览手机淘宝首页的习惯和访问宝贝的路径才能对布局优化做到有的放矢。在手机店铺首页，收藏、全部宝贝、宝贝分类和上新所占的比例比较大，如图16-4所示。

图16-4 首页设计

首页必须承载8大内容：店招，会员分享，宝贝，分类，活动，形象，优惠券和微淘。

下面我们来学习无线店铺的首页布局优化，如图16-5所示。

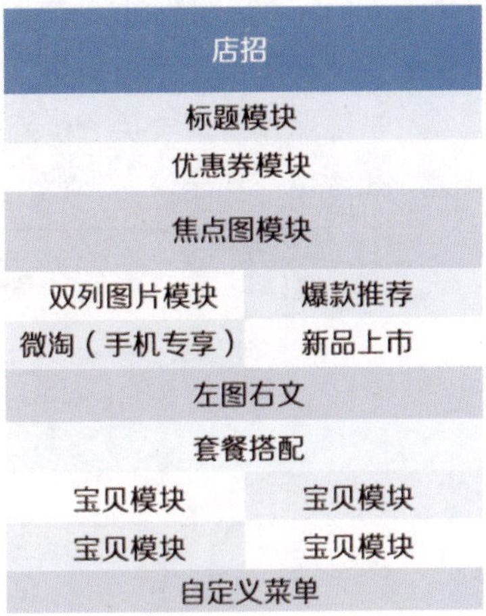

店招模块：凸显大促主题、店铺活动等。

标题模块：强调店铺优势或者理念。

优惠券模块：可用多图模板，可左右移动看更多优惠券，促进客户购买。

焦点模块：轮播图模块，大促信息清晰可见，推荐爆款商品，促进客户下单。

双列图片模块：可以做店铺分类信息引导，有效促进客户分流。

左文右图：活动分类，集中展示活动商品和大促信息。

套餐模块：商品营销搭配活动，会自动调取店铺已经使用的搭配套餐进行前台展现，此模块不可编辑。

宝贝模块：做成列，覆盖主营商品，并进行宝贝分类。

自定义菜单：分类宝贝、店铺简介、会员中心等。

店招	
标题模块	
优惠券模块	
焦点图模块	
双列图片模块	爆款推荐
微淘（手机专享）	新品上市
左图右文	
套餐搭配	
宝贝模块	宝贝模块
宝贝模块	宝贝模块
自定义菜单	

图16-5　首页布局优化

16.3　自定义菜单

自定义菜单可以对手机店铺的菜单进行管理设置，可以添加常用的菜单，或者自定义一些淘宝内的活动链接等。

（1）打开网址“wuxian.taobao.com”，进入无线运营中心页面，单击“立即进入”按钮，进入无线运营中心后台。

（2）单击左侧的“自定义菜单”，进入“菜单管理”页面，单击页面右上角的“创建模板”按钮。

（3）进入“创建模板”页面，在“模板名称”中输入自定义的模板名称，如“无线菜单模板”，单击“下一步”按钮。

（4）进入“自定义菜单”页面，在页面内修改需要的菜单按钮，在菜单名称前勾选，可以修改菜单名称，也可以添加子菜单，菜单会在实时预览中显示。

（5）中间菜单的名称修改为“限时特价”，下面勾选“添加子菜单”，单击“添加子菜单”，弹出编辑菜单面板，在动作名称后面选择“宝贝分类”，在“子菜单名称”中输入“直降清仓”，宝贝分类后面选择“夏季清仓”，单击“确定”按钮，完成子菜单的编辑。如图16-6所示。

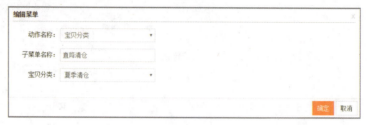

图16-6　编辑菜单

（6）在菜单“限时特价”下面勾选“添加子菜单”，单击“添加子菜单”，弹出“编辑菜单”面板，在动作名称后面选择“自定义页面”，在子菜单名称输入“每日秒杀”，在自定义页面后面选择“每日秒杀”，单击“确定”按钮，完成子菜单的编辑。如图16-7所示。

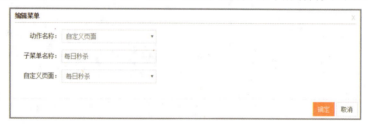

图16-7　编辑菜单

（6）在菜单“限时特价”，添加一个“2件7折菜单”，还是选择自定义页面。我们需要在编辑菜单之前先自定义好我们需要的页面。

（7）将第三个菜单的名称修改为“点我惊喜”，然后勾选添加子菜单，单击“添加子菜单”，弹出“编辑菜单”面板，在“动作名称”中选择“旺旺客服”，在“子菜单名称”中输入“客服中心”，在“旺旺客服”文本框中输入旺旺账号“苏漫网校旗舰店”，如图16-8所示。

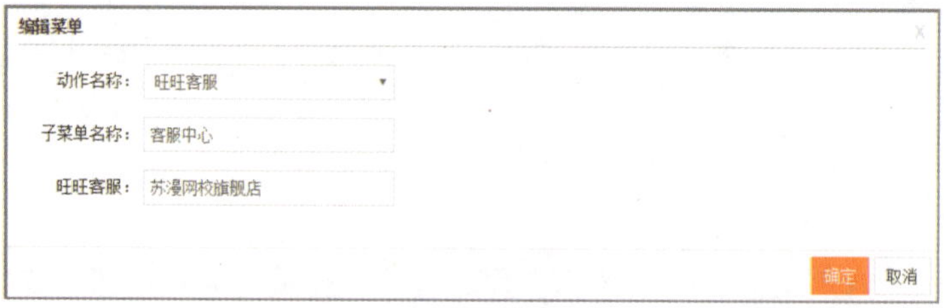

图16-8　编辑菜单

（6）单击“确定”按钮完成子菜单的添加，在“点我惊喜”中添加客服，单击“添加子菜单”按钮，在“动作名称”中选择“旺旺客服”，如图16-9所示。

图16-9　自定义菜单

提示　宝贝分类是不可以修改名称的。

（7）单击“确定发布”按钮，完成菜单的创建。

16.4　无线店铺店招制作

进入无线运营中心，单击“店铺装修”按钮进入“首页页面管理”，单击“新增页面”按钮，输入文件名称“美工教材无线装修”，单击“确定”按钮，右边单击“设为首页”按钮，再单击“编辑页面”按钮，即可对店铺进行装修。

16.4.1　店铺标志

下面我们来学习制作店铺标志。

（1）打开Photoshop软件，新建一个宽度为80像素、高度为80像素的文档。

（2）单击“文字工具”，输入文本“年货特卖”，调整文字的大小和字体，效果如

图16-10所示。

（3）执行“文字”>“转换为形状”命令，将文字转换为形状层，单击“直接选择工具”，调整文字的形状，如图16-11所示。

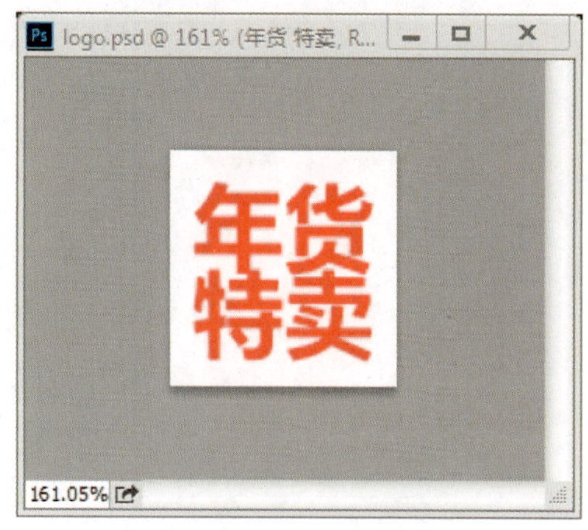

图16-10　输入文本

图16-11　店铺标志制作

（4）存储文件为JPEG格式。

16.4.2　店招设计

店招设计必须突显活动主题，在活动预热期可以引导顾客收藏店铺。

旧版店招规格：640×200 像素。大小：100KB以内。类型：JPEG和PNG格式。

新版店招尺寸：图片尺寸：750×254像素；类型：JPG、PNG格式

店招包括两个部分，一个是店铺LOGO，一个是店招。设计店招，让店铺高大上。

下面我们开始制作店招。

（1）打开Photoshop软件，新建一个宽度为750像素、高度为254像素的文档。

（2）单击“渐变工具”，在文档上拖曳红色渐变，使左下角为深红色，中间偏右明度高些，效果如图16-12所示。

（3）打开烟花素材，抠出并将其拖曳到文档中，调整好位置，如图16-13所示。

（4）打开产品素材文件，将产品从背景中抠出，并将其拖曳到文档中，效果如图16-14所示。

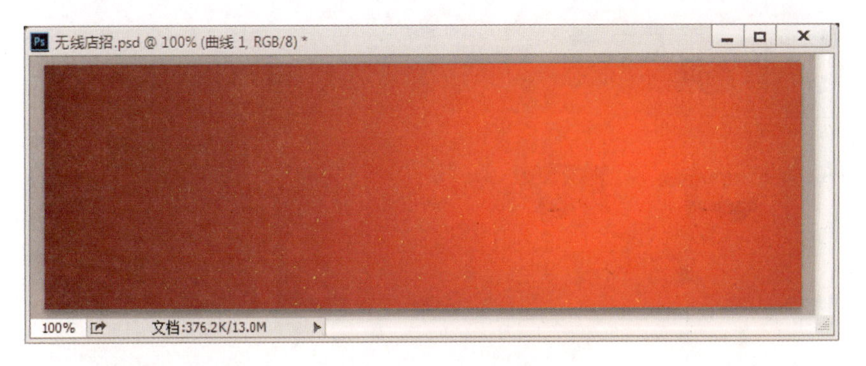

图16-12　新建文档

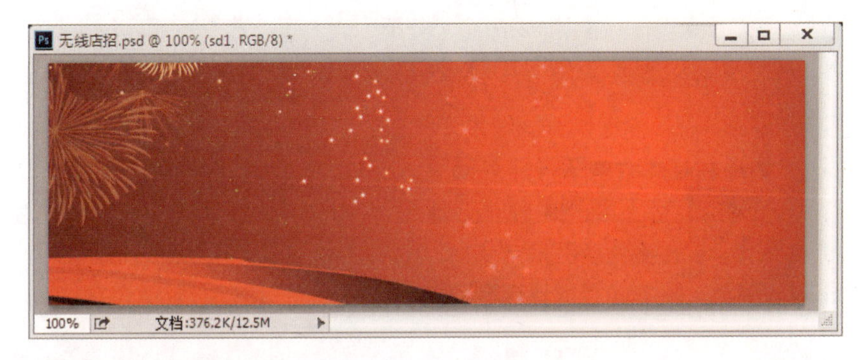

图16-13　烟花素材

图16-14　产品素材

（5）打开鞭炮灯笼素材，抠图并将其拖曳到文档中，调整位置，如图16-15所示。

（6）单击“文字工具”，输入文本“年货先回家”，调整文字的大小和位置，添加图层样式、渐变和浮雕，调整后的效果如图16-16所示。

图16-15 灯笼鞭炮素材

图16-16 输入文本

（7）打开新年快乐素材，抠图并将其拖曳到文档中，调整色彩为白色，如图16-17所示。

图16-17 文字素材

（8）单击“色阶工具”，加强画面的对比度，在“预设”里选择“增加对比度3”，如图16-18所示。

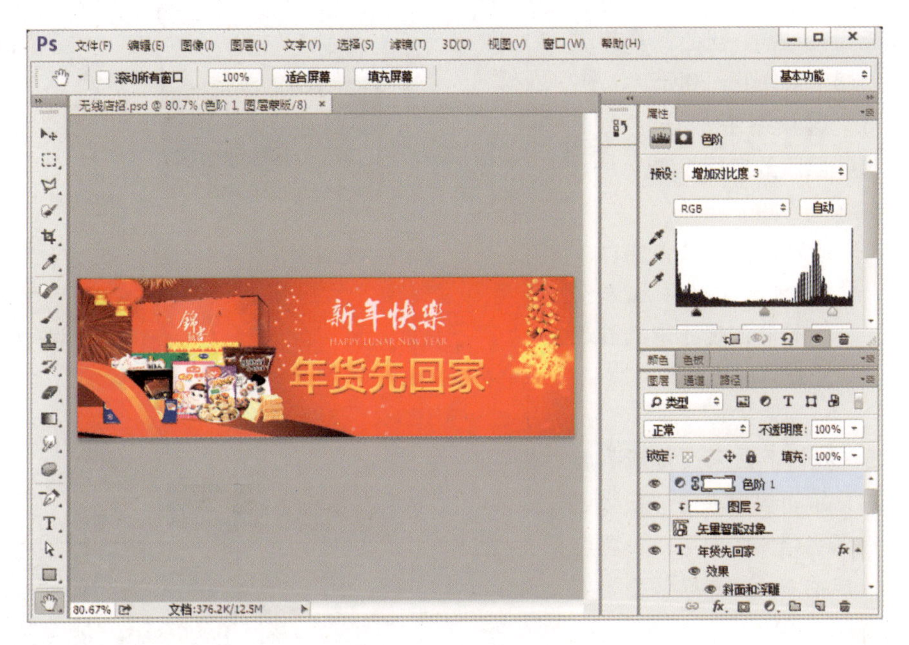

图16-18　色阶调整

完成店招的制作，存储文件为JPEG格式，并将其上传到图片空间。

16.4.3　店招装修

下面我们来学习店招装修。

（1）进入无线运营中心，单击“店铺装修”进入“页面管理”，在“美工教材无线装修”右边单击“编辑页面”按钮进入首页装修页面。

（2）单击“店招”模块，在右侧“模块编辑”中显示为“旧版店招”和“新版店招”，旧版店招可以设置店招的基本信息，如图16-19所示。

图16-19　店招设置

（3）将鼠标光标移动到设置店招基本信息下的图片上，单击“重新上传”，在右侧“模块编辑”中单击“上传店招”按钮，进入图片空间选择店招图片，设置店招图片的链接，单击链接按钮，进入选择热卖宝贝的链接。如图16-20所示。

（4）这样就完成店招的上传，完成了旧版的店招设置。

> **提示**　旧版店招将只在2017年3月版之前的手机淘宝版本中生效，请提前设置好新版店招样式！

图16-20　上传店招

（5）我们下面来设置新版店招，在右侧编辑模板单击“新版店招”，在新版店招界面可以设置店铺LOGO、店招图片、导航颜色，如图16-21所示。

（6）单击“更换LOGO”，打开淘宝店铺设置页面，单击“上传图片”按钮，可以选择我们做好的图片，也可以在这里修改店铺的名称，如图16-22所示。

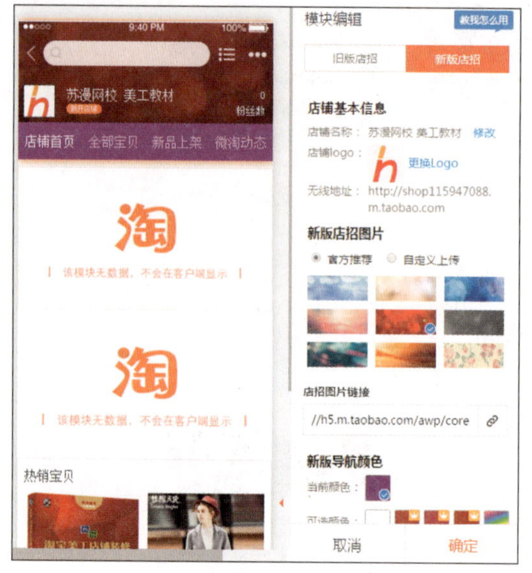

图16-21　设置新版店招

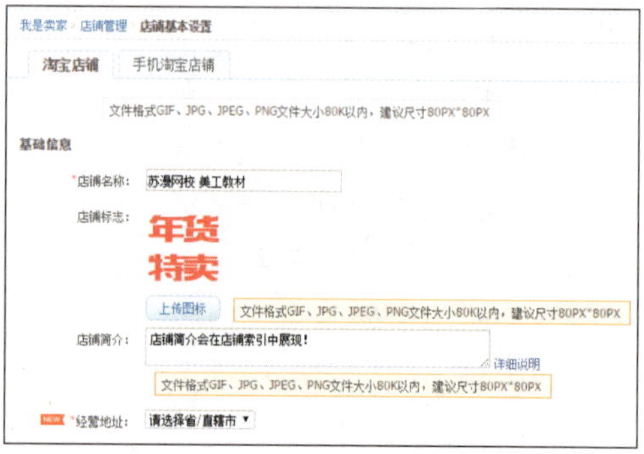

图16-22　店铺LOGO上传

（7）单击“保存”按钮，完成店招LOGO的更换，我们回到无线店铺装修页面，新版店招图片可以选择官方推荐或者自定义上传。这里选择红色的官方推荐店招，店招图片链接可以选择宝贝链接或者分类链接。

（8）新版导航颜色可以选择当前颜色或者可选颜色，可选颜色是系统根据选择的店招推荐的颜色，这里选择深红色，如图16-23所示。

（9）单击“确定”按钮，完成新版店招的设置，同样在新版店招的图片我们可以自定义上传。

这样我们就完成了新版店招的制作。新版的店招多了一个搜索框，我们一般可以选择官方推荐的店招推荐的图片，或者自定义图片也是可以的。

图16-23　新版导航颜色

16.5　轮播图制作

轮播图配合大促能让流量动起来，起到宣传店铺活动的作用。

轮播图规格：数量不超过2个；尺寸为640像素×320像素；格式为JPEG、PNG。
模块内容：最多可以添加4幅banner图片。

1. 大促信息清晰可见，避免多重信息，避免视觉混乱。
2. 单品爆款为主，排版简洁，突出产品。
3. 大促活动爆款推荐，信息清晰，简单明了。

16.5.1　发布公告轮播图制作

下面我们来学习发布公告轮播图的制作方法。

（1）打开Photoshop软件，新建一个宽度为640像素、高度为320像素的文档，设置填充色彩为红色，如图16-24所示。

（2）单击“文件工具”，输入文本“发货公告”，添加投影和渐变样式，设置文本为居中对齐，如图16-25所示。

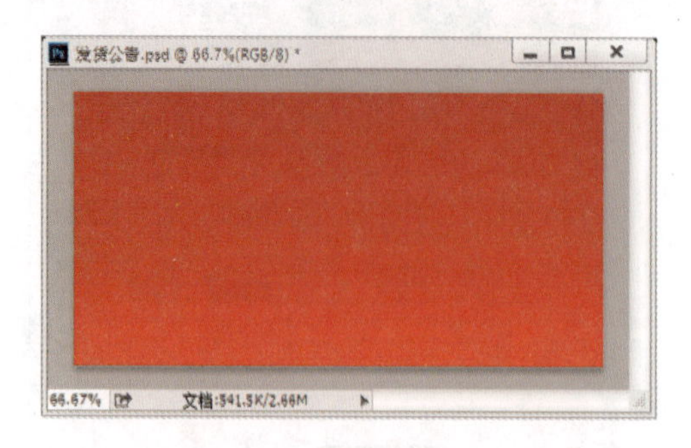

图16-24 新建文档

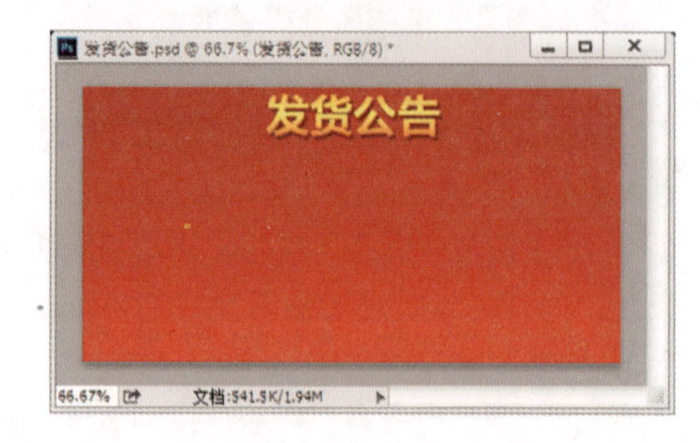

图16-25 输入文本

（3）单击“文字工具”，在文档中框选选区，在选区内输入文本，设置字体为黄色，如图16-26所示。

（4）单击“矩形工具”绘制矩形，单击“钢笔工具”在矩形的两侧添加点，并将两侧的点向中间移动，给图层添加投影效果。

（5）单击“文字工具”，输入文本“恭祝大家春节快乐！”，最终效果如图16-27所示。

（6）完成发布公告轮播图的制作，保存文件为JPEG格式，并将其上传到图片空间。

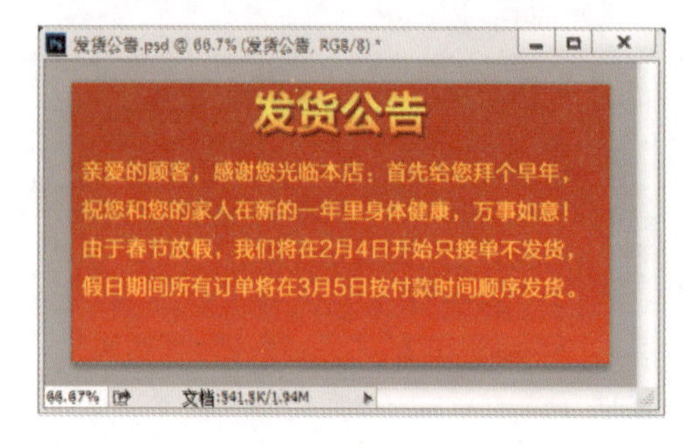

图16-26 发货公告

图16-27 最终效果

16.5.2 轮播图制作

下面我们来学习轮播图的制作方法及技巧。

（1）新建一个宽度为640像素、高度为320像素的文档。

（2）打开轮播图背景素材，将其拖曳到文档中，调整至合适位置，如图16-28所示。

（3）执行“滤镜”>“高斯模糊”命令，设置模糊数字为6像素，如图16-29所示。

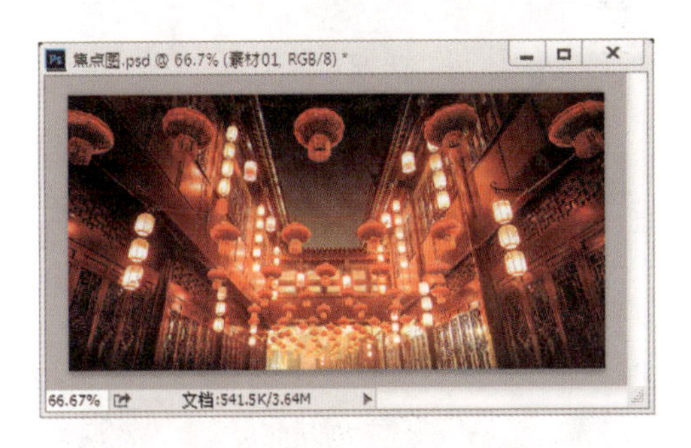

图16-28　素材

图16-29　高斯模糊

（4）打开灯笼素材，将其拖曳到文档的右侧，如图16-31所示。

（5）复制灯笼图层，将其移动到右侧，并水平翻转灯笼，给灯笼添加“高斯模糊”，如图16-32所示。

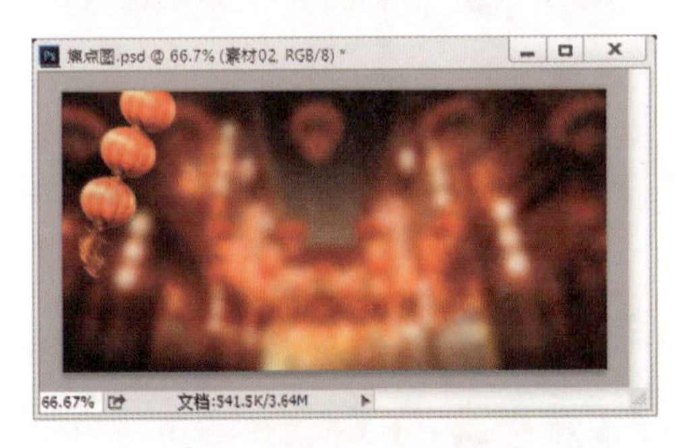

图16-30　灯笼素材

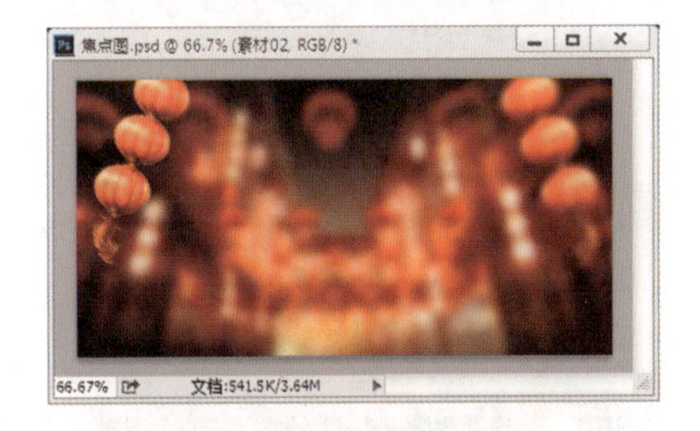

图16-31　高斯模糊

（6）单击“色相饱和度”命令调整图层，将色相饱和度数值调整到100，如图16-32所示。

（7）单击“渐变工具”，在文档中新建图层，并拖曳渐变，使上面为透明，下面为深红色，如图16-33所示。

（8）打开产品素材，将产品抠出，并将其拖曳到文档中，如图16-34所示。

（9）打开年货节素材，将其拖曳到文档中，通过“色相饱和度”命令，调整其颜色为白色，如图16-35所示。

（10）单击“文字工具”，输入文本“过年回家 年货相伴”，如图16-36所示。

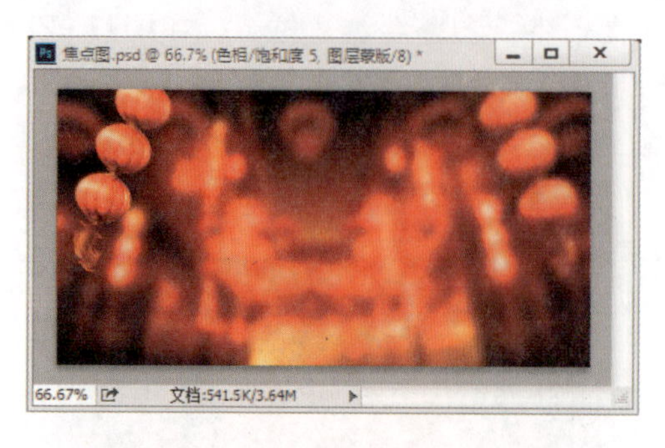

图16-32　调整色相饱和度

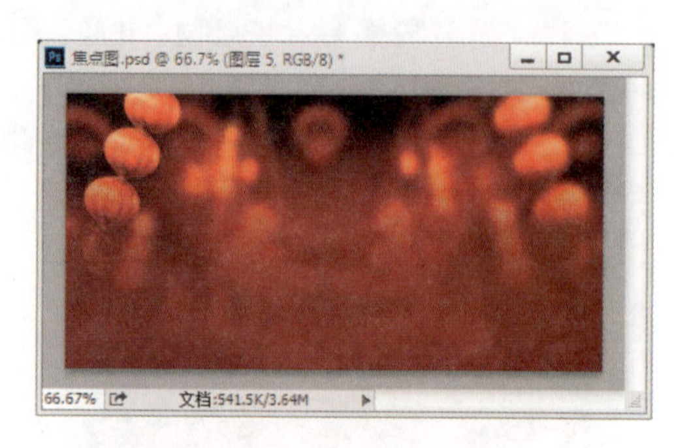

图16-33　渐变图层

图16-34　产品素材

图16-35　文字素材

（11）创建色阶调整图层，“预设”选择“增加对比度2”，设置不透明度为30%，加强画面对比，最终效果如图16-37所示。

图16-36　输入文本

图16-37　最终效果

完成轮播图制作，保存文件为JPEG格式，并将轮播图上传到图片空间。

16.5.3　轮播图模块装修

进入店铺装修首页，拖曳左边的图文类下的“轮播图模块”到预览位置，单击右边图片下的“+”按钮添加图片，单击链接右边的“链接”符号，给轮播图添加链接，勾选“使用全屏模式”。

在右侧轮播图模块下拖曳并单击“新增列表”按钮，可以再添加一张焦点图，如图16-38所示。

轮播图模块的效果展示，如图16-39所示。

图16-38　轮播图模块

图16-39　轮播图展示效果

左右滑动可以展示不同的图片，单击进去可以打开不同的活动内容。

16.6　优惠券模块

优惠券能让店铺预热起来，让客户能够快速了解优惠券的使用方式，确保优惠券的发放！简单直接，吸引力强！

优惠券可以使用优惠券模块和左文右图模块。

优惠券模块通过设置优惠券，然后添加。

左文右图模块：尺寸为608像素×160像素。

下面我们来学习优惠券的制作方法。

（1）进入无线中心“店铺装修”，将左侧的营销互动类“优惠券”模块拖曳到我们的装修页面。

（2）选择优惠券模块，单击右侧“创建更多优惠券”，进入“淘宝卡券”界面。

（3）在“店铺优惠券”下单击“立即创建”按钮，新建店铺优惠券。

（4）设置优惠券名称、使用位置、面额、使用条件、优惠券使用时间和推广信息设置，如图16-40所示。

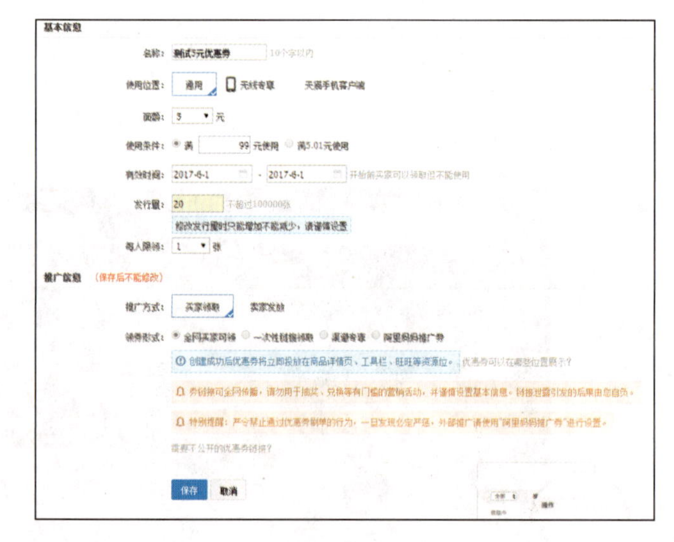

图16-40　优惠券创建

（5）单击“保存”按钮，完成优惠券设置。

（6）同样再创建一张10元优惠券和20元优惠券。

（7）进入店铺装修编辑页面，选择优惠券模块，右侧显示自动添加和手动添加，如果店铺有多张优惠券可以选择手动添加，设置展示个数和选择优惠券，如图16-41所示。

（8）先选择5元优惠券，再选择10元优惠券，最后选择20元优惠券，选择好后按“确定”按钮，完成优惠券的设置。手机打开淘宝店铺，查看我们设置的效果，单击优惠券就可以直接领取。如图16-42所示。

图16-41　优惠券设置

图16-42　手机预览效果

16.7　倒计时模块

倒计时模块可以营造出时间紧迫感，激发消费者的购买欲望。

下面我们来学习倒计时模块的制作方法。

（1）打开Photoshop软件，新建宽度为640像素、高度为330像素的文档。

（2）打开素材，将素材拖曳到文档中，按下快捷键“Ctrl+T”对素材进行自由变换，调整至合适的大小，如图16-43所示。

（3）选择素材图层，按“Alt”键复制图层，执行“编辑”>“变换”>“水平翻转”命令，这样素材就水平翻转，移动到右侧，调整到合适的位置，如图16-44所示。

图16-43　素材调整

图16-44　复制素材

（4）新建图层，选择“仿制图章工具”，按下“Alt”键在墙上取源点，然后在缝隙处绘制，这样可以修复两张图像的边缘，如图16-45所示。

（5）选择“文字”工具，设置颜色为白色，在文档上输入文字“BEST LOVE”和“女神最爱穿搭”，并且调整至合适的大小，如图16-46所示。

图16-45 仿制图章修复

图16-46 输入文案

（6）选择“矩形”工具，在文档上绘制一个白色的矩形。

（7）选择“文字”工具，颜色选择绿色，在文档上输入文本“新装推荐》”，如图16-47所示。

（8）选择文件菜单，存储文件名称为“倒计时模块”，格式为JPEG。

（9）进入无线中心“店铺装修”，将左侧的营销互动类“倒计时”模块拖曳到我们的装修页面。

图16-47 推荐按钮制作

（10）选择中间倒计时模块，在右侧单击添加图片，进入图片空间选择图片，然后选择图片上传。如图16-48所示。

（11）在添加活动链接后面选择活动页面，设置活动开始和结束时间，单击“确定”按钮，我们即完成了倒计时模块的制作。

进入手机店铺预览效果，如图16-49所示。

图16-48　倒计时模块

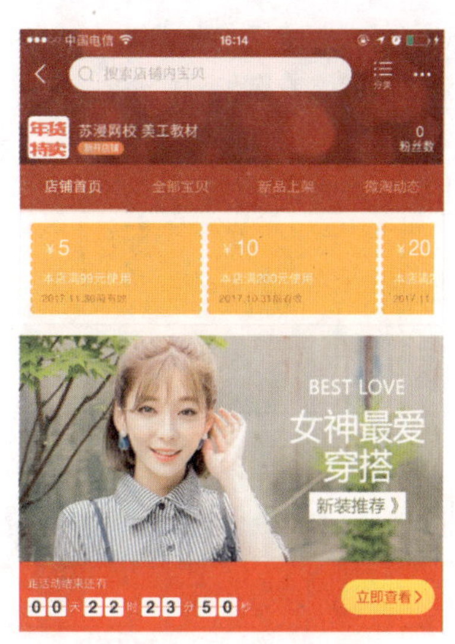

图16-49　手机预览效果

16.8　标签图模块

智能版标签图模块可以帮助卖家实现在一个模块中，对多个宝贝进行搭配展现销售，尤其对于有模特的图片展现会更加突出。选择事先准备好的搭配图片，可根据实际需要选择标签的颜色，深色背景的图片建议使用白色标签，浅色背景的图片建议使用黑色标签（编辑中的标签会显示黄色，不影响发布的正常展现）。

打开无线中心，进入手机店铺装修，拖曳“标签图”模块到页面中。

选择标签图模块，在右侧编辑中上传图片，如图16-50所示。

图16-50　标签图模块

标签颜色我们选择白色，在标签内容下面，单击“添加标签”，设置标签的名称和添加链接，在装修界面移动标签到合适的位置，如图16-51所示。

单击“确定”按钮，完成标签图的制作。发布页面，进入手机店铺预览，如图16-52所示。

图16-51　标签图模块设置　　　　图16-52　手机预览效果

一个标签图模块最多可以添加3个标签，每个标签商家可以编辑标签名称，标签的价格会展现对应宝贝的实际价格（编辑后台不展现，发布后会展现）。

16.9　美颜切图

美颜切图模块可以帮助卖家实现在一个图片中添加多个链接。淘宝大促如“6·18”或者“双11”，商家店铺装修一般做专场活动页面，这里就需要美颜切图模块，效果如图16-53所示。

图16-53　美颜切图效果

16.9.1　美颜切图制作

美颜切图模块可以帮助卖家实现在一个图片中，添加多个链接。

下面我们来学习美颜切图模块。

（1）打开Photoshop软件，新建宽度为640像素、高度为810像素的文档。

（2）选择矩形工具，颜色选择为深红色，绘制矩形。

（3）选择文字工具，设置颜色为黄色，输入文本“公告：”，调整至合适的大小。

（4）选择“文字”工具，输入文本“亲爱的苏漫们，有一些不法分子冒充淘宝客服，打电话给买家谎称支付宝升级、订单冻结或者产品缺货，要求买家退款重拍，然后伺机诈骗。如果您接到内容类似的电话，请及时与本店在线客服联系验证，感谢您的合作与支持”，调整文字至合适的大小，如图16-54所示。

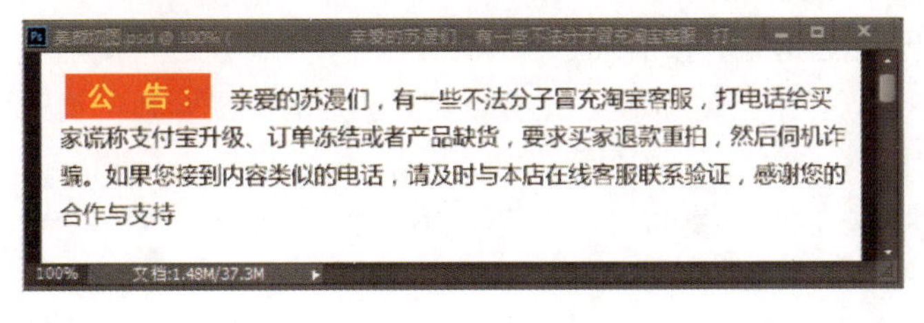

图16-54　文案输入

（5）选择“矩形”工具，绘制一个矩形，宽度为202像素，高度为162像素。移动到文字下面。

（6）打开素材T恤图片，拖曳到矩形图层上面，执行“图层”>“创建剪贴蒙版”命令，选择图片图层，按下快捷键“Ctrl+T”，调整图片至合适大小，如图16-55所示。

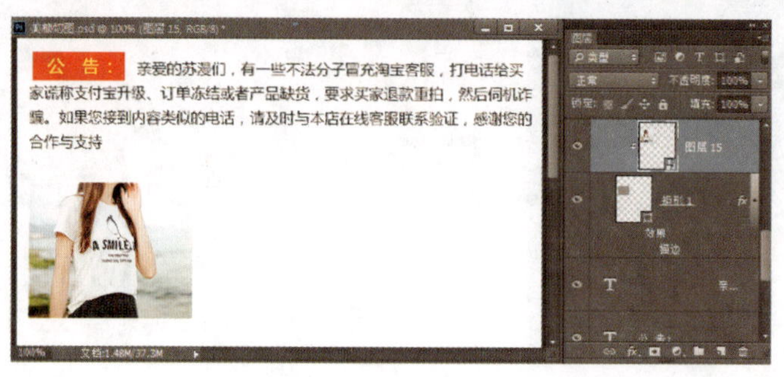

图16-55　素材设置

（7）选择“圆角矩形”工具，设置颜色为白色，绘制一个圆角矩形，移动到图片中间。

（8）选择文字工具，设置颜色为黑色，字体大小为20，输入文本“#T恤#”。如图16-56所示。

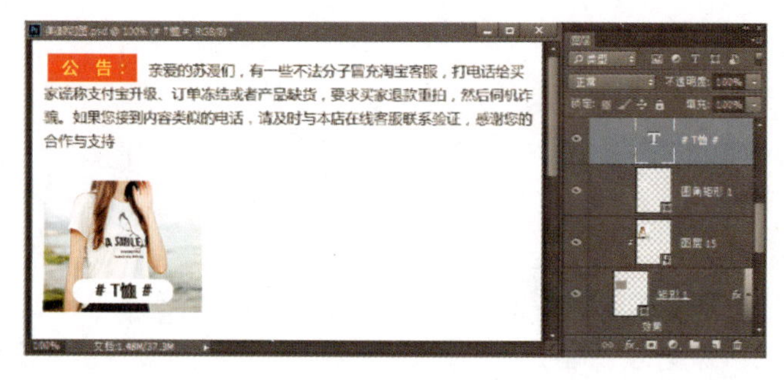

图16-56　按钮制作

（9）选择矩形工具图层，按下“Shift”键+选择图层，+选择图片图层、圆角矩形图层和文字图层，一起选中，按下快捷键“Ctrl+G”，对图层进行编组。

（10）选中组，按下“Alt”键移动复制组，向右移动到合适的位置，修改组中的文字和更改组中的素材，如图16-57所示。

（11）用同样方法向下复制组，修改组中的文字和更改组中的素材，如图16-58所示。

（12）选中“椭圆工具”，颜色设置为灰色，绘制一个尺寸为85像素的正圆形。移动到文档的左边。

（13）打开毛衣素材，拖曳到圆形中，执行“图层”>“创建剪贴蒙版”命令。

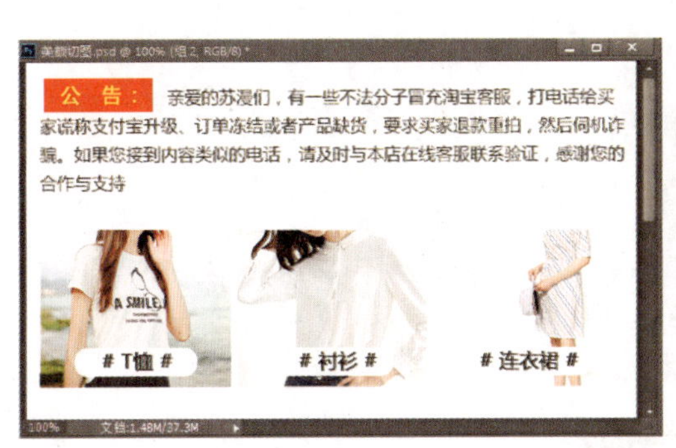

图16-57　导航复制

图16-58　导航效果

（14）选择“文字工具”，颜色为黑色，字体大小为15点，输入文本“毛衣针织”，如图16-59所示。

（15）将圆形图层、毛衣素材图层、毛衣针织图层选中并进行编组，然后复制组和移动位置。

（16）修改组中的文字和更换图片，修改后的效果如图16-60所示。

图16-59　导航制作

图16-60　圆形导航按钮

（17）存储图片，文件格式为JPEG。

这样我们就完成了美颜图片的制作。

16.9.2　上传到手机店铺

下面将制作好的图片上传到手机店铺中。

（1）打开无线店铺后台，将左侧的“美颜切图”拖曳到中间装修模块中，如图16-61所示。

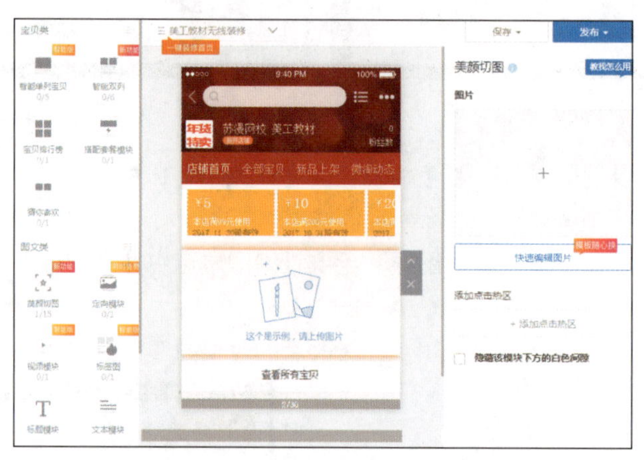

图16-61　手机店铺后台

（2）单击图片右侧的上传图片“+”，进入图片空间选择我们上传的图片，如图16-62所示。

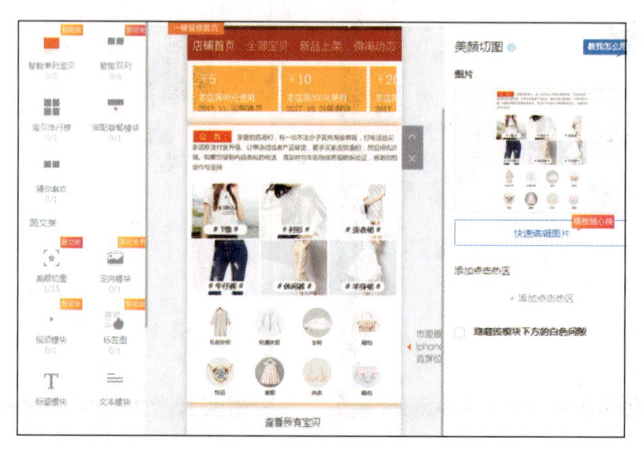

图16-62　上传图片

（3）单击右侧的“添加热点区域”，在图片上将添加一个蓝色的热点区域，在热点区域右下角可以拖曳调整大小，并移动位置到T恤上，右侧可以选择链接，如图16-63所示。

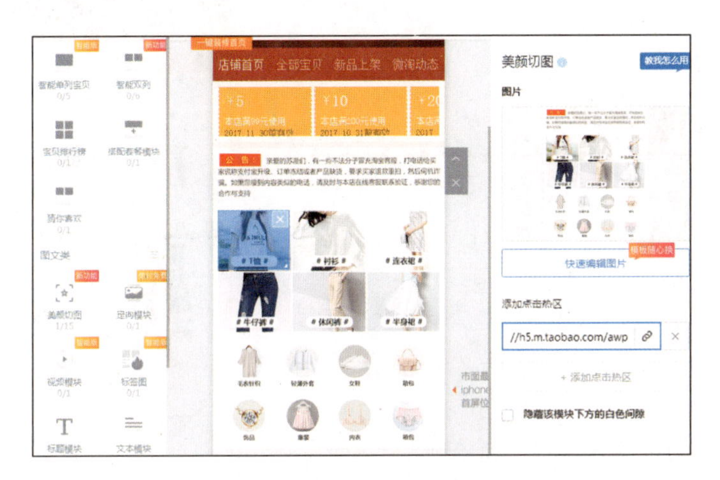

图16-63　添加链接

（4）用同样方法添加其他热点区域链接，并添加链接，如图16-64所示。

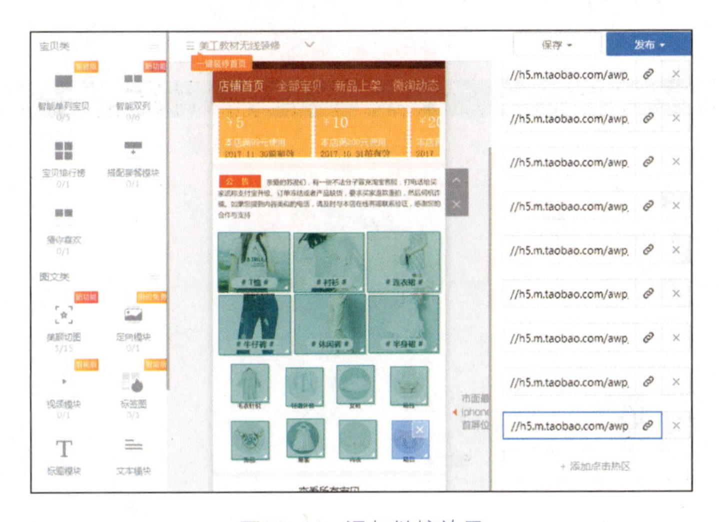

图16-64　添加链接效果

（5）单击“确定”按钮，完成美颜切图的制作。发布店铺，进入手机店铺中查看效果，如图16-65所示。

美颜切图功能非常强大，可以通过自己设计，然后添加链接，像DW软件一样，去任意地添加热点区域。

图16-65 手机预览效果

16.10 智能海报

我们在设计海报时一般通过PS软件进行设计，然后进行排版。在智能版店铺装修中，提供了智能海报模块，我们需要将PS处理好的图片，上传到图片空间中，然后进行布局。

下面我们来学习智能海报的制作。

（1）打开淘宝店铺装修，进入手机页面装修，将左侧智能类的“智能海报”拖曳到装修页面中。

（2）在右侧编辑模块中，单击“上传图片”，进入图库列表界面，如图16-66所示。

图16-66 图库列表

（3）选择第二个推荐图库，单击“一键生成”，会将店铺中所有的宝贝生成海报，如图16-67所示。

图16-67　图片预览

（4）左侧的图片将会显示一键生成的海报，单击“确定”按钮，完成海报的生成。

（5）在右侧的编辑模块中选择“自动获取图片上的宝贝链接”，单击“确定”按钮，如图16-68所示。

图16-68　添加智能海报

（6）单击“发布”按钮，完成店铺装修，打开手机淘宝进入店铺预览效果，如图16-69所示。

智能海报是目前最新上线的可以同时将店铺的商品一次性生成海报效果的模块，目前功能还不够强大，主要是文字方面还不可以编辑。

图16-69　手机预览效果

16.11　左文右图模块

左文右图模块多用于产品分类或者店铺优惠券，分类导航起到快速分流的作用，让客户在首页寻找到更适合的宝贝导航。结合分类代表图，做好分类，如包邮区、预定区、特惠区等链接进入承接页。

我们下面来制作分类导航效果。

（1）打开Photoshop软件，新建宽度为608像素、高度为160像素的文档。

（2）选择文字工具，颜色设置为“黑色”，字体大小为45点，输入文本“T恤”。

（3）选择文字工具，颜色设置为“灰色”，字体大小为24点，输入文本“当阳光缓缓而至，美好的一天陪伴着”。

（4）选择 “直接工具”，描边设置为灰色，在文档中绘制一条直线，如图16-70所示。

（5）选择“圆角矩形”工具，填充颜色设置为“深红色”，在右边绘制一个圆角矩形。

（6）执行“编辑”>“自由变换”命令并选择角度，旋转45度。

（7）执行“滤镜”>“液化工具”命令，让圆角矩形膨胀，如图16-71所示。

图16-70　文字输入

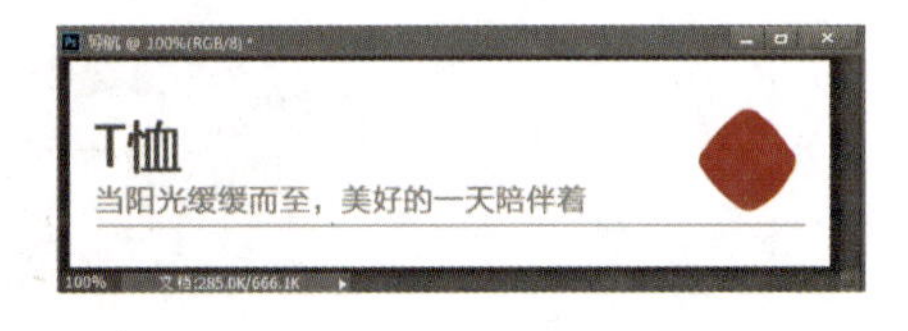

图16-71　圆角矩形

（8）单击“文字工具”，设置颜色为白色，输入文本“点击更多”，如图16-72所示。

（9）单击文件菜单中的“存储”，保存文件。

（10）打开无线中心，进入手机店铺装修页面，在左侧拖曳一个“左文右图”模块到装修页面中。

（11）在右侧编辑模块中单击上传图片，选择之前保存的文件进行上传，如图16-73所示。

图16-72 输入文字

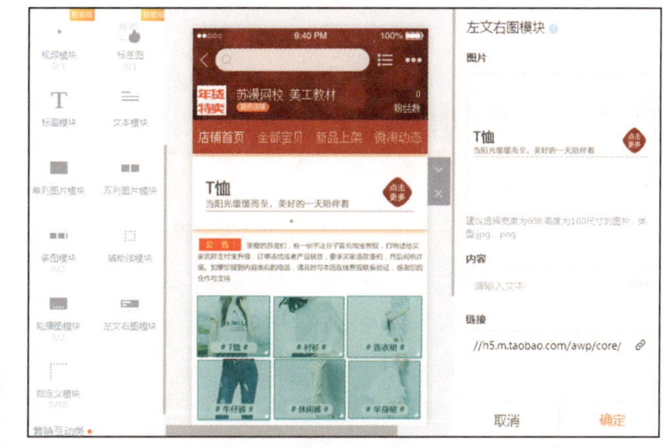

图16-73 装修店铺

（12）在右侧面板中，选择店铺分类链接，单击确定案例。完成导航的制作。

（13）在左侧宝贝类下选择“智能双列”，拖曳到装修中，在右侧设置宝贝数量，单击“确定”按钮，完成宝贝的添加。如图16-74所示。

图16-74 添加宝贝

（14）装修好之后单击“发布”按钮，完成店铺装修，进入手机端预览效果，如图16-75所示。

同样，我们可以用左文右图模块制作更多的分类导航或者优惠券。

图16-75　手机预览效果

16.12　单列图片模块

单列图片可以用来展示海报或者用于精美大图展示，图片建议尺寸：608像素×(200~960)像素之间。

下面我们来学习单列图片模块的制作。

（1）打开无线店铺装修，将左侧的“单列图片”拖曳中装修中。在右侧的编辑模块中可以上传图片或者单击快速编辑图片。

（2）单击右侧“快速编辑图片”按钮，进入图片创意工厂，如图16-76所示。

图16-76　单列图片模块

提示　图片创意工厂的左侧是模板，提供了93种模板，中间是预览效果，右侧是图片和文本信息，可以进行更改。

（3）在左侧选择一个合适的模板，如图16-77所示。

图16-77　更改模板

（4）在右侧的图片上单击，选择“通过宝贝选图”，弹出通过宝贝选图面板，如图16-78所示。

图16-78　选择宝贝

（5）选择我们的商品，单击“确定”按钮，完成图片的选择。在中间预览页面，可以选择图片进行大小缩放，缩放到合适的大小。

（6）下面来修改文本，文本分别为“大/家/都/在/买”、“畅销图书”和“立即抢购”，如图16-79所示。

（7）单击“立即使用”按钮，生成单列图片，然后单击“确定”按钮，我们就完成了单列图片的制作。进入手机端预览效果，如图16-80所示。

图16-79　预览效果

图16-80　手机预览效果

单列图片模块的模板效果非常多，我们可以使用这个模板来制作海报，只要合适的图片、合适文案即可生成漂亮的海报效果。

16.13　双列图片模块

双列图片多用于分类导航，起到快速分流的作用，让客户在首页寻找到更适合的宝贝。结合分类代表图，做好分类，如包邮区、预定区、特惠区等链接进入承接页。

双列图片规格：数量不超过2张，尺寸为296像素×160像素，文件大小不超过50KB，格式为JPEG、PNG格式。

模块内容：最多可以添加2幅banner图片。

下面我们来制作双列图片模块。

（1）新建一个宽度为296像素、高度为160像素的文档，背景填充为红色，如

图16-81所示。

（2）单击“文字工具”输入文本，如图16-82所示。

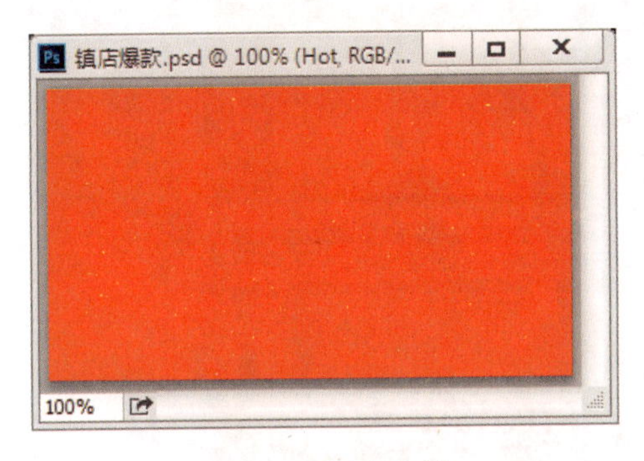

图16-81　新建文档

图16-82　输入文本

（3）单击“矩形工具”，绘制矩形，单击“文字工具”在矩形上输入文本“立即抢购”，如图16-83所示。

（4）单击“矩形工具”，在文档左上角绘制矩形，选择“删除锚点工具”，删除矩形右下角的点。

（5）单击“文字工具”，输入文本“HOT”，并按下自由变换快捷键“Ctrl+T”使文本旋转45度，如图16-84所示。

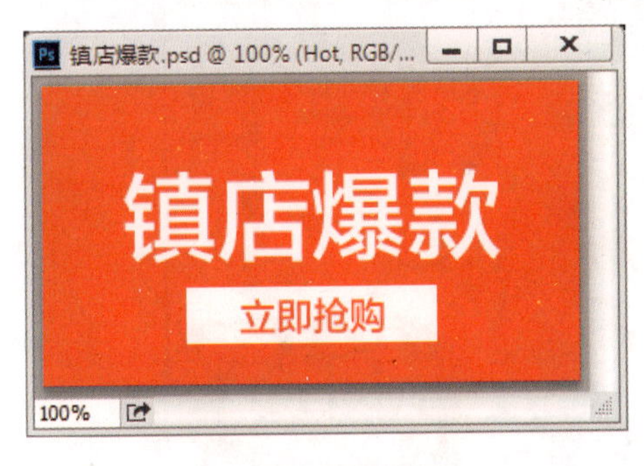

图16-83　绘制按钮

图16-84　绘制促销标签

（6）复制文件，并修改文件内的文本，效果如图16-85所示。

（7）保存文件，存储文件为JPEG格式，并将其上传到图片空间。

（8）进入无线店铺装修首页，从左侧拖曳双列图片模块到预览窗口中，在右侧上传图片，并选择相关分类的链接，效果如图16-86所示。

图16-85　最终效果

图16-86　双列图片模块

下面进入手机端，预览效果，如图16-87所示。

无线店铺的装修方法就是这些，卖家应该重视无线店铺装修，自主操控，定制店铺首页，发布店铺活动，并对无线店铺的各项数据进行掌控与分析，扩大无线运营平台，沉淀数据 。

16.14　手机海报

手机海报是无线社交的引流利器，可以让您的店铺在微信朋友圈、微博圈火起来，可以免费地推广流量、维系您的粉丝。手机海报提供了上百款H5成品模板，在线编辑、快速生成属于自己的H5手机海报。

下面我们来学习手机海报的制作。

（1）打开网址https://haibao.taobao.com/ 进入海报制作页面，如图16-88所示。

图16-87　手机端预览效果

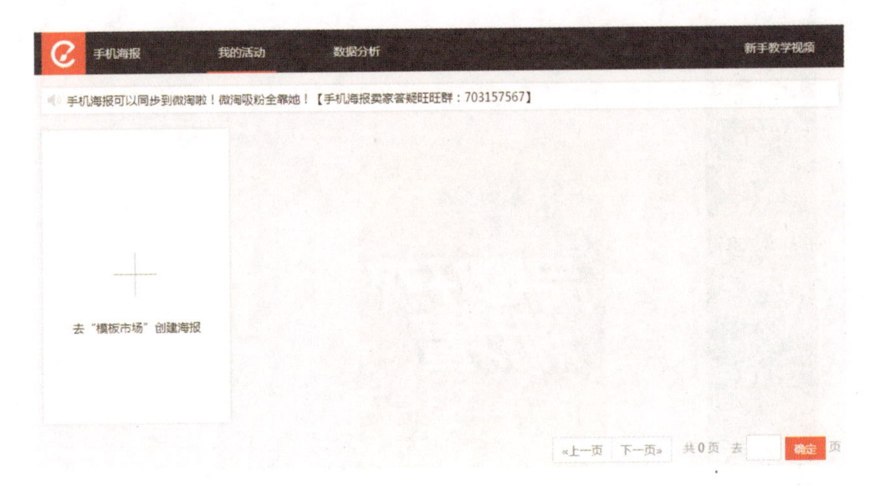

图16-88　手机海报页面

（2）单击“去‘模板市场’创建海报”，进入模板市场页面，如图16-89所示。

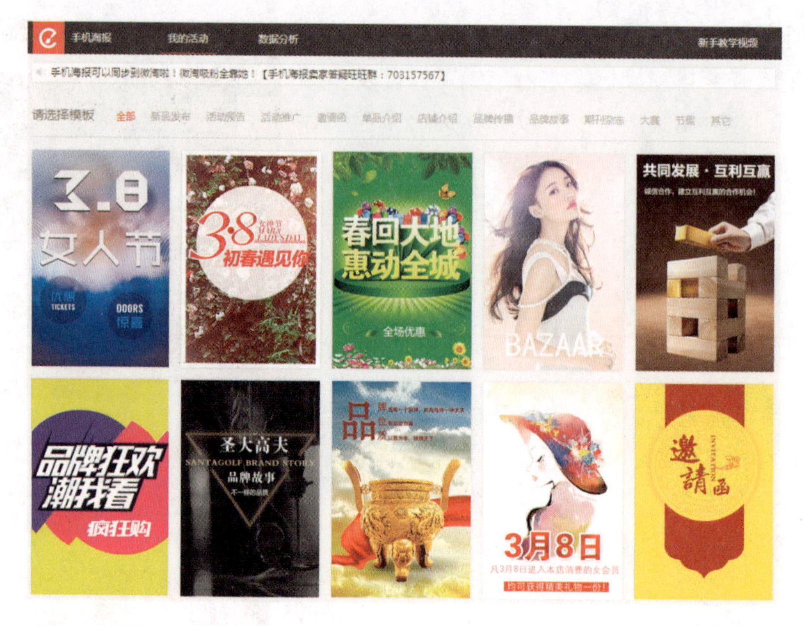

图16-89　模板市场

（3）选择喜欢的模板，将鼠标光标移动到模板上，单击“使用”按钮，跳转到手机海报编辑页面，如图16-90所示。

图16-90　模板编辑

（4）在手机海报编辑页面右侧项目名称输入“文本”，可以选择“背景音乐”，单击第二页，进入编辑页面，如图16-91所示。

图16-91　图片编辑

（5）单击中间的图片，在右侧单击“更换图片”，进入图片空间选择图片，单击“编辑图片”可以更改图片大小，在URL处输入宝贝的链接，如图16-92所示。

图16-92　图片设置

（6）单击“编辑动效”按钮，进入动效界面，如图16-93所示。

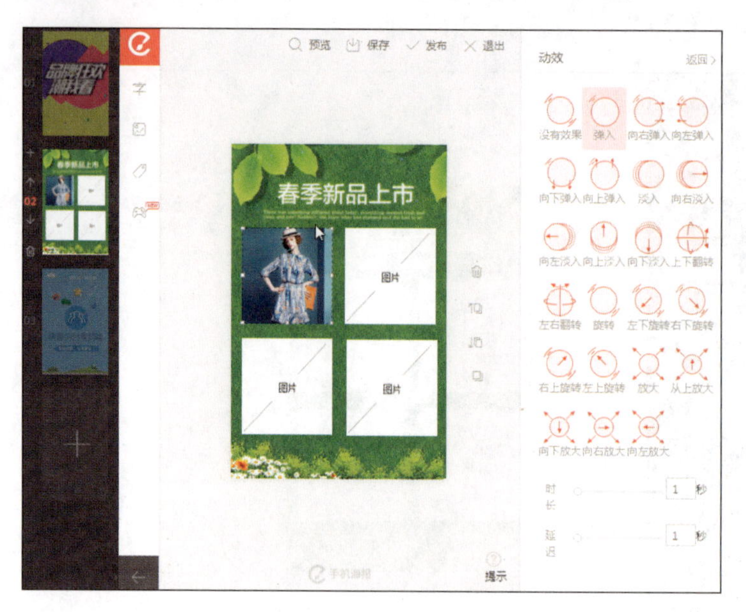

图16-93　动效设置

（7）选择动效，可以设置时长和延迟时间。同样设置其他图片并添加宝贝链接。

（8）单击第三页，进入编辑页面，在这个页面中插入文本，设置字体的属性和动效，如图16-94所示。

图16-94　图片设置

（9）单击“保存”按钮，保存海报的制作，单击“发布”按钮，可以预览到我们制作的海报效果，如图16-95所示。

（10）单击“发布”按钮，跳转到分享页面，在这个页面可以看得海报的链接，用手机软件（比如千牛）分享到各个无线社交端，如微信、朋友圈、微博、微淘和QQ等，如图16-96所示。

图16-95　发布海报

图16-96　分享页面

手机海报是微博、微信的推广利器，我们可以根据需要定期地制作海报推广产品。

希望读者们勤加练习，融会贯通，活学活用，用心装修好自己的店铺，提高店铺的成交额，提高店铺的转化率。